해양구조물 설계 개론

저 자 **박 한 일**
한국해양대학교 해양공학과 교수

한림원 출판사

머리말

지구의 70%가 바다로 둘러싸여 있다는 현상은 바다의 중요성을 단적으로 보여주는 사실이다. 또한 인류가 윤택한 삶을 지속적으로 유지하는데 필요한 식량자원 및 석유 · 가스 에너지 자원을 바다에서 대량 얻고 있으며, 육상에서 고갈되어 가는 광물자원도 바다에 엄청나게 매장되어 있다는 사실은 바다가 인류의 삶의 터전이며 희망임을 의미한다.

그러나 이러한 해양자원을 개발하기 위해서는 도구가 필요한데 그것이 바로 해양구조물이다. 해양구조물이란 석유나 천연가스의 채굴, 생산, 수송에 사용되는 각종 해양설비를 비롯하여 해양에너지 (조력, 파력, 풍력에너지 등) 발전시설, 대형 선박 안전시설, 해양관측 시설, 심해광물자원 개발용 구조물, 심층수 개발용 해양설비, 해상호텔과 같은 해양레저시설, 해상소각상이나 화장장과 같은 혐오시설, 해상 공항이나 해상공장 등 아주 다양한 해양설비를 말한다. 이중에서도 현재에는 해저 석유나 천연가스개발용 해양구조물이 주류를 이루고 있다.

본 교재에서는 이러한 해저석유나 천연가스를 시추, 생산, 저장 및 수송하는데 필요한 구조물의 설계에 대해 개략적으로 소개한다. 그동안 수심이 얕은 천해에서 이러한 석유자원을 많이 개발해 왔으나 천해마저도 점차 고갈되어 가고 있어 최근에는 심해나 극지에 매장된 석유나 가스를 개발하고 있다. 따라서 본 교재에서는 천해용인 고정식 구조물과 심해용인 부유식 구조물의 설계에 대해 다룬다. 또한 1차 생산된 석유나 가스를 수송하는 수단인 해저배관의 설계에 대해서도 다룬다.

본 교재는 대학교 3학년 수준에 맞게 집필하였으나 해양공학이 아닌 다른 분야를 전공한 엔지니어가 현장에서 해양구조물 분야를 스스로 공부하는데 도움이 될 수 있도록 기초적이고 쉬운 내용 위주로 저술하였다.

본 교재를 집필하는데 필요한 자료를 정리하는 등 많은 고생을 한 필자의 해양구조물 연구실에 속한 민천홍 박사과정 학생, 김병모, 권용주 석사과정 학생을 비롯하여 연구실 학생들에게 고마움을 표한다.

아무쪼록 본 교재가 해양구조물 분야의 발전에 조금이나마 기여한다면 더없는 기쁨이 될 것이다.

2011년 3월 부산 아치섬에서
박한일

content

content

content

제1장 서 론

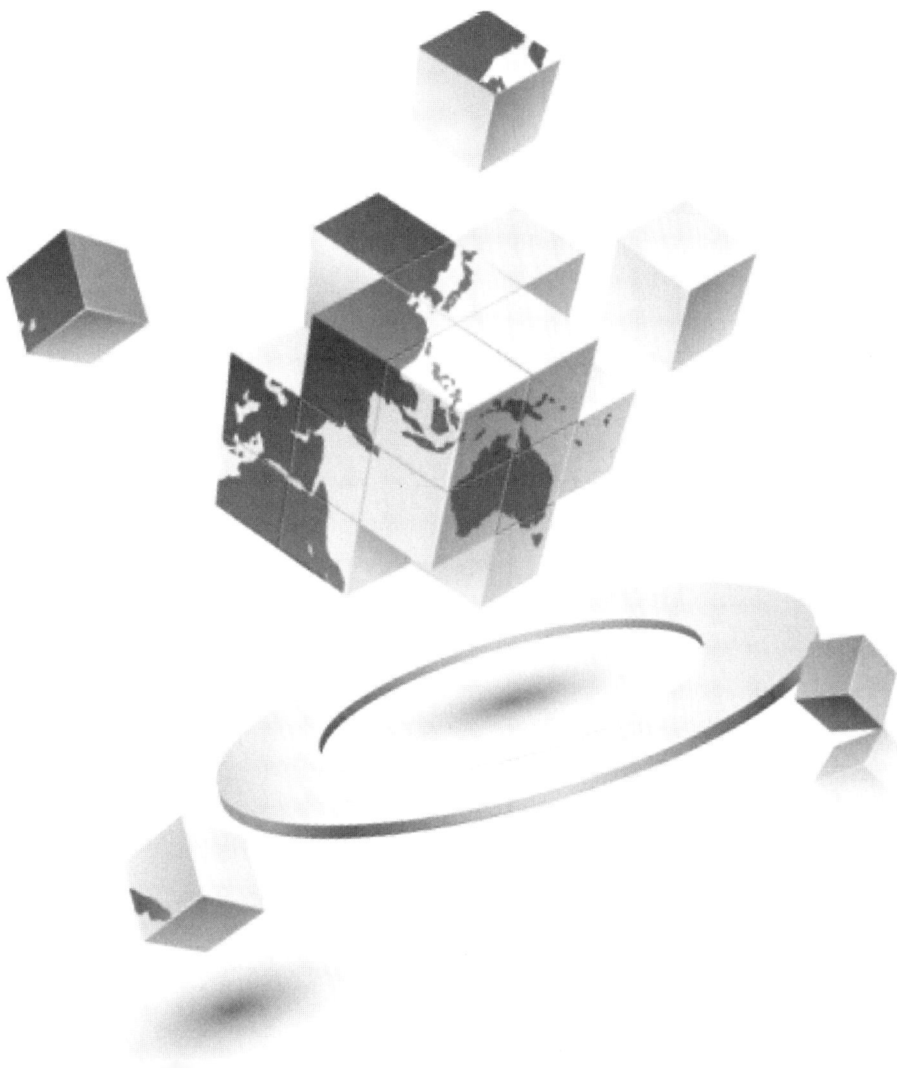

제1장 서 론

해양구조물은 해양을 개발하는데 필수적인 도구 역할을 한다. 해양구조물은 해저 석유나 천연가스를 개발하기 위한 시추, 생산, 저장, 수송 시설을 비롯하여 해양에너지 발전시설, 부유식 방파제, 해상 바지, 저장탱크, 해상부표, 해상호텔, 해양관측시설 등 적용되는 분야가 아주 넓다. 그러나 현재 가장 많이 사용되는 분야는 해저 석유 및 천연가스 개발 분야이며 이 분야에서는 시추용 구조물과 생산용 플랫폼이 주류를 이루고 있다. 또한 생산된 석유나 가스를 수송하는 셔틀탱커나 해저배관도 중요한 부분을 차지한다.

해저에는 엄청난 양의 석유나 천연가스가 매장되어 있는데, 이를 개발하기 위한 최초의 해저유전 개발은 1897년 미국 캘리포니아 해안에서 시작되었다고 할 수 있다. 그러나 현대적 장비를 이용해 역사상 처음으로 해저 석유 시추에 성공한 것은 1947년 10월 4일(일요일) 오전 9시경 멕시코 만(Gulf of Mexico) 내의 루이지나(Louisiana) 앞바다에서 이루어졌다. 그 이후로 해저 석유나 가스를 개발하기 위하여 엄청난 수의 해양구조물이 설치되어 왔다.

해양구조물의 설계기술은 선박 설계기술과 유사한 면이 많으나, 선박은 태풍이나 큰 파도를 피해 빠른 시간 내에 목적지에 도착하도록 설계의 주안점을 주는 반면, 해양구조물은 대부분 한 지점에서 태풍과 같은 가혹한 환경조건에도 견뎌내도록 설계되어야 한다는 점에서 큰 차이가 있다. 또한 고정식 해양구조물은 육상 토목 및 건축 구조물과 유사한 점이 많으나 해양구조물은 육상시설보다 훨씬 열악한 환경조건을 이겨내야 하는 점에서 다르다. 해저 유전을 개발하기 위해서는 그 비용이 육상의 경우보다 대략 5~10배 이상 더 많이 소요되는 것으로 알려져 있는데 그 이유가 바로 열악한 해양환경조건 때문이다.

해저 유전 개발용 구조물의 설계에 영향을 미치는 인자들 중에서 중요한 것들은 수심, 해양 환경조건, 유전 크기 등이다. 이러한 설계 인자에 따라 여러 가지 형태의 구조물이 개발되어 왔으며 멕시코 만, 북해, 아프리카 서해안, 브라질 해역 등을 비롯하여 해저 석유나 가스가 매장된 해역에는 여러 가지 종류의 해양구조물이 설치되어 있다. 그림 1-1은 현재 해양에 설치된 여러 가지 형태의 해적 석유 및 천연가스 개발용 구조물이다.

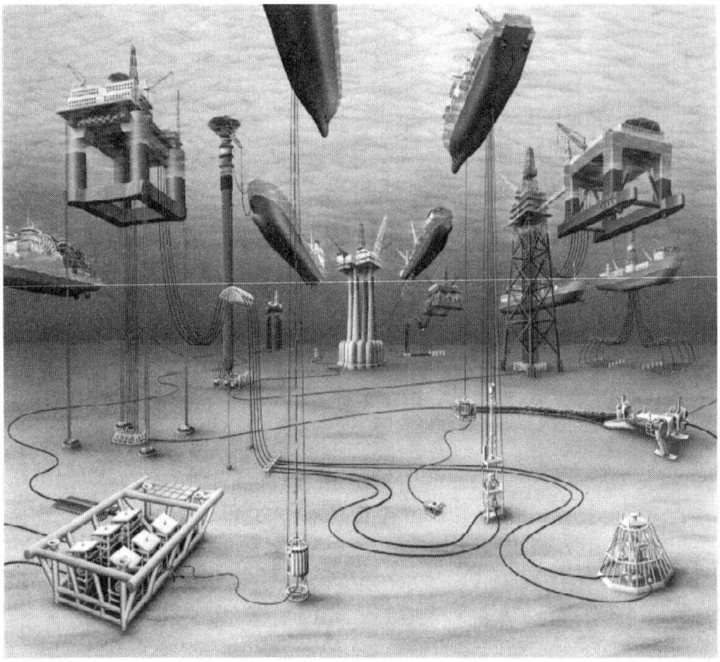

그림 1-1 해양에 설치된 여러 가지 형태의 해양구조물 예

해양구조물에는 여러 가지가 있으며 이를 분류하는 방식은 크게 형식과 기능에 따라 분류한다. 형태에 따라서는 작업시점을 기준으로 해저면에 구조물이 직접 닿게 되는 고정식과 물위에 뜨는 부유식의 두 가지 방식으로 나누기도 하고 또는 고정식과 부유식의 중간 형태인 유연식을 포함하여 세 가지 방식으로 나누기도 한다. 본 교재에서는 두 가지 방식으로 나눈 것에 대해 설명하고자 하며 표 1-1에서는 이 분류를 보여주고 있다. 유연식을 포함할 때에는 인장각식 구조물(TLP), 스파 구조물, 가이드 타워식 구조물 등이 유연식에 포함된다.

해양구조물을 기능에 따라 분류할 때는 시추용, 생산용, 저장용, 수송용으로 분류하는데 상당수의 구조물들은 기능이 중복되어 있다. 예로서, 중력식 구조물은 주로 생산용으로 사용되지만 일부 시추용으로도 동시에 사용된다. 또한 생산된 석유나 가스를 저장하는 기능도 겸하고 있다.

북극해와 같은 빙해역에도 석유나 천연가스가 엄청나게 매장되어 있어 이를 개발하기 위한 노력이 일찍부터 시작되어 왔다. 빙해역의 석유가스개발을 위한 첫 번째 시도는 1957년 알래스카(Alaska) Cook Inlet 해역에서 시작되었다고 볼 수 있다. 최근에는 천해에서의 석유 및 천연가스가 점차 줄어듦에 따라 심해역 개발과 함께 빙해역의 석유 및 천연가스 개발 활동이 더욱 확대되고 있다. 빙해역 구조물은 유빙의 충격력에 저항할 수 있는 충분한 강도 결정과 극저온에 견딜 수 있는 재료를 선택하는 등 독특한 설계방법이 필요하다. 빙해역 구조물은 형태에 따라서는 인공섬식, 고정식 구조물, 부유식 구조물로 나눌 수 있다. 고정식 구조물은 다시 파일기초 형식과 중력기초 형식으로 나누어진다. 빙해역 구조물은 콘크리트로 만든 구조물이 대부분을 차지한다. 그림 1-2는 빙해역에 사용되는 세 가지의 해양구조물 형태를 보여주고 있다.

표 1-1 해양 구조물의 종류

기능 \ 형태	고정식(fixed)	부유식(floating)
시추(drilling)	잠수식 구조물(Submersible) 자켓식 구조물 (Jacket structure) 갑판승강식 구조물(Jack-up rig) 중력식 구조물(Gravity platform)	반잠수식 구조물(Semi-submersible) 인장각식 구조물(Tension leg platform) 시추선(Drilling ship)
생산(production)	잠수식 구조물(Submersible) 자켓식 구조물 (Jacket structure) 중력식 구조물(Gravity platform) 가이드 타워식 구조물 (Guyed tower structure)	반잠수식 구조물(Semi-submersible) 인장각식 구조물(Tension leg platform) 부유식 생산저장하역 구조물(FPSO) 스파 구조물(Spar platform)
저장(storage)	저장 탱크(Storage tank) 중력식 구조물(Gravity platform)	부유 도크 (Floating dock) 부유식 생산저장하역 구조물(FPSO)
수송(Transportation)	해저배관 (Subsea pipeline)	셔틀탱커(Shuttle tanker)

그림 1-2 빙해역 해양구조물의 형상

1.1 고정식 해양구조물(Fixed Offshore Structures)

일반적으로 고정식 구조물은 생산용으로 생각되어 왔으나 일부는 이동할 수 있게 하여 시추 및 생산을 겸하는 경우도 있다.

고정식 해양 구조물은 그 형식에 따라 자켓식 구조물 (jacket structure), 중력식 구조물(gravity platform), 잠수식 구조물(submersible), 갑판승강식 구조물(jack-up rig), 가이드 타워식 구조물(guyed tower platform) 등으로 분류할 수 있다.

1.1.1 자켓식 구조물 (Jacket Structure)

고정식 플랫폼으로서 해양구조물 중에서 가장 널리 사용되어 왔으며 트러스형 철제 구조물로 구성되어 있다. 자켓식 구조물은 시추용으로도 사용되나 주로 해저석유 및 천연가스의 생산용으로 많이 사용되고 있다. 이것은 비교적 얕은 수심인 100-150m정도의 해역에 설치되어 왔으나 점차 가동 수심이 깊어져 1978년에 멕시코만(Gulf of Mexico)에 설치된 Cognac Platform은 수심 312m에 이르며 10년 이후인 1988년에 멕시코 만에 설치된 Bullwinkle Platform은 수심 412m에 달한다.

자켓식 구조물은 가동 장비 및 기자재의 탑재 공간과 작업원의 거주구를 포함하는 상부구조(deck or module)와 이를 지지하기 위한 4-8개의 원통형 레그(leg)와 수평 및 경사 보강재 (brace)로 구성된 자켓(jacket)으로 이루어져 있다. 그림 1-3는 자켓구조물의 각 명칭을 보여주고 있다.

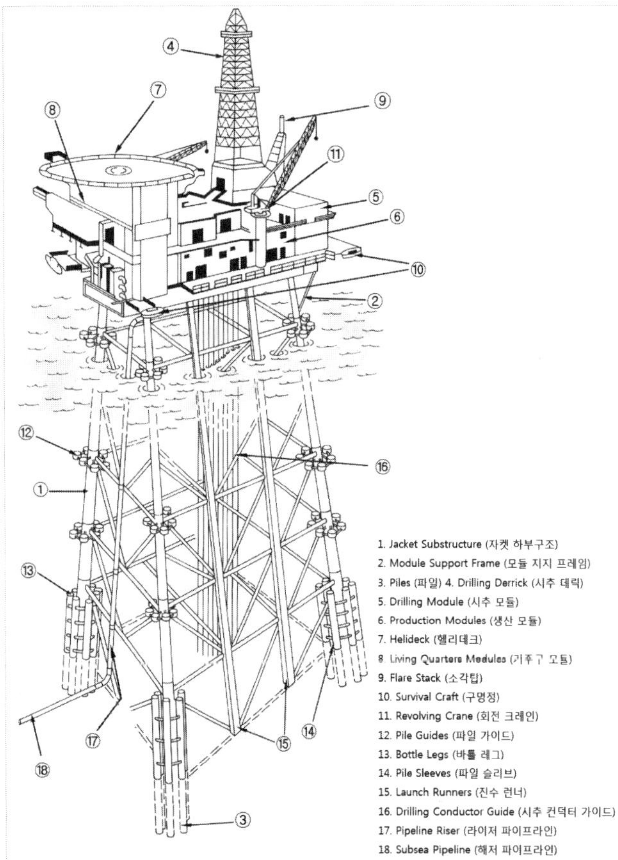

그림 1-3 자켓식 구조물의 각 명칭

자켓을 구성하고 있는 레그 및 보강재는 파도 및 해류력의 영향을 감소시키기 위해 원통단면의 강관으로 되어 있으며 용접에 의해 접합되어 있다. 자켓형식은 레그 내부에 파일을 통과시킨 템플레이트 (template) 식과 레그 하부에 스커트 파일(skirt pile)을 설치한 타워(tower)식으로 대별할 수 있다. 템플레이트식에서는 상부 구조물 및 자켓을 해저에 견고히 고정시키기 위해, 레그 내부를 통하여 강관파일이 해저면 아래

100m 이상 깊이에 박히는 경우가 많다. 레그 외부 혹은 내부에는 충분한 국부 및 좌굴 강도를 유지하기 위하여 적절한 간격으로 링 스티퍼너(ring stiffener)를 설치한다.

일반적으로 상부 구조물, 자켓 및 파일은 육상에서 제작되어 설치해역으로 별도로 수송되어 해상에서 서로 결합되어 설치된다. 그림 1-4는 육상에서 제작된 자켓을 수송 바지에 싣는 장면을 보여주고 있다. 육상에 비해 해상에서의 작업은 어려울 뿐만 아니라 비용이 많이 소요되므로 설치 시간을 줄이는 것이 아주 중요하다. 따라서 상부구조를 몇 개로 분할시켜 블록식으로 만들어 해상에서 조립 완성하는데 이 블록을 단위 모듈(unit module) 이라 부른다. 설치해역에 운반 및 진수된 자켓은 크레인으로 잡아 올려 계획된 위치에 설치된다. 아래 그림 1-5은 철제형 자켓식 구조물의 몇 가지 설치된 예를 보여주고 있다.

자켓식 구조물의 설계 및 설치에 대해서는 본 교재의 3장 및 4장에서 자세히 설명될 것이다.

그림 1-4 자켓을 수송 바지에 싣는 장면

그림 1-5 철제형 자켓식 구조물

1.1.2 중력식 구조물(Gravity Platform)

1964년에 해저 유전이 발견된 북해(North Sea) 북부는 수심이 150m에 이르고 연간 기상 및 해상 상태가 매우 거칠고 폭풍이 발생할 때는 풍속 50m/s, 파고 30m에 달하기도 하는 해역이다. 북해 유전 지역의 대부분은 육지에서 수백 km떨어져 있고 해저는 지반이 암반이나 굳은 점토나 모래층으로 이루어져 있다. 이런 상황에서는 현지에서의 공사 기간은 극히 짧아야 하며 생산된 석유는 임시 저장해 둘 저장고가 필요로 함에 따라 종래의 철제형 구조물 대신 콘크리트형 구조물을 필요로 하게 되었다.

중력식 구조물은 철제형 자켓 구조물과는 달리 파일을 해저에 박지 않고 자체의 무거운 하중에 의해 해저면에 밀착되어 고정 위치를 확보하고 구조물 전체의 안정성을 유지한다. 중력식 구조물은 콘크리트로 만드는 것이 대부분이며 수심 150m 이내의 천해용으로 많이 사용된다. 최초의 콘크리트 중력식 구조물은 Phillips Petroleum사가 1973년에 북해의 Ekofisk 유전에 설치한 것이다. 그 이후로 수십 개의 콘크리트 중력식 구조물이 설치되어 왔으나 수심의 한계로 인해 증가 속도는 둔화되었다. 그러나 최근에는 해저 석유나 가스 개발용이 아닌 해상 풍력 발전 시설용으로 다시 각광을 받기 시작했다.

콘크리트 중력식 구조물(concrete gravity platform)은 상부에 석유 시추 및 생산에 필요한 모든 장비를 포함해서 작업원의 거주 시설을 갖춘 상부구조물과 저장탱크로 사용되는 해저면 케이슨(base caisson), 그리고 둘을 연결하여 상부 구조물을 지지하는 속이 빈 기둥인 칼럼(column)으로 구성되어 있다. 콘크리트 중력식 구조물은 파일을 박을 필요가 없어서 짧은 시간 내에 설치가 가능하며 재질이 콘크리트여서 해수에 부식하지 않는 장점이 있다. 또한 하부 기초의 케이슨(caisson)을 거대한 석유저장 탱크로 활용할 수 있다. 그림 1-6는 중력식 콘크리트 구조물의 각 부분에 대한 명칭을 보여주고 있다.

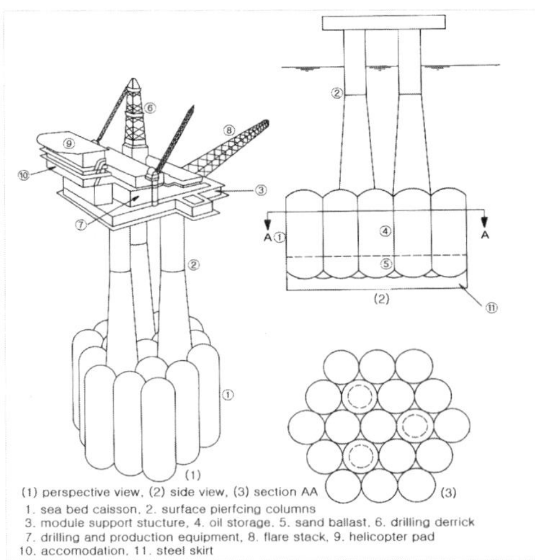

그림 1-6 중력식 콘크리트구조물 각 명칭

콘크리트 중력식 구조물은 제조회사 및 구조 형식에 따라 DORIS식, Condeep식, Sea Tank식 그리고 ANDOC식 등으로 구분되다. 그림 1-7는 Condeep식의 콘크리트 중력식 구조물을 한 예를 보여주고 있다.

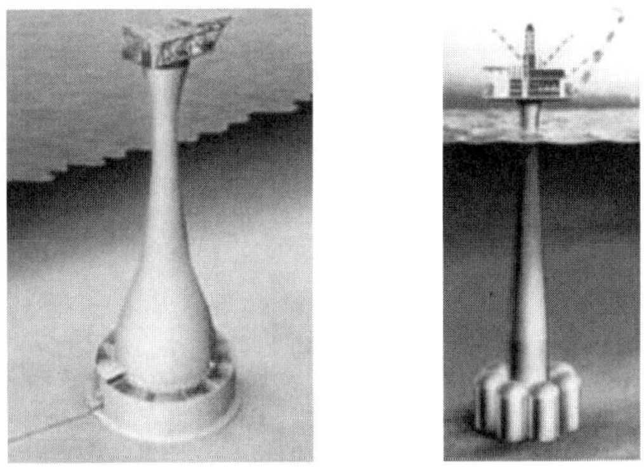

그림 1-7 중력식 콘크리트 구조물

콘크리트 중력식 구조물의 설치 과정을 보면, 먼저 해안의 드라이 도크에서 하부의 케이슨을 만들기 시작한다. 구조물이 어느 정도 높아지면 도크의 문을 열어 구조물을 물에 띄운다. 물에 뜬 구조물을 도크 밖으로 끌어 낸 다음 안벽 작업을 통해 기둥(column) 제작 작업을 마무리 한다. 제작된 구조물은 부양된 상태에서 대형 예인선을 이용해 설치지역으로 예인된다. 설치지점에 정확히 설치키 위해 예인선은 별 모양으로 배치되고 케이슨의 밸러스트 탱크에 해수를 주입함으로써 해저면에 가라앉히게 된다. 일체로 된 기둥과 하부 구조물을 해저에 완전히 정착시킨 후 크레인 작업을 통해 상부 구조물을 기둥 위에 설치하게 된다.

1.1.3 갑판 승강식 구조물 (Jack-up Rig or Self-elevating Rig)

갑판승강형 구조물은 1953년 Delong Platform No. 1이 설치된 이후 수없이 많이 건조된 구조물이며 잭업 리그라고도 불린다. 이것은 보통 수심 100m정도의 해역에서 가장 많이 사용되는 이동 가능한 해양구조물로서 시추용으로 많이 사용되어 왔다. 잭업 리그는 석유개발 뿐만 아니라 해상작업대, 토목공사용으로도 많이 사용된다.

이 구조물은 필요한 기자재, 동력설비, 거주설비를 탑재한 상부구조물, 이를 지지하는 3-4개의 레그, 각 레그의 하단에 설치한 접지용 구조물 및 레그를 승강시키는 잭킹 유닛(jacking unit)를 가지고 있다. 그림 1-8는 잭업 리그(Jack-up rig)의 자세한 형상의 한 예를 보여주고 있다. 이 구조물은 강풍이나 큰 파도에 대해서는 취약한 약점이 있으나 이동가능하다는 큰 장점이 있다. 갑판승강형 구조물을 설계할 때에는 이송, 설치, 가동 상태에 이르는 동안 우려되는 모든 외력에 대해 충분히 견딜 수 있는 레그의 강도를 고려하고 예상되는 충격력에 대비하여야 한다.

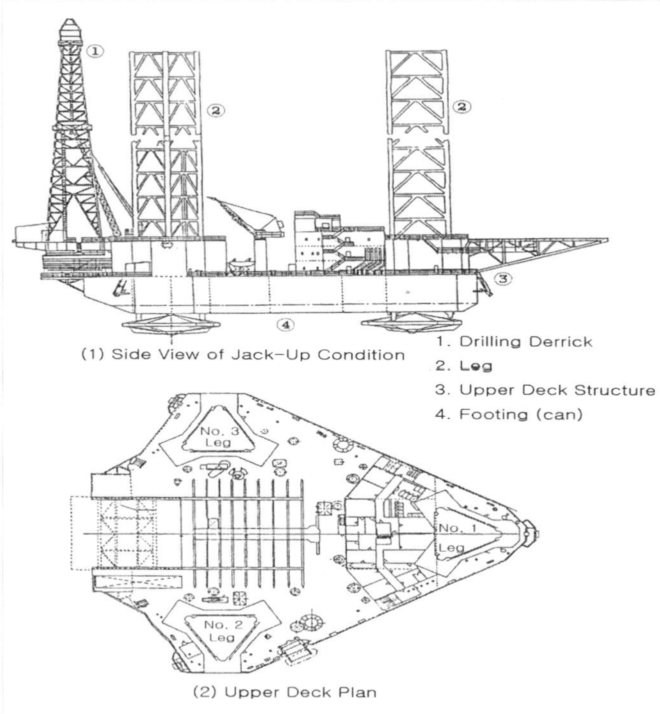

그림 1-8 Jack-up 리그 형상

가) 상부 구조물(Upper Deck Structure)

상부 구조물은 설치 해역으로 예인할 때 리그(rig) 전체가 충분한 부력과 안정성을 갖도록 수밀 격벽으로 둘러싸인 3각형 또는 4각형의 구조로서, 기능에 따라 필요한 장치 및 기자재를 탑재하고 동력 및 거주설비 그리고 헬리콥터장등을 설치한다. 시추 또는 생산용 시추마루(drill floor)의 위치에 따라 슬롯트(slot) 형식과 칸틸레버(cantilever) 식으로 구분되며 상부 구조물의 주요 치수는 전복 모멘트(overturning moment)에 대한 안정성 및 이동시의 안정성 등에 의해 결정된다.

나) 레그(Leg)

가동해역의 기상, 해상조건에 따라 레그의 개수 및 치수가 결정된다. 레그는 보통 3~4개의 형식이 가장 많이 사용되지만 북해에서와 같이 지반이 점토와 모래층으로 이루어져 조류에 따른 해저면 침식이 우려되고 해상 교통량과 하역작업시의 충돌에 따른 손상을 고려할 때, 1개의 레그가 손상되더라도 구조물 전체의 전복을 막기 위해 5레그 형식을 채택하고 있다. 레그의 구성 형태는 사용 부재에 따라 실린더(cylinder) 형식과 삼각형 또는 사각형 트러스(truss) 형식이 있다. 가동 수심이 깊어짐에 따라 설계중량이 제곱에 비례하는 정도로 증가하기 때문에 고장력 강재를 사용하거나, 가동해역에서 레그를 연장시켜 쓰는 예도 있다.

다) 접지부 형상

접지용 구조물은 구조물 전체에 작용하는 외력과 전복 모멘트에 저항할 수 있도록 해저와 충분한 접촉면적을 가지며 레그에 전달되는 구조 하중을 지탱하도록 설계된다. 해저면에 침투시킬 부분의 형태는 가동 해역의 토질에 따라 매트(mat), 푸팅(footing), 캔(can), 스퍼드(spud) 형식이 사용되고 있다.

라) 승강장치

승강장치는 레그 혹은 갑판 전체를 승강시키는 장치로서 데크에 설치되며 레그의 설계와 직접적인 관계가 있다. 승강장치의 동력전달 형식은 기어를 사용한 랙피니언(rack-and-pinion) 형식과 유압펌프를 사용한 핀(pin)형식 또는 클립(clip) 형식을 들 수 있다. 갑판상의 동력을 이용하여 레그를 승강시키게 된다. 구조물을 설치할 때는 레그를 하강시켜 해저면에 도달시키고 그 후에는 갑판 전체를 물 위로 상승시키는데, 파도가 잘 닿지 않는 높이까지 들어 올린다. 시추가 끝 난 후에 다른 곳으로 이동할 때는 갑판 전체를 수면으로 하강시키고 다음으로 레그를 최대한 위로 들어 올려서 전체 구조물이 떠서 이동할 수 있도록 한다.

그림 1-9 갑판 승강식 구조물

갑판 승강식 구조물은 일반적으로 비자항식으로서 가동해역으로의 이송은 보통 예인선에 의해 수송하는데, 이때에는 모든 레그를 상승시킨 채로 이송하게 된다. 그림 1-9는 설치 중이거나 이동 중인 갑판 승강식 구조물의 예를 보여주고 있다. 최근에는 구조물 전체를 별도의 수송선에 탑재하여 운반하는 방법도 쓰이고 있다.

1.1.4 가이드 타워식 플랫폼 (Guyed Tower Platform)

자켓식 구조물은 작업해역의 수심이 증가함에 따라 자켓 부분의 철제 양이 기하급수적으로 증가하기 때문에 제작비용이 급증한다. (그림 1-10 참조) 따라서 가동 수심이 깊은 해역의 석유나 천연가스를 개발하는 데는 경제성이 가정 큰 문제로 대두하게 된다. 이러한 문제점을 극복하기 위해서 하부의 철제부분 단면을 수심에 따라 일정하게 유지하고 외력에 의해 구조물의 전복을 막기 위하여 계류삭을 부착하는 구조물을 고안하게 되었는데 이것이 바로 가이드 타워식 구조물이다. 이 구조물은 자켓 구조물에 비해 수심에 따른 비용 증가가 급증하지 않는 장점이 있다.

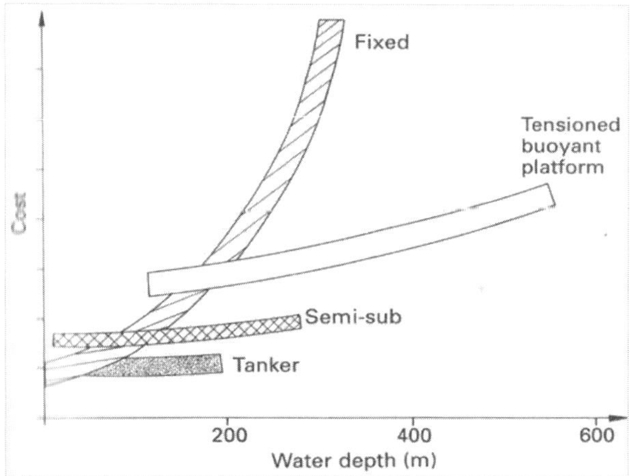

그림 1-10 수심에 따른 각 구조물의 건조비 비교

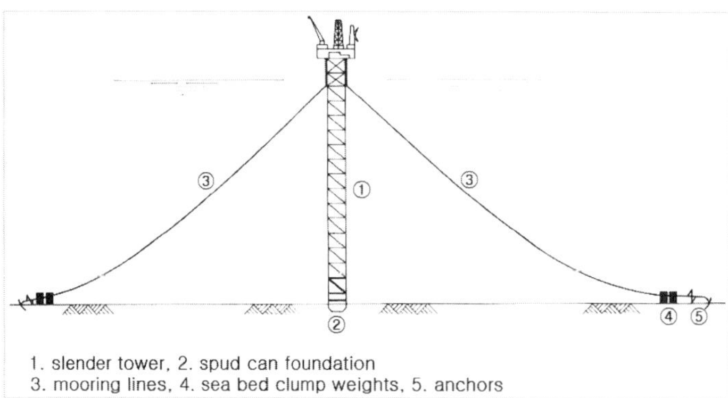

그림 1-11 Guyed Tower Platform 각 명칭 (왼쪽)
그림 1-12 가이드 타워 플랫폼 (오른쪽)

Exxon사에서는 1983년에 가이드 타워식 구조물을 멕시코만 수심 311m 해역에 최초로 설치하였다. 이 구조물은 시추장비를 탑재한 47m×47m 정방형의 상부 구조와 이를 지지하는 트러스형 철탑, 그리고 구조물 전체를 가동 위치에 고정시키기 위한 방사선 방향의 20여개의 체인으로 된 가이 케이블(guy cable)로서 구성되어 있다. 해저에서 구조물 꼭대기까지의 높이는 400m로서, 가이 케이블에는 무게 180ton의 추가 해저면 가까이 달려 있어서 평온한 기상에는 추의 무게로 케이블을 팽팽하게 당기고 있지만 태풍이 내습할 때는 철탑의 기울기에 맞추어 추가 움직이면서 에너지 흡수를 하게 되며 이로서 케이블의 파단을 막는 역할을 한다. 그림 1-11은 가이드 타워식 구조물의 각 부분의 명칭을 보여주고 있으며 그림 1-12은 실제 설치된 구조물의 예를 보여주고 있다.

1.2 부유식 해양구조물(Floating Offshore Structures)

천해에 매장된 석유 및 천연가스 자원이 점차 고갈되어 감에 따라 해저 유전 개발이 점차 심해로 옮겨지고 있다. 가동 수심이 깊어지고, 기상조건이 거친 해역으로 진출함에 따라 종래의 고정식 해양구조물의 사용이 어려우며 특히 그 건조비의 증가로 인해 경제적인 한계점에 도달했다고 평가되었다. 이러한 난점을 해결하기 위해 연구개발된 것이 부유식 해양구조물로서 앞으로 건조 숫자가 더욱 증가할 것으로 보인다.

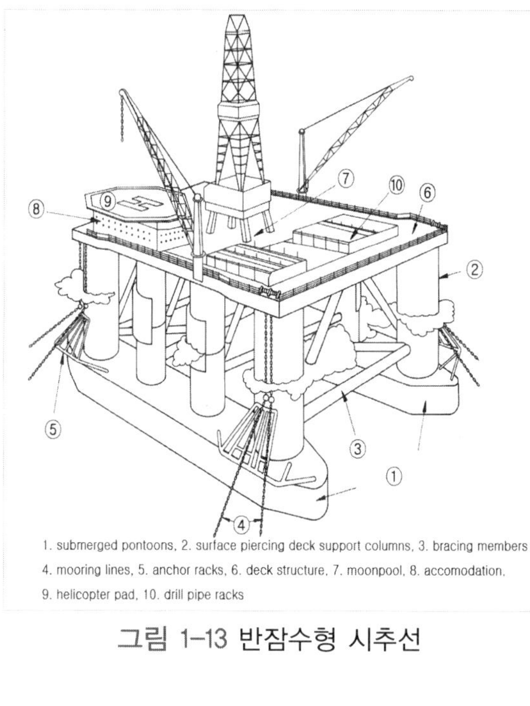

그림 1-13 반잠수형 시추선

1.2.1 반잠수식 구조물(Semi-submersibles)

이 구조물은 하부를 해저에 착지시키지 않고 해상에 뜬 상태에서 가동할 수 있어서 수심 500m 정도의 깊은 곳에서도 가동할 수 있다. 그림 1-13은 반잠수식 구조물의 형상 및 각 부분의 명칭을 보여주고 있다.

반잠수식 해양구조물은 해저 석유의 시추 및 생산에 사용할 뿐 아니라 해상 건설 공사, 해저 파이프라인 설치 작업, 기타 보조 작업에 사용되며 용량이 큰 크레인을 1대 내지 2대 설치하고 있다. 이 구조물은 반잠수 상태에서 작업이 수행되므로 정확한 위치 선정이 중요하다. 또한 선정된 위치를 유지하기 위한 장치로 계류용 체인과 닻을 갖추고 있으며 해저에 고정된 생산 플랫폼에 근접하여 작업할 때와 같이 위치 고정이 중요한 때에는 하부 선체(lower hull)에 추진기(thruster)를 설치한 동적위치유지시스템(Dynamic Positioning System ; DPS) 을 장착하고 있다. 이 구조물은 대부분 바지선에 탑재되어 이송되거나 예인선에 의해 예인되어 이송되어 왔으나 최근에는 장치의 대형화에 따라 시추용 동력을 추진력으로 사용하는 자항식 구조물도 증가하고 있다. 그림 1-14는 바지선에 탑재되거나 자체 동력으로 이송되는 반잠수식 구조물의 사례를 보여주고 있다.

그림 1-14 이송중인 반잠수식 시추선

가) 상부 구조물(upper structure)

상부구조물에는 크레인, 시추, 생산 설비 등 각종의 기자재가 탑재되어 있으며 거주 설비, 헬리콥터장이 설치된 2~3층의 갑판으로 구성된 상자형 구조물이다. 시추용 반잠수식 구조물의 경우에는 중앙부에 시추 작업을 하는 문풀(moon pool)이 설치된다. 각 갑판은 일반 선박과 같이 방요재(stiffener)로 보강된 격자구조로 되어 있다.

나) 하부 구조(Lower Hull or Footing)

하부구조는 구조물 전체에 부력을 주는 역할과 동시에 밸러스트 탱크, 연료 및 청수 탱크로 사용되며, 각종 기기를 갖춘 기계실, 펌프실, 조타실 등의 공간을 제공한다. 하부 구조는 형태에 따른 분류로 하부선체(lower hull) 형식과 풋팅(footing) 형식으로 나뉠 수 있다. 주로 많이 사용되는 하부선체 형식은 갑판 구조물과 구조물 전체에 충분한 부력을 주는 2~4개의 하부선체를 직경 3~10m정도의 4개 내지 8개의 기둥(column)으로 연결되어 있다. 이 형식은 파도에 따른 동요가 작으며 이동시 전진 저항이 적은 이점이 있다. 한편 풋팅 형식은 3각형 또는 4각형 갑판 구조물을 지지하는 직경 약 10m 정도의 3~5개의 케이슨(caisson)하부에 각각 독립된 풋팅을 설치한 형태로서 트러스구조의 브레이스(braces)로 각 케이슨이 상호 연결되어 있다. 파도에 따른 운동량이 모든 방향으로 균일하여 위치를 보전하는데 유리한 점이 있다. 케이슨과 풋팅은 밸러스트, 연료, 청수 탱크 및 체인 로커실(locker room)등으로 사용된다.

그림 1-15 시추선박

다) 브레이스(Braces)

브레이스는 원통기둥(column)과 하부구조로 형성된 독립된 좌우현 구조물을 서로 상호 연결하여 견고한 일체 구조로 만든다. 브레이스의 치수는 주로 축방향 힘과 외부 수압의 크기에 따라 결정되며, 내부에는 축방향과 원주방향으로 방요재를 설치하여 보강한다.

1.2.2 시추 선박(Drilling Ship)

시추 선박은 비자항형인 상자형 또는 자항 가능한 전통적인 선박형으로 구분되며 선상에 모든 시추용 기자재를 탑재하고 몇 개의 닻으로 해저에 계류시켜 위치를 유지한다. 시추선박은 선형에 따라 현측 시추식, 쌍동선식, 선체 중앙 시추식으로 나누어진다. 시추선의 능력은 배수량 1000ton~10000ton정도이며 최대 가동 수심은

3000m정도로 알려져 있다.

추진 성능이 좋아 가동 해역으로의 이동이 빠르고 작업 면적이 넓어 많은 양의 작업기기를 적재할 수 있는 장점이 있다. 반 잠수식에 비해 갑판에 많은 시추용 자재를 적재할 수 있어 물자 보급횟수를 줄일 수 있다. 또한 수에즈(Suez)나 파나마(Panama) 운하 통과가 가능하고 복원 범위가 넓어서 전복 위험이 적다는 장점이 있다. 한편 반잠수식에 비해 바람, 파도, 조류 등의 영향을 많이 받아 상하동요 (heave)에 대한 응답이 나빠 가동률이 떨어지는 단점이 있다. 시추할 때 위치 보전이 매우 곤란하므로 큰 동력의 측 방향 추진기(side thruster)를 설치하여 주 프로펠러와 함께 동적위치유지시스템(DPS)를 설치해야 한다. 그림 1-15은 시추선박의 작동 상태를 보여준다.

1.2.3 인장각식 구조물(Tension-Leg Platform, TLP)

인장각식 구조물(TLP)은 1984년 Conoco사에 의해 북해의 Hutton 유전의 수심 148m에 처음으로 설치되었다. TLP의 전체적인 형상은 반잠수식 구조물과 유사하다. 즉, 상부 갑판(deck or module)과 폰툰(pontoon)은 반잠수식 구조물과 거의 같고 단지 계류시스템만 다르다. TLP는 TBP(Tensioned Buoyant Platform)라고도 불린다. TLP는 텐던(tendon) 또는 테더(tether)라고 불리는 직경이 큰 고장력강 파이프로 계류되어 있으며, 텐던은 폰툰과 해저에 고착된 앵커 템플레이트 상자(anchor template box)사이에 수직방향으로 연결되어 있다. 텐던은 몇 개가 그룹 형태로 TLP의 코너에 설치되는데 텐던 그룹을 인장각 (tension leg)라고 부른다. 인장각에는 상당한 크기의 장력이 항상 걸리도록 되어 있다. 최근에는 기존 TLP의 확장된 개념인 ETLP(extended tension leg platform)도 등장하였다. 그림 1-16은 인장각식 구조물의 형상 및 각 부분의 명칭을 설명하고 있다.

TLP는 가이드 타워식 구조물(guyed tower platform)과 같이 가동 수심의 증가에 따른 건조비 증가율이 작기 때문에 수심이 깊은 해역에서의 주로 생산용 구조물로 각광을 받았다. 처음 설치된 Hutton TLP는 수심이 얕은 곳에 설치되었으나 TLP의 적절한 적용 수심은 300m~1500m정도이다. 가장 수심이 깊은 곳에 설치된 TLP는 멕시코 만(Gulf of Mexico) 수심 1,432m에 설치된 Magnolia ETLP이다.

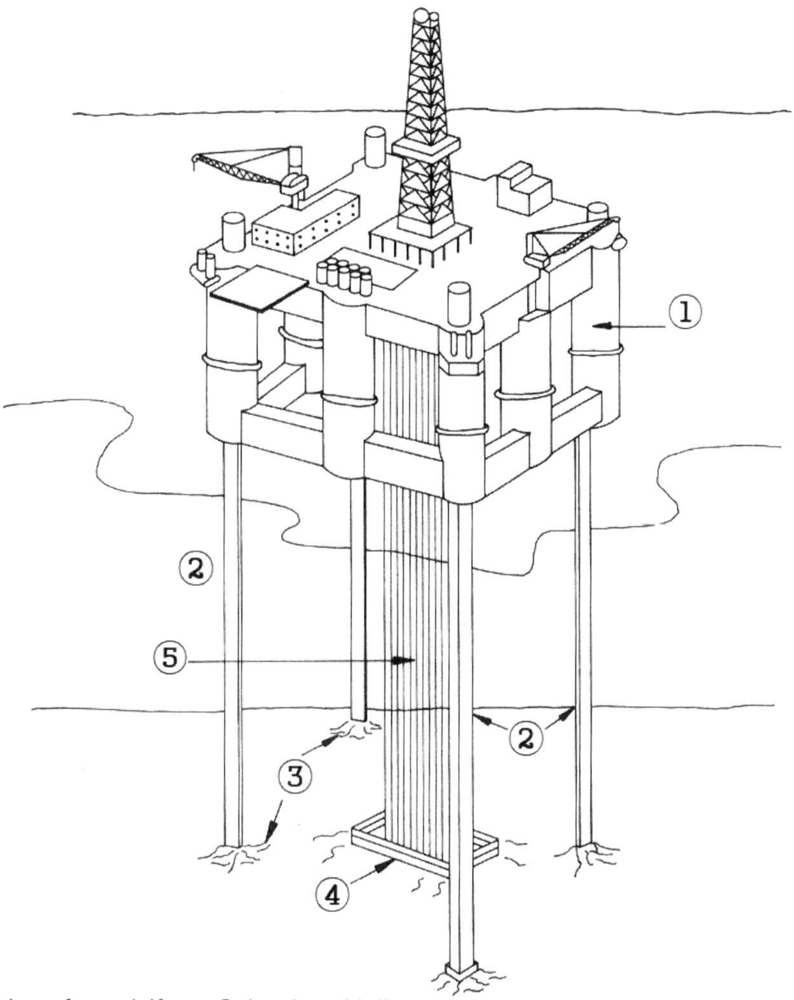

1. surface platform, 2. tensioned tethers
3. tether foundations, 4. template on seabed, 5. marine risers

그림 1-16 인장각식 구조물의 각 명칭

TLP의 설치 및 작동원리를 간단히 설명하면, 폰툰의 밸러스트 탱크에 물을 주입하여 어느 정도 높이의 흘수를 형성하여 정적 평형상태를 유지한다. 다음에 폰툰과 해저면 템플레이트 사이를 인장각으로 연결한다. 이때는 인장각에 장력이 걸리지 않는 상태가 된다. 마지막으로 폰툰의 발라스트 탱크에 있는 물을 배수하기 시작한다. 배수로 인해 전체 구조물 무게가 부력에 비해 작아지므로 구조물이 부상하려고 할 것이나 인장각이 이를 저지하게 된다. 인장각에 인장력이 생기기 시작하고 물을 계속 배수하면 그 물의 무게만큼 인장력이 증가하게 된다. 결국 인장각에는 상당한 인장력이 걸리므로 전체 구조물은 아주 팽팽하게 계류된 상태로 된다.

인장각식 구조물은 인장각에 일정한 크기의 장력이 걸려 있으면 바람이나 파도와 같은 외력에 대해서도 상부 구조물의 움직임이 상당히 제한된다. 즉 상하동요(heave)나 종, 횡동요(pitch, roll)는 거의 발생하지 않는다. 따라서 인장각식 해양구조물의 가장 기본적인 설계 조건은 어떠한 기상조건에서도 인장각(tension-leg)에 항상 장력이 작용하도록 부력을 유지하는 것이다. 그러나 갑판에 화물을 적재하거나 탱커에 유류나 물을 주입하면 그 만큼 인장력이 감소하게 되어 자칫 인장각이 장력을 잃어버리는 경우가 발생할 수 있으므로 인장각의 장력 변화에 주의를 기울려야 한다.

인장각식 구조물의 경우, 인장각의 안전성이 구조물 전체의 안전성에 미치는 영향이 아주 크므로 인장각의 구조해석 및 설계는 전체 구조물 설계에 있어서 아주 중요한 고려 대상이다. 인장각은 한 코니(corner) 당 3~5개가 다발 형식으로 부착되므로 4개의 코너가 있는 경우 전체적으로 12~20개의 고장력 파이프가 사용된다. 파이프의 무게로 인해 구조물 전체의 부력을 감소시킬 수 있으므로 파이프는 내부 직경을 크게 하여 텐던(tendon) 자체는 중립부력 상태가 되도록 설계한다. 물론 처음에 설치된 Hutton의 경우에는 파이프의 직경이 아주 작아 이러한 조건을 만족시키지 못하였다. 인장각을 설치하는 방법은 일정한 길이의 고장력 파이프를 하나씩 연결하여 전체 길이로 만들거나 육상에서 전체 길이를 일체로 만들어 와서 설치현장에서 부착하기도 한다.

반잠수식과 유사한 TLP는 초기에는 상당히 유망한 구조물로 부상하였으나 스파부이식 구조물이나 FPSO 등의 출현으로 경쟁력을 다소 상실하였다. 그러나 최근에는 석유나 가스 생산용뿐만 아니라 해상풍력발전 시설로도 중요하게 고려되고 있다. 그림 1-17은 여러 형태의 인장각식 구조물을 보여주고 있다.

그림 1-17 인장각식 구조물 설치 형상

1.2.4 부유식 생산 저장 하역 구조물 (FPSO)

FPSO는 floating, production, storage and off-loading의 약자로서 부유식으로 생산, 저장, 하역의 복합적인 기능을 하는 구조물을 말한다. FPSO는 1977년에 처음으로 스페인에서 제작되었는데, 특히 최근에 심해에서의 해저 석유개발이 활발해 지면서 FPSO는 심해용 석유 및 가스 생산용으로 많이 사용되고 있는 선박 형태의 부유식 구조물이다. 가장 깊은 곳에 설치된 FPSO는 2009년 브라질 해역의 1800m 수심에 설치된 Espirito Santo FPSO 이다. FPSO는 주로 심해용으로 설계된 것이나 수심 13m에 설치된 것도 있다. 이것은 2009년 서아프리카 나이지리아 Okoro유전에 설치된 Armada

Perkasa FPSO이다.

그림 1-18는 FPSO의 측면도 및 평면도를 보여주고 있다. 초기에는 저장 공간을 더 많이 확보하기 위하여 추력 엔진을 없애 자력 항해가 불가능하였지만 최근에는 엔진을 설치하여 자력 항해가 가능하도록 설계하고 있다.

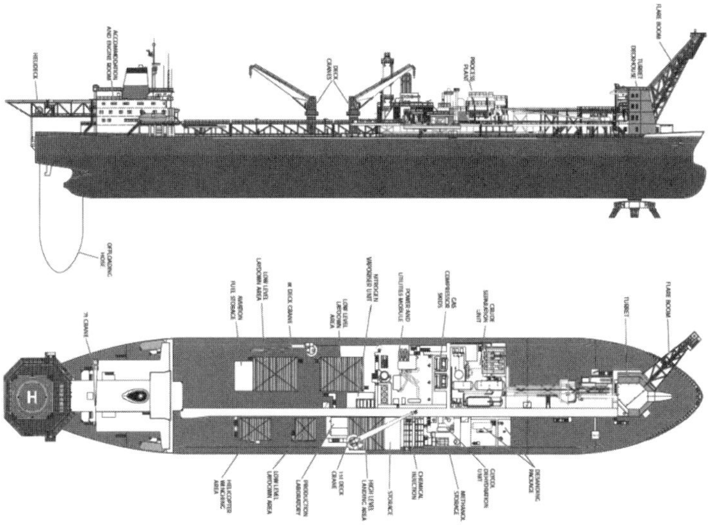

그림 1-18 FPSO 각 명칭

FPSO는 해상 고정을 위해 터렛 계류 시스템(turret mooring system)을 사용한다. 이것은 원통 모양의 터렛에 계류용 체인을 직접 부착한 것이다. 또한 내부에는 베어링 시스템이 설치되어 있어 날씨 변화에 따른 FPSO의 회전 움직임을 자유롭게 허용함으로써 FPSO에 작용하는 환경외력을 최소화할 수 있다.

바람과 해류가 서로 다른 방향으로 작용하는 경우에는 터렛 시스템만으로 효과적인 움직임을 유지하기가 부족할 때가 많다. 이를 위해서 트러스터(thruster)와 DPS를 동시에 적용하는 FPSO가 많이 출현하였다.

FPSO가 갖는 장점은 여러 가지가 있다. 첫째, 기존의 조선기술에 의거하여 제작이 가능하다. 또한 건설 및 시운전을 조선소에서 완수할 수 있어 외해 현장 작업을 최소화할 수 있다. 따라서 비용 절감이 가능하다. 둘째, FPSO의 각 조립 요소(module)인 FPSO 선체, 원유 처리 플랜트, 계류 시스템 등을 세계 여러 곳에서 동시에 따로 제작하여 한 곳으로 이동, 조립함으로써 공기 단축과 제작비 절감을 기할 수 있다. 셋째, 원유 생산량 변화 등 기능 변화에 따른 상부 기자재의 추가 설치나 변경이 용이하다. 넷째, 한 곳의 작업이 끝나면 이동하여 다른 곳에서 작업이 가능하다. 즉 현장 설치와 철수, 이동이 편리하다. 다섯째, 생산된 석유나 가스를 저장하고 하역할 수 있어 후처리가 편리하다.

그러나 FPSO의 단점도 있다. 즉, 수선 면적이 넓어 파랑하중을 많이 받아 운동 성능이 떨어진다. 따라서 초기에는 파도가 적은 지중해 등 제한된 해역에서만 사용되었다. 최근에는 계류장치가 크게 발달하여 적용 해역이 아주 넓어졌다.

그림 1-19는 FPSO의 형태를 보여주고 있다.

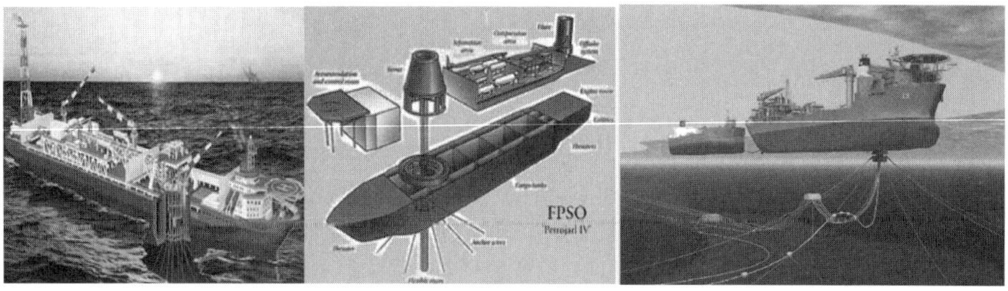

그림 1-19 여러 가지 형상의 FPSO

1.2.5 스파 구조물 (Spar Platform)

스파 구조물은 수직방향의 긴 원통형 형태이며 하부에 밸러스트를 구성하고 상부에 부력공간을 두고 있어 대형 부이와 같은 형상을 하고 있다. 이로 인해 스파 구조물은 흘수가 매우 깊고 부력 중심이 무게 중심에 비해 매우 높아 다른 어떤 부유식 구조물보다 운동성능을 향상시킨 구조이며 안정된 형태의 구조물이다. 스파 구조물은 초창기에 석유나 가스 저장용으로 사용되었으나 최근에는 시추 및 생산용으로 사용되고 있다.

스파 구조물은 심해용으로 고안된 것이며 1996년 처음으로 멕시코 만에 설치되었다. 가장 깊은 곳에 설치된 스파 구조물은 멕시코만 수심 2348m에 설치된 Perdigo 스파 구조물이다. 이것은 Royal Dutch Shell사에 의해 운영되는데 제작비가 무려 30억 달러에 이른다. 스파구조물은 초기의 강제 스파(steel spar), 트러스 스파 (truss spar), 콘크리트 스파(concrete spar) 등 크게 세 가지로 나누어진다.

스파 구조물의 계류 방식은 체인 와이어를 이용하여 계류삭에 항상 장력이 걸리도록 유지한다. 따라서 상하동요(heave)는 상당히 억제된다. TLP의 계류방식과 다소 유사한 점이 있다. 어떤 종류의 스파 구조물의 경우에는 저면에 균형추(counter weight)를 장착하여 계류 기능을 보조하기도 한다. 스파 구조물은 운동 안정성이 좋아 반잠수식 구조물, 인장각식 구조물(Tension Leg Platform), FPSO에 못지않게 최근에 많이 설치되고 있다. 스파구조물은 상하동요 응답이 적은 장점을 이용하여 구조물에 강성 라이저(rigid riser)를 설치할 수 있다. 따라서 별도의 시추선의 도움 없이 시추도 가능하다.

그러나 스파 구조물은 형상이 장대형 실린더이므로 주위의 유체흐름으로 인해 와동이 생길 수 있고 이로 인해 큰 진동이 발생시킬 수 있다. 즉, 와동유기진동(vortex induced vibration-VIV)이라는 파도의 주기에 비해 주기가 짧은 고주파 진동이 발생하게 된다. 이로 인해 구조물의 작동에 지장이 발생할 뿐만 아니라 구조물의 피로파괴를 수반할 수 있어 스파 구조물의 설계에서는 와동유기진동을 저감시키는 것이 중요한 설계 대상이다. 이를 저감시킬 수 있는 여러 가지 방법들이 고안되고 있다. 예를 들어 본체의 외부에 나선형 플레이트나 스트레이크(strakes)를 붙여 와동을 줄이는 방법을 채택하고 있다. 이럴 경우 스파 구조물을 제작할 때나 설치할 때 여러 가지 어려움이 발생한다. 그림 1-20은 종래의 강제 스파 구조물과 트러스형 스파 구조물의 비교 및 트러스 스파 구조물의 입체도를 보여주고 있다. 그림 1-21은 실제 운용중인 스파 구조물을 보여주고 있다.

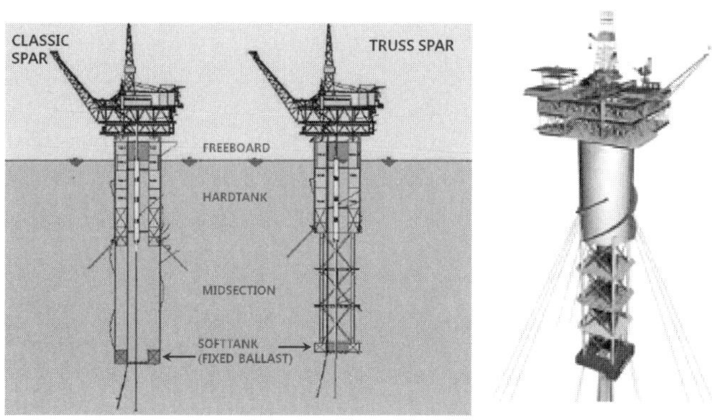

그림 1-20 두 가지 스파 구조물의 명칭 비교 및 트러스 스파 구조물의 입체도

그림 1-21 실제 운영중인 스파 구조물의 형상

제2장 해양환경하중의 산정

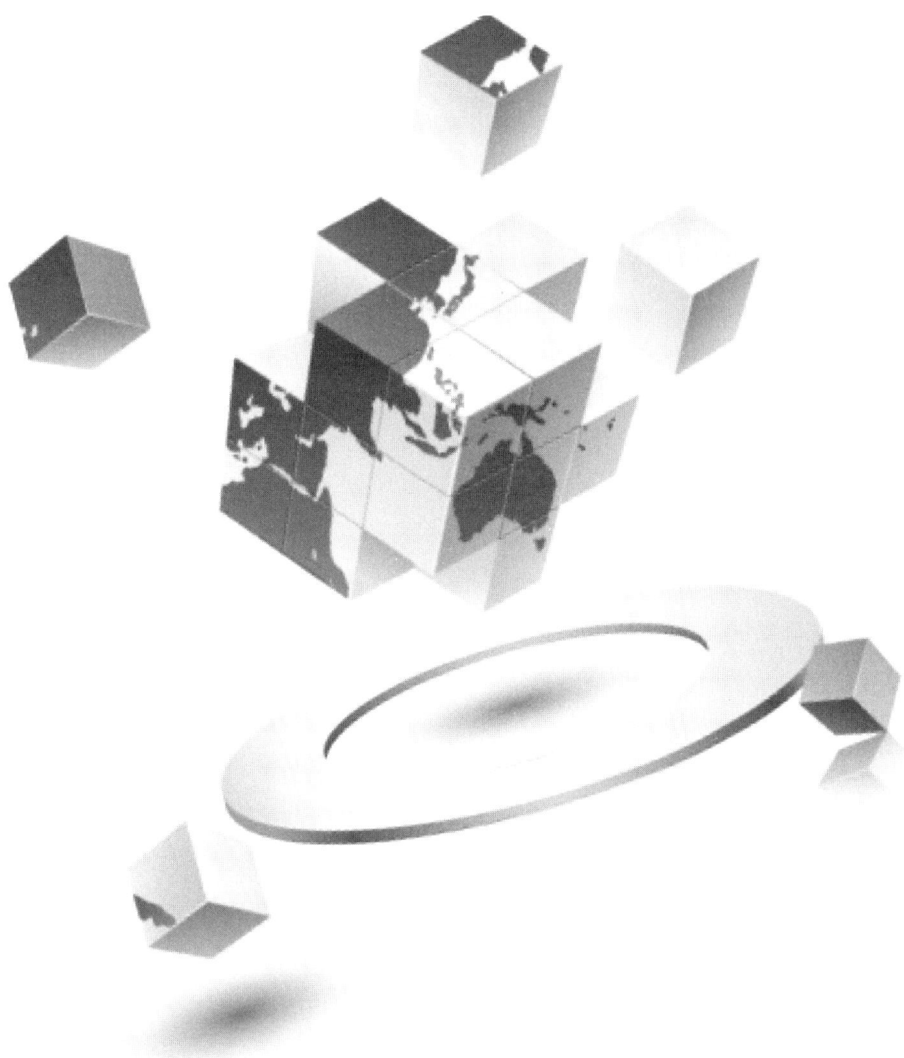

제2장 해양환경하중의 산정

해양구조물을 설계할 때 고려해야할 가장 중요한 인자는 파도, 조류, 바람 등과 같은 해양환경 하중이다. 이러한 환경하중을 규칙적이고 선형적인 것으로 가정하여 취급하기도 하지만 실제 상황은 불규칙적이고 비선형적이므로 통계 및 확률적인 측면에서 평가할 경우도 많다. 해양구조물을 설계할 때 고려해야 할 환경하중은 보통 25년, 50년, 100년 등 재현주기에서 발생할 확률이 가장 높은 최대하중이다. 재현주기가 길수록 보다 큰 하중이 발생하므로 구조물의 중요도에 따라 그 주기는 결정된다. 이러한 하중들에 의해 발생되는 구조물의 응력 또는 변위는 특정 선급기관에서 정하는 허용범위 내에 있어야 한다.

해류란 길거나 짧은 시간대 내에서 변화하는 바닷물의 현저한 흐름을 일컫는다. 해류의 발생 원인으로는 바람, 해수 온도나 염분차에 의해 생긴 밀도차, 이상고조(異常高潮), 연안역에서의 쇄파 등 여러 가지가 있다. 이 들 원인에 의해 발생한 해류를 각각 풍성류 또는 취송류, 밀도류, 이상고조류(storm surge current), 연안류 (long shore current) 등으로 불린다. 조류와 해류는 물리적으로는 다르나 해양구조물에 작용하는 하중계산 측면에서는 동일하게 취급할 수 있다.

해류와 함께 다루는 환경요소로 바람이 있다. 공기의 밀도는 물에 비해 매우 작으므로 풍하중은 해류하중에 비해 아주 작다고 생각될 수 있으나 풍속은 100노트(knots)에 이를 만큼 속도가 아주 큰 것도 많으므로 구조물에 작용하는 하중은 상당히 크다. 특히 풍하중은 해양구조물의 수직 단면 중 해수면 윗부분인 상부에 작용하므로 고정식 구조물의 경우에는 큰 굽힘 모멘트를 발생시키고, 부유식 구조물의 경우에는 전복모멘트를 유발하여 해양구조물의 안정성에 매우 위협적인 영향을 미친다.

해류와 바람 이상으로 중요한 환경 요소가 파도(waves)로 일컫는 해양의 파랑이다. 파랑은 주로 바람에 의한 풍파(wind waves)가 대다수를 차지하나 해저의 지각변동이나 태풍의 기압 변화에 의해서도 생성된다. 풍파의 경우, 파랑의 크기 및 상태를 결정하는 데에는 풍속(wind speed), 바람이 계속 부는 시간, 즉 취속 시간(duration) 그리고 바람이 불어간 해면의 길이, 즉 취주 거리(fetch)가 중요하다.

해양구조물 설계에 있어서 파랑이 해류나 바람에 비해 특별히 다른 점은, 이것을 시간에 따라 변하는 것으로 취급한다는 것이다. 달리 말하면, 해류나 바람은 보통 정상상태로 취급하여 정적하중을 발생하는 것으로 취급하나 파랑은 시간에 따라 변하므로 동적하중을 일으키는 것으로 고려한다. 따라서 파랑에 의한 구조물의 응답을 해석할 때 상당히 복잡한 계산 과정이 수반된다.

2.1 해류 하중

2.1.1 해류 특성

해양구조물을 설계하거나 안전하게 운영하기 위해서는 해류의 영향을 적절히 고려해야 한다. 해류의 속도를 추정할 때는 취송류(吹送流), 이상고조(異常高潮)에 의한 해류(storm surge current), 밀도류, 연안류 등을 고려하되 그 해역에 발생하는 흐름을 모두 합산하여 산정해야 한다. 취송류, 이상고조에 의한 해류, 밀도류, 연안류 등은 기록된 자료의 통계분석이나 수치모델에 의하여 결정된다. 조류도 해류에 포함시켜 고려하는데 이것은 관측 자료를 분석하여 구하거나 수치모델을 이용하여 구할 수도 있다.

해류 중에서는 취송류가 대부분을 차지하는데, 이것은 소규모적인 일시적인 흐름도 형성하기도 하나 무역풍과 같은 대규모적인 바람에 의해 발생하는 전 지구적인 규모인 대양 해류를 형성하기도 한다. 대양 해류는 북반구의 바다에서는 시계방향으로, 남반구에서는 반시계방으로 흐르는 큰 해류가 있다. 실제 이 해류들을 보면, 대양의 서안에 위치하는 해류의 흐름은 너비가 좁고 강하며, 동안에서는 흐름이 퍼져서 약화되어 있다. 이 현상을 서안강화(西岸强化)라고 하며, 강화된 흐름을 서안경계류(西岸境界流)라고 한다. 해류의 서안강화가 나타나는 까닭은 지구 자전의 효과가 고위도로 갈수록 그 효과가 커지기 때문이며 쿠로시오해류, 동오스트레일리아해류, 멕시코만류, 브라질해류 등이 좋은 예다.

조류는 해류와 발생원인 및 방향성에서 다르나 국부적인 흐름 측면에서는 비슷하다. 즉, 조류는 지구, 태양, 달의 인력으로 인한 조위 차에 의해 발생하고 흐름 방향은 하루 또는 반일 주기로 정 반대 방향으로 흐른다. 그러나 해양구조물 설계를 위한 환경하중 계산 측면에서 보면 거의 동일한 계산식을 사용할 수 있다. 따라서 본 교재에서는 조류하중을 따로 취급하지 않고 해류하중에 포함시켜 다룬다.

해류는 긴 시간대로 보면 속도가 변하지만 해양구조물 크기가 흐름 변화 규모에 비해 아주 작으므로 하중을 계산할 때는 시간에 따라 일정한 정상상태로 취급한다. 즉, 특정 시간 내에 변함이 없는 정적하중으로 취급한다.

해저토질이 침식될 가능성이 있는 지역에서는 경계층의 영향을 포함하여 해저면 근처의 해류에 대한 특별한 검토가 필요하며 이것은 해저구조물의 해저면 안정도 계산에 요구되어 진다. 또한 수심에 따른 유속분포를 추정해야 한다.

일반적으로 해양구조물을 설계할 때 해류속도는 해당 해역의 해양학적 고유성분(V_i)과 표층 바람에 의해 발생하는 성분(V_w)만을 고려한다. 여기서 해양학적 고유성분은 그 해역에 항상 존재하는 해류와 조류 등을 말한다. 일반적으로 바람에 의해 유발되는 표층유속은 1시간 평균풍속의 1~3% 정도 되는 것으로 알려져 있으며 표층에서 최대이고 수심이 깊을수록 작아진다. 지구자전 효과에 의해 바람과 해류 흐름 방향은 반드시 일치하지는 않으나 해양구조물 설계에서 취급하는 공간 범위가 그리 크지 않으므로 두 방향이 같다고 가정할 수 있다. 노르웨이 선급인 DnV에서는 해류의 수직 방향 분포를 다음 식으로 표시한다.

$$V_c = V_i(z/h)^{1/7} + V_w(z/h) \tag{2-1}$$

위 식에서 z는 아래 방향의 좌표축을 나타내며 h는 수심을 나타낸다. 위 식에서 볼 수 있듯이 해류속도는 수심에 따라 변하므로 해류력을 계산할 때는 몇 개의 구간으로 나누고 각 구간에서는 흐름 속도가 일정한 것으로 가정한다.

해류는 흔히 속도가 일정한 정상상태로 가정하므로 해류에 의해 발생하는 하중은 항력과 양력이다. 엄밀한 측면에서 보면 해류하중은 파랑하중과 관련지어 결정돼야 한다. 즉 파도와 해류에 의해 유발되는 물입자 속도는 벡터적으로 합성되어 계산되기 때문에 파도와 해류의 상호작용에 대한 정확한 이론에 근거하여 전체적인 물입자 속도를 계산하는 것이 바람직하다.

2.1.2 해류 하중

가) 항력

유속이 일정한 해류가 해양구조물 주변으로 흘러가면 그 구조물에는 항력이 발생한다. 구조물에 작용하는 항력을 표현하면 다음 식과 같다.

$$F_D = \frac{1}{2}\rho\, C_D\, V_c^2 A \tag{2-2}$$

여기서 F_D= 구조물에 작용하는 항력

ρ = 해수의 밀도

C_D = 항력계수

V_c = 해류속도

A = 구조물의 투영 단면적

위 식에서 해수의 밀도, 해류속도, 구조물의 투영단면적 등은 쉽게 구할 수 있으나 항력계수는 환경 조건에 따라 변하므로 정확한 값을 구하는 것은 간단하지 않다. 항력계수 값은 레이놀드수(Re) 크기와 표면 거칠기 정도에 좌우된다. 레이놀드 수가 대략 4×10^5 보다 적은 조건에서는 항력계수값은 표면거칠기와 상관없이 보통 1.1에서 1.3의 범위에 있다. 그러나 레이놀드 수가 큰 경우에는 표면거칠기 크기에 따라 상당히 변한다.

항력계수는 3차원 물체의 경우에는 더욱 복잡하다. 그러나 근사적으로는 3차원 물체의 항력계수 값은 레이놀드 수가 Re=10^4~10^6 일 경우에는 다음 표 2-1로부터 간단히 구할 수 있다. 또한 일반적으로 흔한 기둥물체의 단면 형상에 대한 항력계수의 근사값은 표 2-2로부터 구해낼 수 있다.

표 2-1 3차원 물체의 항력 근사값

shape	C_D	shape	C_D	shape	C_D	shape	C_D
	0.47	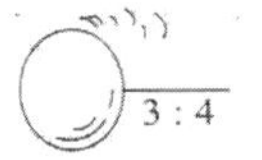	0.59	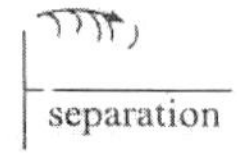	1.17	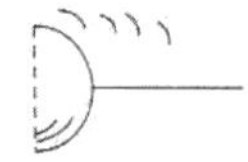	1.38
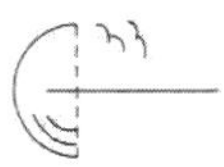	0.38	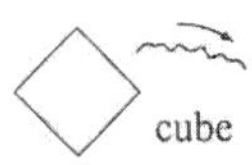	0.80	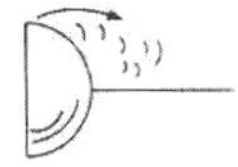	1.17	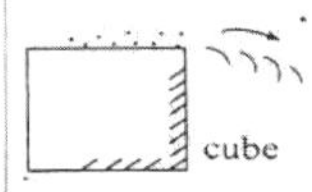	1.05
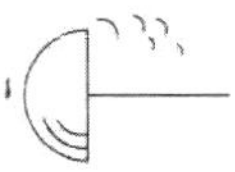	0.42	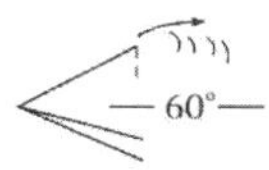	0.50	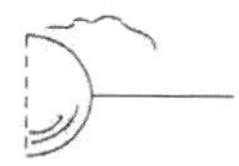	1.42		

표 2-2 기둥물체의 항력 근사값 (Re=10^5 일 경우)

형상	d_o/d_1	r/d_o	C_D	형상	d_o/d_1	r/d_o	C_D
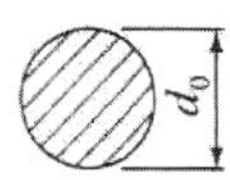	1	-	1.00	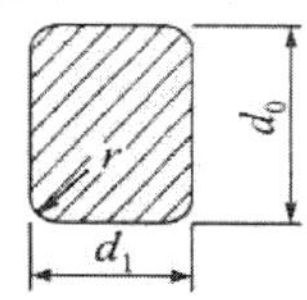	2 2 2	0.021 0.083 0.250	2.2 1.9 1.6
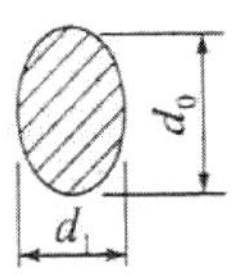	2	-	1.6	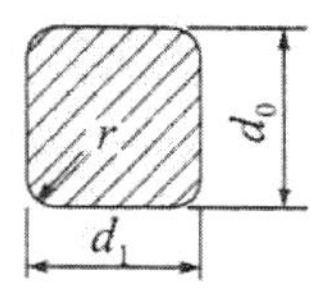	1 1 1	0.021 0.167 0.333	2.0 1.2 1.0
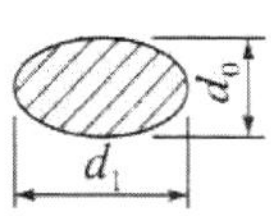	1/2	-	0.6	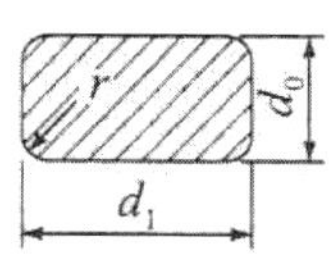	1/2 1/2 1/2	0.042 0.167 0.500	1.4 0.7 0.4
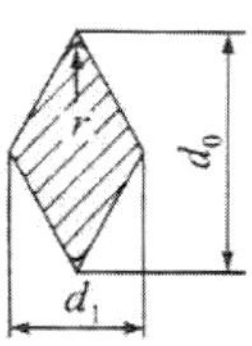	2 2 2	0.021 0.083 0.167	1.8 1.7 1.7	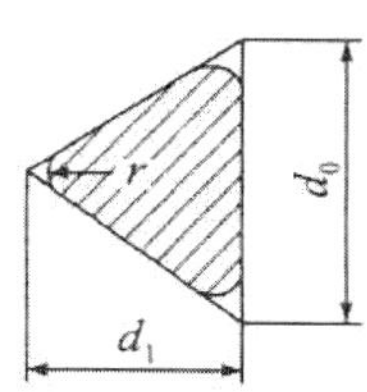	1 1 1	0.021 0.083 0.250	1.2 1.3 1.1
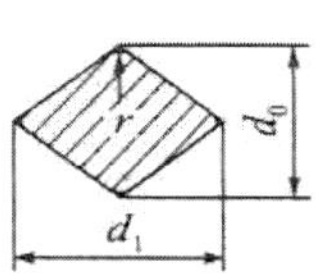	1 1 1	0.015 0.118 0.235	1.5 1.5 1.5	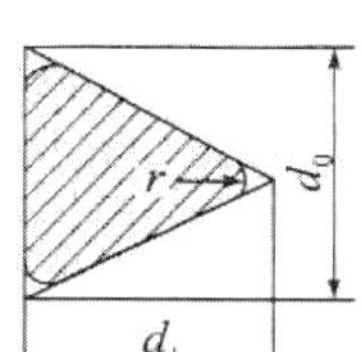	1 1 1	0.021 0.083 0.250	2.0 1.9 1.3
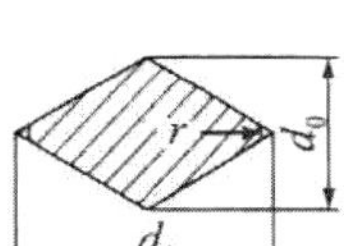	1/2 1/2 1/2	0.042 0.167 0.333	1.1 1.1 1.1				

예제 1

5m/s의 해류가 존재하는 바다 속에 직경이 2m, 높이가 10m인 원기둥 물체가 수직으로 잠겨있다. 해류에 의하여 원기둥 물체에 작용하는 항력을 구하여라.

(표 2-2참고)

해 답

표 2-2를 참고하면 원기둥 물체의 항력계수 값은 C_D=1.0이다. 물의 밀도는 $\rho_{water}=1025kg/m^3$이고 투영단면적은 $A=D\times H=20m^2$이다.

따라서 항력은 $F_D = \frac{1}{2}\rho\, C_D\, V_c^2\, A = \frac{1}{2}\times 1025\times 1\times 5^2\times 20 = 256.25KN$

나) 양력

길이가 긴 원형실린더의 단면 주위로 해류가 흘러갈 때 유속이 작으면 층류가 형성되나 유속이 증가하여 레이놀드(Reynolds)수가 커지면 물입자의 흐름은 아래 그림 2-3과 같이 난류가 형성된다. 그런데 원형단면 주위의 흐름을 살펴보면 단면의 양쪽 끝에서 흐름이 떨어져 나가 동그란 흐름이 형성되는 것을 볼 수 있다. 이것을 와동방출(vortex shedding)이라고 하는데 단면 뒤에 분포된 와류를 보면 길이 방향으로 하나씩 번갈아 가며 배열되어 있다. 그림 2-3에서 볼 수 있듯이 단면의 앞과 뒤에서의 흐름이 서로 다르므로 유동에 의한 압력의 분포도가 상이하며 단면에는 해류가 흐르는 방향의 힘인 양력이 작용함을 예상할 수 있다. 양력은 와동방출에 관련되어 있으며 해중구조물의 진동과 직결되어 있다.

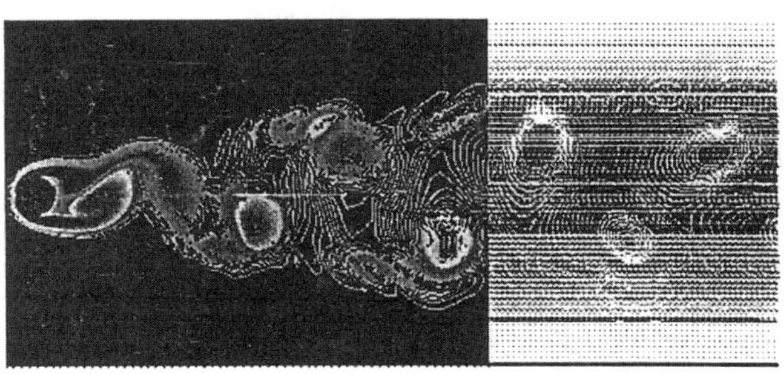

그림 2-3 **원형단면 주위의 흐름**

레이놀드수가 더욱 증가하면 와동방출은 교대로 발생하게 되는데 이로 인해 실린더에 가해지는 양력 또한 교대로 되어 실린더는 진동하게 된다. 이 때 일반적으로 두 가지 형태의 진동이 예상된다. 즉, 해류의 속도벡터와 같은 방향으로 일어나는 직선상 운동과 속도벡터에 직각 방향으로 일어나는 운동이다. 앞에서 설명한 항력은 정적인 힘인데 반해 양력은 동적인 힘임을 알 수 있다.

와동방출에 의한 구조물 진동 현상을 와동유기진동(vortex induced vibration)이라고 하는데 해양라이저, 해저배관, 스파 구조물 등의 설계에 있어서는 아주 중요한 고려 사항이다. 양력은 항력에 비해 크기는 작으나 반복하중을 일으키므로 구조물의 피로파괴를 가져올 수 있어 구조물의 피로수명 결정에 반드시 고려되어야 할 사항이다. 아래에서는 해양라이저 및 해저배관을 중심으로 양력의 크기 및 와동유기진동에 대해 설명한다.

파이프의 단위 길이에 작용하는 양력은 다음 식에 의하여 계산된다.

$$f_L = \frac{1}{2}\rho\, C_L\, D_o\, V_c \tag{2-3}$$

여기서 f_L = 파이프 축과 속도 벡터에 수직으로 작용하는 단위 길이당 양력

C_L = 양력계수

V_C = 유속

D_0 = 파이프 외경

항력계수와 마찬가지로 양력계수 또한 환경조건에 따라 변하므로 간단하게 구할 수 없다.

보다 중요한 사항은 와동방출(vortex shedding)의 주파수가 파이프의 고유진동수와 일치하거나 또는 그의 배수가 될 때 공진현상이 발생한다는 것이다. 와동방출 의 주파수는 다음 식으로 구할 수 있다.

$$f = \frac{S_t\, V_c}{D_o} \tag{2-4}$$

여기서 f = 와동방출의 주파수 (Hz)

S_t = Strouhal 수

파이프에 대한 Strouhal수는 Reynolds수의 함수이며 그림 2-6에 나타나 있다.

와류에 의한 진동이 일어날 수 있는 속도범위를 결정하기 위해서는 다음 식 (2-5)에 의하여 정의되는 감소 속도(reduced velocity), V_r이 사용된다.

$$V_r = \frac{V_c}{f_i\, D_o} \tag{2-5}$$

여기서 f_i 는 파이프의 고유진동수이다. 또한 이러한 운동을 지배하는 또 다른 계수에는 안정계수, K_s가 있으며 이는 다음 식으로 정의된다.

$$K_s = \frac{2m_e\, \delta}{\rho\, D_o^2} \tag{2-6}$$

여기서 δ = 구조 감쇠의 지수 감소

m_e = 부재의 단위 길이 당 유효질량

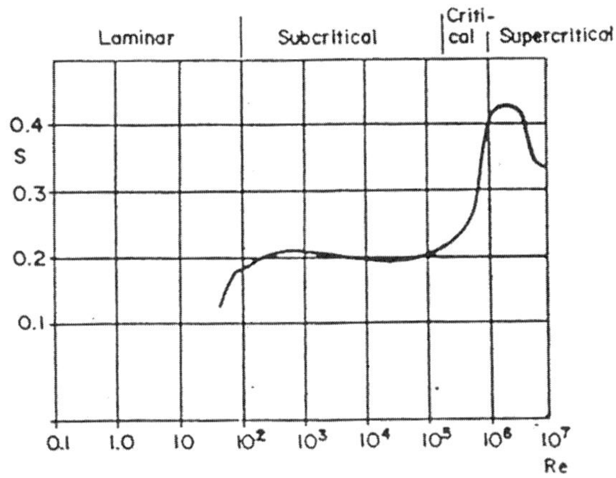

그림 2-6 원형 실린더에 대한 Strouhal 수

해류속도와 같은 방향의 와동방출에 의한 파이프의 공진은 $1.0 < V_r < 3.5$, $K_s < 1.8$ 일 경우 일어날 수 있으며, 유속에 따라서 와동방출은 파이프를 중심으로 하여 대칭 또는 비대칭으로 일어날 수 있다. $V_r <$ 2.2일 때 와동방출은 내칭이고, $V_r <$ 2.2일 때 와동방출은 비대칭인데 초기 진동을 일으키기에 필요한 유속은 그림 2-7에서 결정될 수 있다.

한편 해류속도와 직각방향의 진동은 $K_s < 16$일 때와 그림 2-8로부터 결정되는 V_r의 값에 따라서 일어날 수 있다.

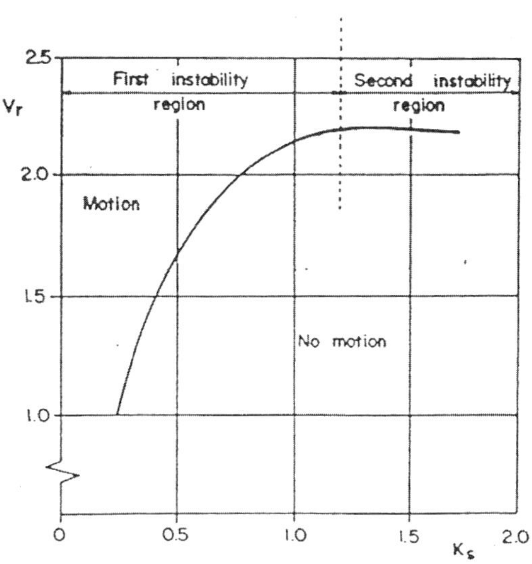

그림 2-7 유체의 흐름방향으로 파이프 진동이 시작되는 감소 속도

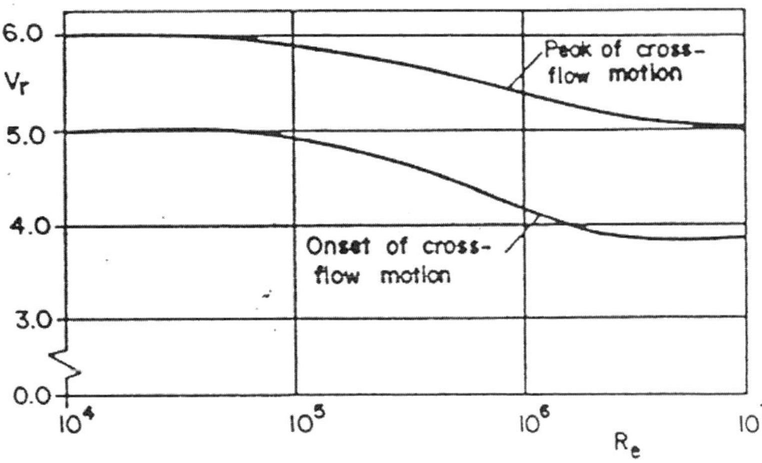

그림 2-8 유체의 흐름방향과 직각방향으로 파이프 진동이 시작되는 감소 속도

2.2 풍하중

2.2.1 해상풍의 특성

공기의 밀도는 바다 물의 밀도에 비하여 대략 1/850이어서 아주 작은 압력변화에도 쉽게 움직여서 바람이 일어난다. 즉 바람은 해류에 비해 시간에 따라 훨씬 더 많이 변한다.

바람의 속도는 시간에 따라 빠르게 변하므로 바람의 순간 속도를 측정하는 것은 어렵다. 따라서 해양구조물 설계할 때 사용하는 바람의 속도는 어느 일정한 시간동안 측정된 값의 평균치가 된다. 아래 그림 2-9는 풍속 데이터에 대한 3초 평균 및 1분 평균을 보이고 있다.

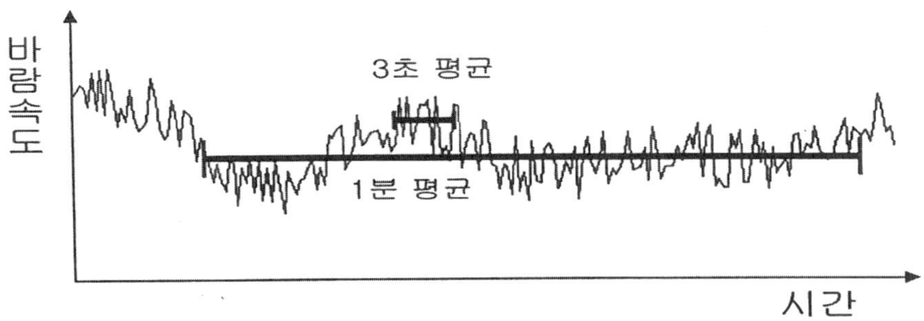

그림 2-9 평균 시간에 따른 바람 속도 변화

일반적으로 바람의 평균풍속은 바람의 속도를 정의하는 평균시간이 짧을수록 커지는 경향을 갖는다. 예를 들어, 그림 2-9에 보인 풍속에 관한 기록에서 3초에 걸친

평균속도 값은 1분에 걸친 평균속도 값 보다 크다.

선급의 규정에 따라 다르기는 하나 보통 풍력을 계산할 때는 1분간의 평균값을 바람의 속도로 사용한다. 그러나 해양구조물 중에서 사람이 거주하는 구역, 격벽, 둘러싸여 갇힌 장소 같은 평평한 구조 부재에 대한 계산에서는 15초의 돌풍속도를 사용하여야 한다. 특히 플랫폼 위에 있는 개폐 가능한 구조 부재, 보호막이 없는 갑판 상의 의장품에 대한 계산에서는 보다 짧은 3초에 걸친 돌풍속도를 사용하도록 규정하고 있다.

그림 2-10에서 볼 수 있듯이 바람의 속도는 해수면 바로 위에서는 0이지만 해수면 위의 연직 높이가 높아질수록 점차 커진다. 바람의 속도가 높이에 따라 커지는 현상은 위에서 설명한 바람의 속도를 정의하는 평균시간에 관계없이 모든 경우에 적용된다. 따라서 바람의 속도를 정의할 때는 어떤 기준 높이가 필요한데, 이것은 편의상 수면 위 10미터이다.

바람의 속도는 시간에 따라 빠르게 변하므로 바람에 의한 하중도 시간에 따라 빠르게 변한다. 그러나 거대한 구조물은 작용하는 풍하중이 빠르게 변하여도 구조물은 그에 따라 반응하지 못하고 느리게 변하는 하중성분에만 응답을 보인다. 따라서 해양구조물의 구조해석을 수행할 때에는 풍하중을 시간에 따라 변하지 않는 것으로 간주하여 정적하중으로 취급한다.

해양구조물에 작용하는 전체 환경하중에서 풍하중이 차지하는 비율은 대략 15% 정도로 크지 않으나 보다 깊은 수심에 설치된 고정식 해양구조물에 대해서는 보다 큰 전복 모멘트를 유발하므로 그 영향이 상당히 크다. 큰 파도는 보통 풍속이 큰 해역에서 발생하므로 풍하중과 파랑하중은 밀접하게 관련되어 있다. 또한 풍성류와 같은 해류도 바람과 밀접하게 관련되어 있다.

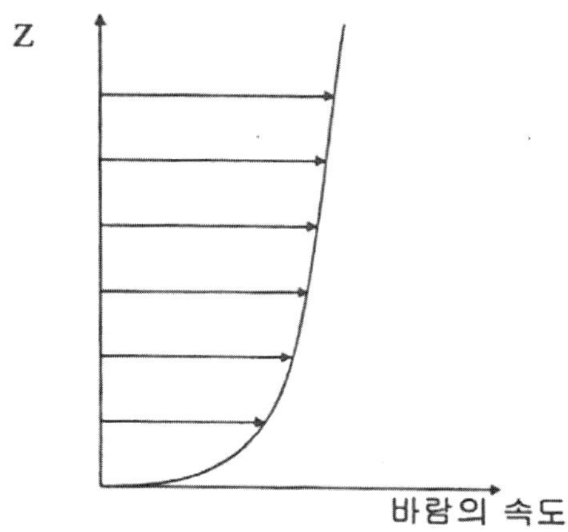

그림 2-10 바람의 수직분포

구조물에 작용하는 풍하중도 해류하중과 마찬가지로 항력과 양력이 있다. 풍력은 대부분이 항력이 주류를 이루며 일반적으로 바람의 방향과 같다. 하지만 구조물의 형상에 따라서는 풍하중은 바람의 방향과 다를 수 있다. 달리 말하면, 해류하중을 설명할 때 언급한 양력이 발생한다는 의미이다. 즉, 바람에 의해 형성된 와류가 원형단면의 양쪽에서 떨어져 나가는 시간이 서로 달라 원형단면에는 바람이 부는 방향과 직각방향의 힘이 발생하고 이로 인해 구조물에 와동유기진동이 발생할 수 있다는 것이다.

2.2.1 풍하중

구조물에 작용하는 바람 하중은 항력과 양력으로 대별되며 항력과 양력은 각각 다음 식으로 얻을 수 있다.

$$F_{DW} = \frac{1}{2}\rho_a C_D A V^2,$$

$$F_{LW} = \frac{1}{2}\rho_a C_L A V^2 \tag{2-7}$$

이 식에서 상수 ρ_a 는 공기밀도, C_D, C_L는 항력 및 양력계수, A는 투영단면적, V는 바람의 속도를 의미한다. 그러나 각 선급에서는 편의상 C_D, C_L를 종합하여 형상계수(shape coefficient) 라고 불리는 C_S를 도입하기도 한다. 또한 미국선급협회(ABS)에서는 높이에 따라 변하는 높이계수(height coefficient), C_h를 도입하여 다음과 같은 식을 규정하고 있다.

$$F_w = 0.0623 C_h\, C_s A\, V_{10}^2 \quad \text{(kgf)}$$

이 식에서 상수 0.0623에는 표준 공기밀도의 값이 포함되어 있으며, V_{10}는 해수면 위 10m에서의 바람의 속도를 의미한다. 위식에서 하중계산은 중력 단위계를 나타내며 풍속은 m/s, 투영면적은 m^2의 단위이다.

표 2-3에서는 미국선급협회(ABS)가 규정한 높이계수를 보이고 있다. 즉, 수직높이를 편의상 몇 개의 단계로 나누고, 각 단계에 해당하는 값을 제시하고 있다. 바람이 수직방향으로 증가하는 효과는 하중이 높이에 따라 증가하는 것으로 생각할 수 있다. 그리고 수직높이가 259미터(또는 850피트)이상이면 높이에 관계없이 일정한 높이계수 1.80을 이용한다.

표 2-3 풍하중 계산을 위한 높이계수

수면으로부터의 높이		
피트 단위	미터 단위	C_h
0~50	0~15.3	1.00
50~100	15.3~30.5	1.18
100~150	30.5~46.0	1.31
150~200	46.0~61.0	1.40
200~250	61.0~76.0	1.47

한편, 구조물의 모양에 따라 바람에 의한 하중이 달라지므로 이 현상을 형상계수를 이용하여 반영한다. 그러나 형상계수는 구조물의 모양뿐 아니라 흐름의 상태에 따라 민감하게 달라지므로 이러한 모든 조건을 명확히 확인하여 결정하여야 한다. 엄밀한

값을 얻으려면 원칙적으로는 대상 구조물의 축소모형을 만들어 풍동에서 실험하여 그 계수를 구하여야 한다. 그러나 이 방법은 비용이 많이 들며 실험조건에 따라 결과가 조금씩 달라지기 때문에 실험결과를 바로 사용하지 못하고 축적비 등에 따른 실험조건을 감안하여 결과를 수정해야 한다. 실제 설계에서 이러한 모든 과정을 시행하기가 어렵기 때문에 선급의 규정이나 설계지침서에서는 구조물 각 부재의 모양에 따른 형상계수를 제시하고 있다. 표 2-4는 형상계수의 한 예를 보여주고 있다.

표 2-4 풍하중 계산을 위한 형상계수 (ABS 규정)

모양	C_S
원통형상 (Cylindrical shapes)	0.5
헐과 갑판 하우스(Hull and deck house)	1.0
크레인, 형강, 보, 채널 등과 같은 독립된 구조형상 (Isolated structural shapes-cranes, angles, channels, beams, etc.)	1.5
갑판하부 (Under deck area with exposed beams and girdcrs)	1.3
데릭 (Rig derrick each face)	1.25

한편 위 식(2-6)에서 면적 A는 소위 말하는 투영 단면적이다. 짐을 옮기는 기기인 데릭 붐이나 크레인 같은 트러스형 구조물의 경우에는 일일이 구조물의 투영면적을 계산하기가 힘들다. 따라서 데릭 붐이나 크레인의 전체 외형면적에 일정 비율을 곱하는 방식을 택한다.

예제 2

해양 플랫폼에서 구조물에 20m/s의 바람이 작용한다. 구조물에 가해지는 수평 방향의 전체 풍하중을 ABS규정에서 제시한 형상계수 값을 이용하여 계산하라. 단, 바람이 불어오는 쪽으로의 플랫폼과 갑판 하우스의 전체 요소의 면적은 300m^{2}이고, 바람이 불어오는 쪽으로의 독립된 시설물들의 총 넓이는 50m^{2}이다.

해 답

플랫폼과 갑판 하우tm에 작용하는 풍력을 우선 구한다. 이것에 작용하는 형상계수 C=1을 적용할 수 있고 공기 밀도 ρ_{air}= 1.213 kg/m³이므로

$$F_{D1} = \frac{1}{2}\rho\, C_D\, V_c^2 A = \frac{1}{2}\times 1.213\times 1\times 20^2\times 300 = 72780N$$

다음으로 독립된 시설물 전체에 작용하는 풍하중을 구한다. 단면적 $50m^2$, 독립된 시설물에 적용되는 형상계수 C=1.5을 적용하면

$$F_{D2} = \frac{1}{2}\rho\, C_D\, V_c^2 A = \frac{1}{2}\times 1.213\times 1.5\times 20^2\times 50\cdot = 18195N$$

따라서 수평 방향의 전체 풍하중은 $F = 72.8 + 18.2 = 91.0KN$

2.3 해양파 이론

실제 해양에서의 파랑은 일반적으로 바람의 작용에 의해서 발생된다. 일반적으로 바람의 속도가 빠를수록 파랑의 파고는 높고 주기는 길어진다. 또 바람이 발생한 지점까지의 거리가 멀수록 파고는 높고 주기는 길다. 또한 바람이 부는 시간도 파랑에 관계한다.

파랑이 발달하는 이유는 바람으로부터 에너지를 흡수하기 때문이다. 파도가 점점 발달됨에 따라 흡수된 에너지는 유체의 점성과 쇄파 현상에 의해 에너지를 손실한다. 이 중에서 쇄파의 영향이 더 크다. 충분히 긴 시간동안 풍속이 일정한 경우에는 흡수되는 에너지의 전파 속도와 손실되는 에너지의 전파속도가 서로 평형을 이루게 되고 파도는 더 이상 발달을 멈추고 정상상태에 도달한다. 한편 풍속이 감속되면 파장이 짧고 파도가 높은 파도는 쇄파현상에 의해 비교적 일찍 소실되고 나중에 파장이 길고 장주기의 파도만 오랫동안 남게 되는데 이것을 너울(swell)이라고 하고 너울은 비교적 규칙파에 가깝다.

파랑이 존재하면 물입자는 속도 및 가속도를 가지고 반복 운동을 한다. 이 물입자의 속도, 가속도에 의해 해양구조물에는 항력, 양력, 관성력 등과 같은 파랑하중이 발생한다. 또한 파도에 의해 압력변화도 발생하여 해양구조물은 힘을 받는다. 따라서 파랑하중을 계산하기 위해서는 특정 파도의 물입자 속도, 가속도, 변위 등을 알아야 한다. 이와 같은 값들을 얻기 위해서는 해양파 이론이 필요하다.

해양파 이론에는 선형파 이론인 에어리(Airy)파 이론, 비선형파 이론인 스톡스(Stokes)파 이론, 크노이달파(Cnoidal wave) 이론, 고립파(solitary wave) 이론, 스트림(stream)함수 이론 등 여러 가지가 있다. 해양구조물을 설계할 때에는 이와 같은 여러 해양파 중에서 가동해역의 수심, 파장, 파고에 따라 가장 적합한 파 이론을 선택하여 적용한다. 그림 2-11은 각 해양파 이론의 적용영역을 잘 보여주고 있다. 그림에서 유추할 수 있듯이 가동해역의 수심을 h, 설계파의 파장을 L이라 하였을 때, $h/L>0.5$인 심해(deep sea)에서는 에어리(Airy)파 이론이나 스톡스(Stockes)파 이론을, $h/L<0.04$인 천해(shallow sea)에서는 크노이달파 이론이나 고립파(solitary wave) 이론을 일반적으로 사용하고 있다.

해양구조물 설계에서는 에어리파 이론과 스톡스파 이론이 많이 사용되는데, 본 교재에서는 단순조화파 이론이라고도 불리는 하는 에어리파 이론을 상세하게 다루고 스톡스파 이론에 대해서는 결과식들을 요약 정리하여 소개하고자 한다.

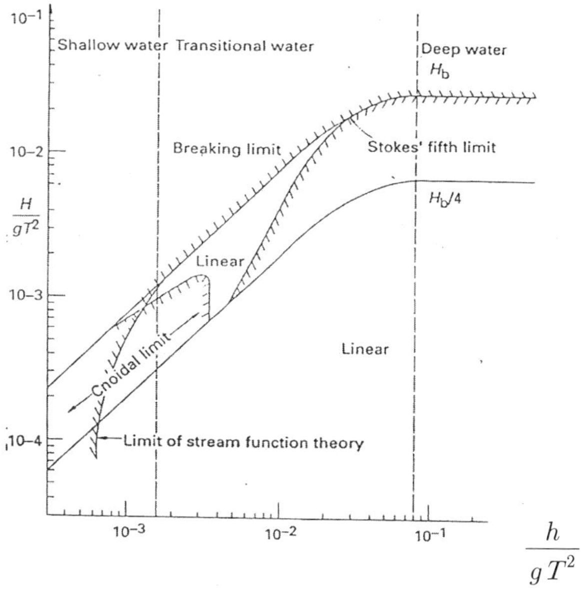

그림 2-11 파 이론 적용의 타당성

2.3.1 단순 조화파 이론

가) 기본방정식

해양파 이론을 간단하게 전개하기 위하여 해수의 물리적 특성을 다음과 같이 가정한다.

- 유체는 일정한 밀도를 가진다. 따라서 비압축성으로 취급할 수 있다.
- 물의 마찰력은 공기처럼 아주 작지 않으나 편의상 마찰력이 없다고 취급한다.

(1) 연속방정식

x, z방향의 2차원 유동장(flow field)내에 있는 미소체적에 대해 질량보존의 법칙을 적용하면 아래의 연속방정식을 얻을 수 있다.

$$\frac{D\rho}{Dt} + \rho \nabla \cdot \vec{V} = 0$$

$$\left(D\rho = \frac{\partial \rho}{\partial t}dt + \frac{\partial \rho}{\partial x}dx + \frac{\partial \rho}{\partial z}dz\right) \tag{2-8}$$

여기서, $\frac{D\rho}{Dt}$: 유체밀도($\rho = \rho(x,z,t)$)의 전미분

$\nabla \cdot \vec{V}$: 유체입자 속도($|\vec{V}| = V(x,z,t)$)의 발산

위 식을 스칼라 함수로 표시하면

$$\frac{\partial \rho}{\partial t}+\frac{\partial \rho}{\partial x}u+\frac{\partial \rho}{\partial z}w+\rho\frac{\partial u}{\partial x}+\rho\frac{\partial w}{\partial z}=0 \tag{2-9}$$

만약 비압축성 유체라고 가정하면, 즉 밀도가 일정하면 연속방정식은 다음과 같이 간단하게 표현된다.

$$\frac{\partial u}{\partial x}+\frac{\partial w}{\partial z}=0 \tag{2-10}$$

(2) 운동방정식

점성을 무시한 경우에 Newton의 운동법칙($\vec{F} = m\vec{a}$)을 적용시켜 유체의 운동방정식을 정립하면 식 (2-11)이 된다.

$$\vec{F}_b-\frac{1}{\rho}\nabla p=\frac{D\vec{V}}{Dt} \tag{2-11}$$

여기서, $\vec{F}_b$ 는 중력장에 의한 단위 질량당 체적력, ∇p 는 압력 구배, $\frac{D\vec{V}}{Dt}$ 는 유체입자 속도의 전미분이다. 위 식을 x, z성분으로 표현하면,

$$X-\frac{1}{\rho}\frac{\partial p}{\partial x}=\frac{Du}{Dt} \tag{2-12}$$

$$=\frac{\partial u}{\partial t}+u\frac{\partial u}{\partial x}+w\frac{\partial u}{\partial z}$$

$$Z-\frac{1}{\rho}\frac{\partial p}{\partial x}=\frac{\partial w}{\partial t}+u\frac{\partial w}{\partial x}+w\frac{\partial w}{\partial z} \tag{2-13}$$

일반적으로 중력장에서 체적력은 $X=0$, $Z=g$이다. 식 (2-12) 및 (2-13)은 점성효과가 무시되었는데 이를 오일러 운동방정식(Eulerian equation)이라고 한다.

(3) Laplace 방정식

연속방정식에서 밀도가 일정할 때 (2-8)식은 다음과 같이 된다.

$$\nabla\cdot\vec{V}=0 \tag{2-14}$$

또한 앞에서 마찰력이 없다고 가정한 것은 비회전성으로 볼 수 있으며 이를 적용하면 다음과 같이 된다.

$$\nabla\times\vec{V}=0\ (curl\ \vec{V}=0) \tag{2-15}$$

이상유체에서는 유체유동을 속도 퍼텐셜로 표시할 수 있으며, 속도 퍼텐셜 ϕ는 시간과 장소의 함수로 다음과 같이 정의된다.

$$\vec{V} = -\nabla\phi \qquad (2\text{-}16)$$

속도 퍼텐셜 ϕ는 그 자체로는 물리적 의미를 갖지 아니하며 직접 측정할 수도 없다. 이것은 단지 수학적 편의를 위해서 고안된 것이다.

2차원 평면에서 퍼텐셜 $\phi_1, \phi_2, \cdots$는 등퍼텐셜선을 나타낸다. 등퍼텐셜 상에서는 $\partial\phi/\partial s = 0$이므로 접선방향 속도는 0이다. 즉 유선의 방향은 등퍼텐셜과 수직이다.

식 (2-14)를 (2-16)에 대입하면 다음과 같은 라플라스 방정식이 얻어진다.

$$\nabla^2\phi = \frac{\partial^2\phi}{\partial x^2} + \frac{\partial^2\phi}{\partial z^2} = 0 \qquad (2\text{-}17)$$

다) Laplace 방정식의 해

(1) 변수의 정의

해양파에 대한 방정식을 수립하기 위해서는 해양파에 대한 경계조건을 이용하여 라플라스 방정식을 풀면 된다. 그림 (2-12)는 2차원 규칙파를 보여주고 있으며 경계치 문제에서 사용되는 변수를 정의하고 있다. 이러한 변수들은 다음과 같다.

x : 수평좌표, z : 연직좌표(위 방향이 +), $\xi(x, t)$: 정수면부터 연직변위

h : 정수면(still water level) 아래 수심(해저면은 z = -h), H : 파고

A : 파의 진폭(H/2), L : 파장, $\xi_0(x, t)$: 정수면부터 해수면의 연직위치

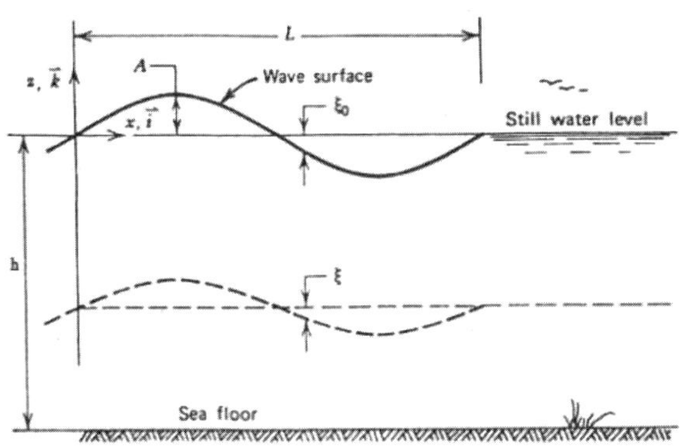

그림 2-12 표면파의 경계조건

(2) 경계조건

① **경계조건**

유체입자의 운동은 해저면을 통과하여 발생할 수 없다. 따라서 $z = -h$에서 경계조건은 다음과 같다.

$$w = -\frac{\partial\phi}{\partial z}\bigg|_{z=-h} = 0 \qquad (2\text{-}18)$$

② 경계조건

파의 해수면에서 압력은 일정한데 그 값은 대략 0이다. 즉 $\xi = \xi_0$에서 $p = 0$이다. 퍼텐셜 함수를 얻기 위한 해수면 경계조건의 적당한 표현은 다음과 같은 오일러 방정식(Eulerian equation)의 적분에 의해서 구해질 수 있다.

$$-\frac{1}{\rho}\frac{\partial p}{\partial x} = \frac{\partial u}{\partial l} + u\frac{\partial u}{\partial x} + w\frac{\partial u}{\partial z} \qquad (2\text{-}19)$$

$$-g - \frac{1}{\rho}\frac{\partial p}{\partial z} = \frac{\partial w}{\partial t} + u\frac{\partial w}{\partial x} + w\frac{\partial w}{\partial z} \qquad (2\text{-}20)$$

(2-19), (2-20)식에 다음 조건을 적용시킨다.

$$\frac{\partial u}{\partial z} = \frac{\partial w}{\partial x} \text{ (유체의 비회전성)} \qquad (2\text{-}21)$$

$$u\frac{\partial u}{\partial x} = \frac{1}{2}\frac{\partial}{\partial x}(u^2), \quad w\frac{\partial w}{\partial x} = \frac{1}{2}\frac{\partial}{\partial x}(w^2) \qquad (2\text{-}22)$$

$$u\frac{\partial u}{\partial z} = \frac{1}{2}\frac{\partial}{\partial z}(u^2), \quad w\frac{\partial w}{\partial z} = \frac{1}{2}\frac{\partial}{\partial z}(w^2)$$

$$u = -\frac{\partial\phi}{\partial x}, \quad w = -\frac{\partial\phi}{\partial z} \text{ (속도 퍼텐셜 함수)} \qquad (2\text{-}23)$$

위 식들을 (2-19), (2-20)식에 대입하고 이를 각각 x와 z에 대해 적분하면,

$$\left(-\frac{\partial\phi}{\partial t} + \frac{1}{2}(u^2+w^2) + \frac{p}{\rho}\right) = F_1(z,t) \qquad (2\text{-}24)$$

$$\left(-\frac{\partial\phi}{\partial t} + \frac{1}{2}(u^2+w^2) + \frac{p}{\rho}\right) = -gz + F_2(x,t) \qquad (2\text{-}25)$$

(2-24)식에서 (2-25)식을 빼면,

$$-gz = F_1(z,t) - F_2(x,t) \qquad (2\text{-}26)$$

이 식은 F_2가 x에 대하여 독립일 때, 즉 $F_2 = F_2(t)$일 때만 임의의 x, z, t에 대하여 성립된다. 따라서

$$F_1(z,t) = -gz + F_2(t) \qquad (2\text{-}27)$$

F_1값을 (2-24)에 대입하면 (2-24)와 (2-25)는 다음과 같은 하나의 식으로 정리된다.

$$-\frac{\partial\phi}{\partial t} + \frac{1}{2}(u^2+w^2) + \frac{p}{\rho} + gz = F(t) \qquad (2\text{-}28)$$

(2-28)식은 비압축성, 비점성유체의 2차원 흐름에 대한 시간에 종속적인 베르누이 방정식(Bernoulli's equation)이다. $F(t)$는 임의적이며 0이 될 수도 있다. 또한 파도의 진폭과 주파수가 다른 제원에 비하여 작으면 속도는 작아서 운동에너지(kinetic energy), 즉 비선형 성분인 식 (2-28)의 둘째 항은 무시될 수 있다. 따라서 에어리파 이론은 선형파이며 미소진폭파 이론(small amplitude wave theory)이라고도 불린다. 이러한 가정에 의해 압력식은 아래와 같이 얻어진다.

$$p = -\rho g z + \rho \frac{\partial \phi}{\partial t} \tag{2-29}$$

표면에서 p는 상수이거나 0인데 이를 0으로 가정하면 해수면의 경계조건은 다음과 같다.

$$\left.\frac{\partial \phi}{\partial t}\right|_{z=\xi_0} = g\xi_0 \tag{2-30}$$

ξ_0가 미소하므로 근사화시키면

$$\left.\frac{\partial \phi}{\partial t}\right|_{z=0} = g\xi_0 \tag{2-31}$$

경계조건을 이용한 파의 해

위의 경계조건들을 이용하여 다음의 라플라스 방정식을 푼다.

$$\nabla^2 \phi = \frac{\partial^2 \phi}{\partial x^2} + \frac{\partial^2 \phi}{\partial z^2} = 0 \tag{2-32}$$

경계조건을 다시 정리하면 다음과 같다.

$$\frac{\partial \phi}{\partial z} = 0 \quad \text{at } z = -h \tag{2-33}$$

$$\frac{\partial \phi}{\partial t} = g\xi_0 \quad \text{at } z = 0 \tag{2-34}$$

변수분리법을 사용하면 해는 다음과 같이 가정할 수 있다.

$$\phi = \phi(x,z,t) = X(x)Z(z)T(t) \tag{2-35}$$

이 해를 라플라스 방정식인 (2-32)식에 대입하고 XZT로 나누면 다음과 같다.

$$\frac{1}{X}\frac{\partial^2 X}{\partial x^2} + \frac{1}{Z}\frac{\partial^2 Z}{\partial z^2} = 0 \tag{2-36}$$

위 식은 다음과 같이 둘 수 있다.

$$\frac{1}{Z}\frac{\partial^2 Z}{\partial z^2} = -\frac{1}{X}\frac{\partial^2 X}{\partial x^2} = k^2 \tag{2-37}$$

이 식은 다음과 같이 2개로 나누어 질 수 있다.

$$\frac{\partial^2 X}{\partial x^2} + k^2 X = 0 \tag{2-38}$$

$$\frac{\partial^2 Z}{\partial z^2} - k^2 Z = 0 \tag{2-39}$$

위 두 식에서 $k^2 > 0$의 경우에 해는 다음과 같이 가정될 수 있다.

$$X = A\cos kx + B\sin kx \tag{2-40}$$

$$Z = Ce^{kz} + De^{-kz} \tag{2-41}$$

또한, 규칙파는 조화로운(harmonic) 거동을 하기 때문에 속도 퍼텐셜의 시간종속 함수 $T(t)$는 다음과 같이 표현된다.

$$T(t) = \sin\omega t = \sin\omega(t+T) \tag{2-42}$$

혹은,

$$T(t) = \sin\omega t = \sin\omega t\cos\omega T + \cos\omega t\sin\omega T \tag{2-43}$$

여기서, ω : 각 주파수($\omega = 2\pi f = \frac{2\pi}{T}$)

f : 주파수

T : 파주기

따라서 속도 퍼텐셜은 다음과 같다.

$$\phi(x,z,t) = (A\cos kx + B\sin kx)(Ce^{kz} + De^{-kz})\sin\omega t \tag{2-44}$$

속도 퍼텐셜은 파장마다 같은 수직 변위를 갖기 때문에 다음과 같은 초기조건을 얻을 수 있다.

$$\phi(x,t) = \phi(x+L,t) \tag{2-45}$$

식 (2-44)는 식 (2-45)을 만족해야 하기 때문에 다음과 같이 정리될 수 있다.

$$\begin{aligned}(A\cos kx + B\sin kx) &= A\cos k(x+L) + B\sin k(x+L) \\ &= A(\cos kx\cos kL - \sin kx\sin kL) + B(\sin kx\cos kL + \cos kx\sin kL)\end{aligned} \tag{2-46}$$

식 (2-46)은 $\cos kL = 1$, $\sin kL = 0$ 일 때 성립 한다. 이것은 $kL = 2\pi$를 의미하며 $k = \frac{2\pi}{L}$는 파수(wave number)라고 정의된다.

중첩현상(superposition principle)을 이용하면 식 (2-44)은 여러 부분으로 나누어질 수 있다. 여기서는 아래와 같은 경우만 고려한다.

$$\phi(x,z,t) = A\cos kx(Ce^{kz} + De^{-kz})\sin\omega t \tag{2-47}$$

경계조건을 적용하여 속도 퍼텐셜을 구하는데, 첫 번째 경계조건은

$$-\left.\frac{\partial\phi}{\partial z}\right|_{z=-h} = 0 \tag{2-48}$$

이것을 식 (2-47)에 해에 적용시키면,

$$C = De^{2kh} \tag{2-49}$$

그러면

$$\phi = A\cos kx(De^{2kh} \cdot e^{kz} + De^{-kz})\sin\omega t \tag{2-50}$$

또는

$$\phi = G \cdot \cosh k(z+h) \cdot \cos kx \cdot \sin\omega t \tag{2-51}$$

여기서, $G = 2A \cdot De^{kh}$ 이다.

두 번째 경계조건은

$$\xi_0 = \frac{1}{g}\frac{\partial\phi}{\partial t}\bigg|_{z=0} \tag{2-52}$$

이것을 (2-51)에 적용시키면

$$\xi_0 = \frac{G\omega}{g} \cdot \cosh(kh) \cdot \cos kx \cdot \cos\omega t \tag{2-53}$$

식 (2-53)에서 $\frac{G\omega}{g} \cdot \cosh(kh)$은 일정한 값이므로, 그림 (2-12)에서 정의된 ξ_0과 비교하면 다음과 같다.

$$\xi_0 = \frac{H}{2}\cos kx \cos\omega t \tag{2-54}$$

$$\frac{G\omega}{g} \cdot \cosh(kh) = \frac{H}{2} \tag{2-55}$$

따라서 G는 다음과 같이 정의 된다.

$$G = \frac{Hg}{2\omega\cosh(kh)} \tag{2-56}$$

식 (2-56)로부터 식 (2-51)은 다음과 같이 정리된다.

$$\phi = \frac{H \cdot g \cdot \cosh k(z+h)}{2\omega \cdot \cosh(kh)} \cdot \cos kx \cdot \sin\omega t \tag{2-57}$$

식 (2-57)은 초기조건을 만족하는 2차원 규칙파의 여러 해 중에서 한가지이다.

$T(t) = \cos\omega t$로 가정하는 경우와 같이 다르게 표현한 2차원 규칙파의 해는 위의 방법과 유사한 방법으로 계산된다. 이 경우 ϕ, ξ_0는 다음과 같이 정의된다.

$$\phi = \frac{H \cdot g \cdot \cosh k(z+h)}{2\omega \cdot \cosh(kh)} \cdot \sin kx \cdot \cos\omega t \tag{2-58}$$

$$\xi_0 = -\frac{H}{2}\sin kx \sin\omega t \tag{2-59}$$

이 두 해의 어떠한 선형적인 결합도 라플라스 방정식의 해가 된다. 그러므로 식

(2-57)에서 식 (2-58)을 빼면,

$$\phi = \frac{H \cdot g \cdot \cosh k(z+h)}{2\omega \cdot \cosh(kh)} \cdot (\cos kx \sin \omega t - \sin kx \cos \omega t) \tag{2-60}$$

$$= -\frac{H \cdot g \cdot \cosh k(z+h)}{2\omega \cdot \cosh(kh)} \cdot \sin(kx - \omega t)$$

식 (2-60)은 진행파(progressive wave)의 속도 퍼텐셜로 불린다. 이 경우 ξ_0는 다음과 같다.

$$\xi_0 = \frac{H}{2}\cos(kx - \omega t) \tag{2-61}$$

삼각함수의 특성으로 인해 진행파의 속도 퍼텐셜은 여러 형태로 사용되고 있다. 위와 다른 형태의 진행파 속도 퍼텐셜중에서 대표적으로 사용되는 형태를 정리하면 다음과 같다.

$$\xi_0 = \frac{H}{2}\sin(kx - \omega t) \tag{2-62}$$

$$\phi = \frac{H \cdot g \cdot \cosh k(z+h)}{2\omega \cdot \cosh(kh)} \cdot \cos(kx - \omega t) \tag{2-63}$$

(3) 천해파와 심해파의 속도 퍼텐셜 표현

$\cosh(kh)$를 근사화함으로써 천해파와 심해파의 근사 속도 퍼텐셜을 구할 수 있다.

$$\cosh(kh) = \frac{e^{kh} + e^{-kh}}{2} \tag{2-64}$$

e^{kh}를 $z = kh + 0$로 테일러 전개하면 다음과 같다.

$$e^{(0+kh)} = e^0 + \frac{de^z}{dz}\Big|_{z=0} kh + \frac{d^2e^z}{dz^2}\Big|_{z=0} \frac{(kh)^2}{2!} + \cdots \tag{2-65}$$

혹은

$$e^{kh} = 1 + kh + \frac{(kh)^2}{2} + \cdots \tag{2-66}$$

e^{-kh}도 같은 방법으로 전개하면 다음과 같다.

$$e^{-kh} = 1 - kh + \frac{(kh)^2}{2} + \cdots \tag{2-67}$$

따라서 파장에 비해 상대적으로 수심이 낮을 경우, 즉 $kh(=2\pi h/L)$가 작을 경우,

$$\cosh(kh) = \frac{1}{2}\left[\left(1 + kh + \left(\frac{kh}{2}\right)^2 \cdots\right) + \left(1 - kh + \left(\frac{kh}{2}\right)^2 \cdots\right)\right] \tag{2-68}$$

$$\cong 1 + \left(\frac{kh}{2}\right)^2$$

여기서, kh가 매우 작다면 $\cosh(kh)=1$로 근사화될 수 있다. 또한, kh가 클 경우에는 e^{-kh}가 매우 작게 됨으로 $\cosh(kh)=e^{kh}/2$가 된다. 표 2-5에 쌍곡선 함수의 근사값을 정리하였다.

표 2-5 쌍곡선 함수의 근사값

함수	*kh*가 클 경우	*kh*가 작은 경우
cosh(*kh*)	$e^{kh}/2$	1
sinh(*kh*)	$e^{kh}/2$	*kh*
tanh(*kh*)	1	*kh*

따라서 천해파의 속도 퍼텐셜 ϕ_{sh}은 (2-60)으로부터 다음과 같이 얻을 수 있다.

$$\phi_{sh} = -\frac{H \cdot g \cdot \cosh k(z+h)}{2\omega} \cdot \sin(kx-\omega t) \tag{2-69}$$

심해파의 속도 퍼텐셜 ϕ_{de}는 다음과 같다.

$$\begin{aligned}\phi_{de} &= -\frac{2H \cdot g \cdot \cosh k(z+h)}{2\omega \cdot e^{kh}} \cdot \sin(kx-\omega t) \\ &= -\frac{H \cdot g \cdot e^{kz}}{2\omega} \cdot \sin(kx-\omega t)\end{aligned} \tag{2-70}$$

(4) 파속(Wave celerity) “C”

수평면에서 z방향의 물입자 속도 w는 다음과 같이 정의된다.

$$-\frac{\partial\phi}{\partial z}\Big|_{z=0} = \frac{\partial\xi_0}{\partial t} \tag{2-71}$$

따라서 ϕ와 ξ_0에 대한 식을 위식에 대입하면 다음식을 얻을 수 있다.

$$\frac{k \cdot H \cdot g}{2\omega} \cdot \tanh(kh) \cdot \sin(kx-\omega t) = \frac{\omega \cdot H}{2} \cdot \sin(kx-\omega t) \tag{2-72}$$

식 (2-72)를 정리하면 *w*와 *kh*의 관계식을 구할 수 있다.

$$\omega^2 = kg\tanh(kh) \tag{2-73}$$

표 2-5를 참조하면, 식 (2-73)은 천해파에서 다음과 같이 근사화된다.

$$\omega^2 = k^2 gh \tag{2-74}$$

한편, ω는 다음의 관계식을 갖는다.

$$\omega = 2\pi f = \frac{2\pi}{T} = \frac{2\pi C}{L} = kC \tag{2-75}$$

여기서, L : 파장, T : 파주기, C : 파속 (해수면 변화의 속도, C=L/T)

식 (2-74)와 식 (2-75)를 결합하면 천해파의 파속 C_{sh}는 다음과 같이 정리된다.

$$\omega^2 = k^2 C_{sh}^2 = k^2 gh \tag{2-76}$$

$$C_{sh} = \sqrt{gh} \tag{2-77}$$

같은 방법으로 심해파의 파속 C_{de}도 천해파의 파속과 같은 과정으로 얻을 수 있다.

$$\omega^2 = k^2 C_{de}^2 = kg \tag{2-78}$$

따라서

$$C_{de} = \sqrt{g/k} \tag{2-79}$$

예제 3

수심이 50m인 해역에서 파고 4m와 주기 6sec인 파의 파수를 결정하라.

해 답

시행착오법을 이용하여 파수를 결정할 수 있다. 먼저 주파수는 $\omega = \frac{2\pi}{T} =$ 1.047sec^{-1}이다. (2-73)식으로부터 파수에 대한 식은 다음과 같다.

$$k = \frac{\omega^2}{g\tanh kh}$$

k(Assumed)	kh	$\tanh kh$	k(Calculated)
0.100	5	0.99990...	0.106757...
0.105	5.25	0.99994...	0.106753...
0.106	5.3	0.99995...	0.106753..
0.1067529	**5.337645**	**0.999953783**	**0.1067529**

시행착오법을 이용하여 위의 표와 같이 파수 $k = 0.1067529m^{-1}$ 임을 결정할 수 있다.

예제 4

수심 50m인 해역에서 파고 4m와 주기 6sec인 파의 파속을 결정하라.

해 답

파속을 결정하기 위해서는 파장을 알아야 한다. 파장은 파수를 통해 알 수 있으므로 앞의 예의 해를 이용하면 아래와 같다.

$$L = \frac{2\pi}{k} = 58.86m$$

주어진 주기와 위의 파장을 통해 파속을 구하면 아래와 같다.

$C=\dfrac{L}{T}=9.810m/\sec$

(5) 물입자 속도 및 가속도 (particle velocity and acceleration)

x, z좌표에서 입자의 속도는 u, w인데 이것들은 속도 퍼텐셜의 기울기로부터 얻어진다.

$$u = -\frac{\partial\phi}{\partial x}=\frac{H\cdot g\cdot k\cdot \cosh k(h+z)}{2\omega\cdot\cosh(kh)}\cdot\cos(kx-\omega t) \tag{2-80}$$

$$w = -\frac{\partial\phi}{\partial z}=\frac{H\cdot g\cdot k\cdot \sinh k(h+z)}{2\omega\cdot\cosh(kh)}\cdot\sin(kx-\omega t) \tag{2-81}$$

유체의 가속도 성분은 속도성분을 시간에 대하여 미분함으로써 얻어진다.

$$\frac{\partial u}{\partial t}=\frac{H\cdot g\cdot k\cdot \cosh k(h+z)}{2\cosh(kh)}\cdot\sin(kx-\omega t) \tag{2-82}$$

$$\frac{\partial w}{\partial t}=-\frac{H\cdot g\cdot k\cdot \sinh k(h+z)}{2\cosh(kh)}\cdot\cos(kx-\omega t) \tag{2-83}$$

(6) 물입자 궤적(particle trajectory)

(x,z)점에 위치한 물입자의 궤적에 대한 방정식은 그 점에서 물입자 속도 성분을 적분함으로써 얻을 수 있다.

$$\xi=\int_0^t udt \tag{2-84}$$

$$\zeta=\int_0^t wdt \tag{2-85}$$

적분결과는 다음과 같다.

$$\xi=-\frac{k\cdot H\cdot g\cdot\cosh k(h+z)}{2\omega^2\cdot\cosh(kh)}\cdot\sin(kx-\omega t) \tag{2-86}$$

$$\zeta=\frac{k\cdot H\cdot g\cdot\sinh k(h+z)}{2\omega^2\cdot\cosh(kh)}\cdot\cos(kx-\omega t) \tag{2-87}$$

천해파의 경우, z=0에서의 x 및 z 방향의 물입자 궤적은 식 (2-86)과 식 (2-87)로부터 다음과 같이 정리된다.

$$\begin{aligned}\xi_{sh} &= \frac{H}{2}\cdot\frac{1}{kh}\cdot\sin(kx-\omega t)=\frac{H}{2}\cdot\frac{L}{2\pi h}\cdot\sin(kx-\omega t)\\ &=\frac{H}{2}\cdot\frac{T}{2\pi}\sqrt{\frac{g}{h}}\cdot\sin(kx-\omega t)\end{aligned} \tag{2-88}$$

$$\zeta_{sh}=\frac{H}{2}\cdot\left(1+\frac{z}{h}\right)\cdot\cos(kx-\omega t) \tag{2-89}$$

심해파의 경우에는 다음과 같다.

$$\xi_{de} = \frac{H}{2} \cdot \frac{e^{kh}e^{kz}}{e^{kh}} \cdot \sin(kx - \omega t) = \frac{H}{2} \cdot e^{kz} \cdot \sin(kx - \omega t) \tag{2-90}$$

$$\zeta_{de} = \frac{H}{2} \cdot e^{kz} \cdot \cos(kx - \omega t) \tag{2-91}$$

한편

$$\xi_{de}^2 + \zeta_{de}^2 = \left(\frac{H}{2}\right)^2 e^{2kz}\left(\sin^2(kx - \omega t) + \cos^2(kx - \omega t)\right) \tag{2-92}$$

이 방정식은 파의 진폭이 미소한 경우로 근사화하여 얻은 것이다. 심해파의 경우에는 어떤 주어진 위치 x, z에서의 파 입자는 Ae^{-kz}의 반경을 가지는 원 운동을 한다는 것을 위 식으로부터 알 수 있다. 그림 (2-13)과 같이 원의 크기는 깊이 z에 따라 점점 줄어든다. 물입자는 수심이 아주 깊어지면 운동하지 않는다.

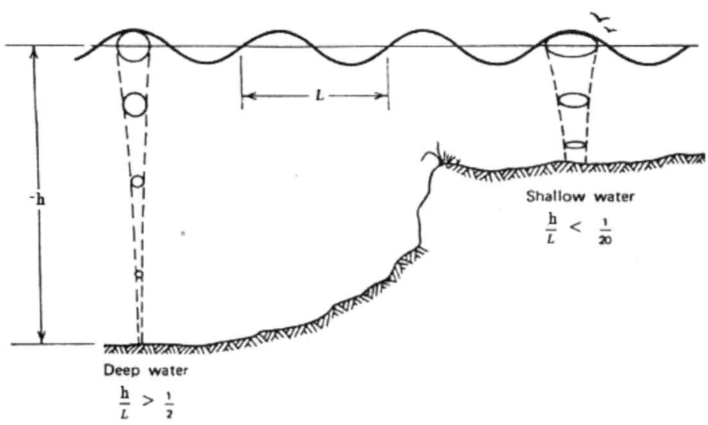

그림 2-13 수심에 따른 수립자 운동 궤적

(7) 압력(Pressure)

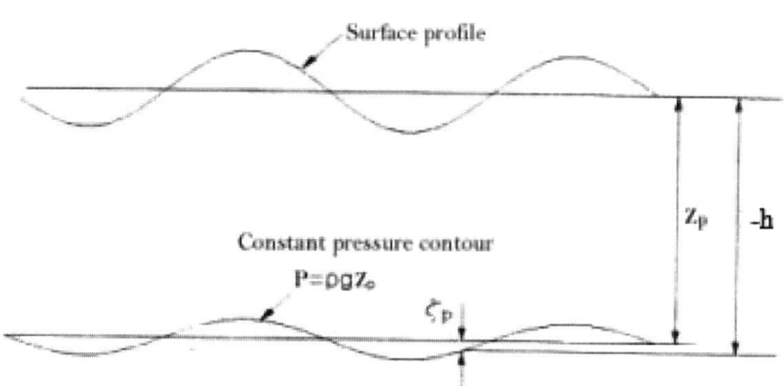

그림 2-14 2차원 규칙파의 등압면

식 (2-29)로부터 압력은 다음과 같이 둘 수 있다.

$$p(x,z,t) = -\rho g z + \rho \frac{\partial \phi}{\partial t} \tag{2-93}$$

우변의 첫 번째 항은 수심 $-z$에서의 정수압이고, 둘째 항은 물입자의 동적효과에 의한 압력이다. 식 (2-69)와 식 (2-70)식에 있는 천해파와 심해파의 속도 퍼텐셜 ϕ_{sh}와 ϕ_{de}를 각각 위식에 대입하면 천해파와 심해파의 압력에 대한 표현은 다음과 같이 정리된다.

$$p(x,z,t)_{sh} = -\rho g\left[z - \frac{H}{2}\cdot \cosh k(z+h)\cdot \cos(kx-\omega t)\right] \qquad z \le 0 \tag{2-94}$$

$$p(x,z,t)_{de} = -\rho g\left[z - \frac{H}{2}\cdot e^{kz}\cdot \cos(kx-\omega t)\right] \qquad z \le 0 \tag{2-95}$$

이 식으로부터 파저(trough) 아래에서는 동적효과가 수압을 증가시키고, 파정(crest) 아래에서는 수압을 감소시킨다는 것을 알 수 있다.

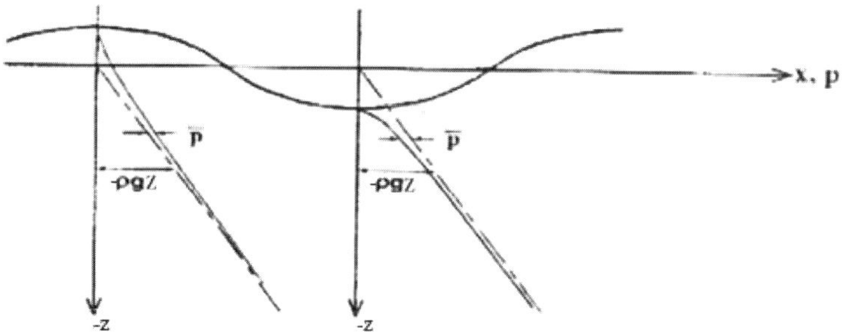

그림 2-15 2차원 규칙파의 깊이에 따른 압력 분포

(8) 파 에너지(Wave energy)

파 에너지는 파의 위치에너지와 운동에너지의 합이다. 이것은 수평방향의 단위면적에 대해 해수면에서 해저면까지의 물기둥에 포함된 평균에너지로서 표현된다. 평균에너지(운동, 위치에너지)는 단위 폭에 대해 한 파장 길이의 물 체적에 포함된 에너지를 계산하고 그 값을 파장으로 나눔으로써 얻을 수 있다.

(가) 평균 위치에너지(Average potential energy)

정수면 위 단위폭의 물의 미소체적 dV에 포함된 퍼텐셜에너지는 다음과 같다.

$$d(PE) = \rho g dV \bar{\zeta} \tag{2-96}$$

여기서, $\bar{\zeta}$는 미소요소의 중력중심

$$\bar{\zeta} = \frac{1}{2}\zeta_0 \tag{2-97}$$

$$dV = \zeta_0 dx \tag{2-98}$$

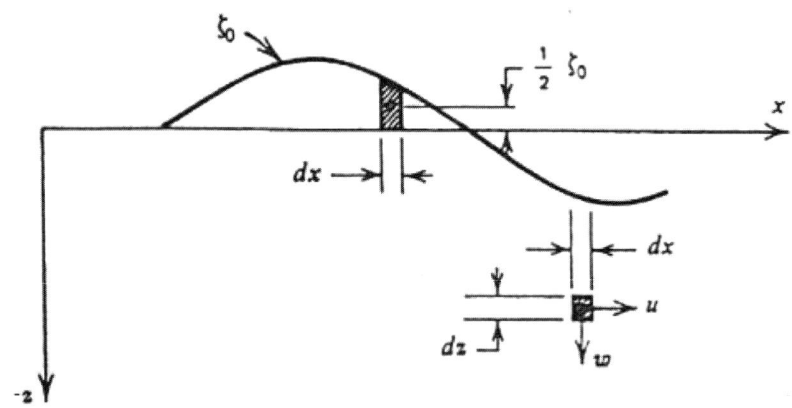

그림 2-16 2차원 규칙파의 위치에너지

(2-61)식에 주어진 ζ_0 표현을 사용하여 한 파장에 대하여 적분하면,

$$\overline{PE} = \frac{\rho g}{2L}\int_x^{x+L} \zeta_0^2\, dx \tag{2-99}$$

$$= \frac{\rho g}{2L}\int_x^{x+L}\left(\frac{H}{2}\right)^2 \cos^2(kx)dx = \frac{1}{16}\rho g H^2$$

(나) 평균운동에너지(Average kinetic energy)

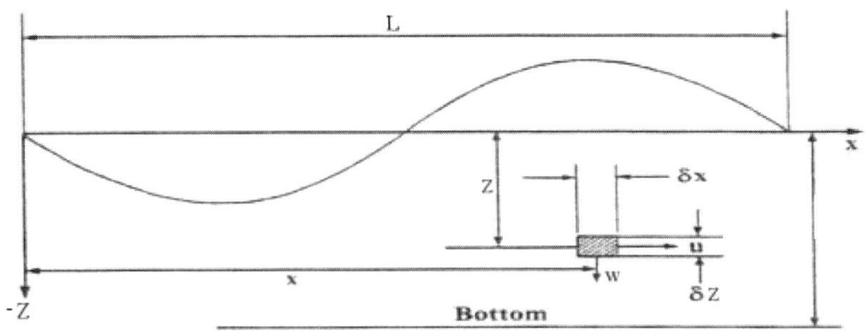

그림 2-17 2차원 규칙파의 운동에너지

속도성분 u, w를 가지는 미소요소 $dxdz$의 운동에너지는 다음과 같다.

$$d(KE) = \frac{1}{2}(u^2 + w^2)\rho dxdz \tag{2-100}$$

(2-80)과 (2-81)에서 사용된 u, w의 표현을 사용하여 한 파장에 대하여 적분하면 다음과 같다.

$$\overline{KE} = \frac{\rho}{2L}\left(\frac{H \cdot g \cdot k}{2\omega \cdot \cosh(kh)}\right)^2 \int_x^{x+L}\int_{-h}^{\xi_0} \cosh^2 k(h+z)\cos^2(kx-\omega t) + \sinh^2 k(h+z)\sin^2(kx-\omega t)\, dzdx \tag{2-101}$$

삼각함수를 이용하여 위식을 정리하면 다음과 같이 된다.

$$\overline{KE}= \frac{\rho}{2L}\left(\frac{H\cdot g\cdot k}{2\omega\cdot\cosh(kh)}\right)^2\int_x^{x+L}\int_{-h}^{\xi_0\approx 0}\frac{1}{2}\left[\cosh 2k(h+z)+\cos 2(kx-\omega t)\right]dzdx \tag{2-102}$$

식 (2-102)를 적분하면 다음과 같다.

$$\overline{KE}= \frac{1}{16}\rho g H^2 \tag{2-103}$$

(다) 평균전체 에너지(Average total energy)

파의 평균에너지 $\overline{E}$는 평균위치에너지와 운동에너지의 합으로서 다음과 같다.

$$\overline{E}= \overline{PE}+\overline{KE}= \frac{1}{8}\rho g H^2 \tag{2-104}$$

(9) 에너지 유동(Energy flux)

에너지 유동은 다음과 같이 정의 된다.

$$\Im=\int_{-h}^{\xi_0}p_D\cdot u dz \tag{2-105}$$

여기서, $p_D=p+\rho g z$이다.

평균 에너지 유동 $\overline{\Im}$은 다음과 같이 구해진다.

$$\overline{\Im}=\frac{1}{T}\int_t^{t+T}\int_{-h}^{\xi_0}p_D\cdot u\,dz\,dt \tag{2-106}$$

$$=\frac{1}{T}\int_t^{t+T}\int_{-h}^{\xi_0}\left[\rho g\xi_0\frac{\cosh k(h+z)}{\cosh(kh)}\right]\left[\frac{H\cdot g\cdot k\cdot\cosh k(h+z)}{2\omega\cdot\cosh(kh)}\cdot\cos(kx-\omega t)\right]dzdt$$

식 (2-80)과 식 (2-93)를 이용하여 식 (2-106)을 정리하면 다음과 같다.

$$\overline{\Im}=\frac{1}{T}\int_t^{t+T}\int_{-h}^{\xi_0}\left[\rho g\xi_0\frac{\cosh k(h+z)}{\cosh(kh)}\right]\left[\omega\xi_0\frac{\cosh k(h+z)}{\sinh(kh)}\right]dzdt \tag{2-107}$$

$\xi_0=0$일 때, 평균 에너지 유동은 다음과 같다.

$$\overline{\Im}=\frac{1}{T}\int_t^{t+T}\int_{-h}^{0}\rho g\omega\xi_0^2\frac{\cosh^2 k(h+z)}{\cosh(kh)\sinh(kh)}dzdt \tag{2-108}$$

$$\overline{\Im}=\frac{\rho g\omega H^2}{16k}\frac{(2kh+\sinh(2kh))}{\sinh(2kh)}$$

$$\overline{\Im}=\left(\frac{1}{8}\rho g H^2\right)\frac{\omega}{k}\left[\frac{1}{2}\left(1+\frac{2kh}{\sinh(2kh)}\right)\right]$$

$$\overline{\Im}=ECn$$

여기서, C_n은 에너지가 전달되는 속도이며, 그룹속도 C_g로 불려진다.

위에서 논한 2차원 규칙파의 특성을 정리하면 표 2-6과 같다.

표 2-6 2차원 규칙파의 특성 정리

항목	천해(shallow water)	심해(deep water)
파형	$\xi_0 = \frac{H}{2}\cos(kx-\omega t)$	$\xi_0 = \frac{H}{2}\cos(kx-\omega t)$
속도 퍼텐셜	$\phi_{sh} = -\frac{H\cdot g\cdot \cosh k(z+h)}{2\omega}\cdot\sin(kx-\omega t)$	$\phi_{de} = -\frac{H\cdot g\cdot e^{kz}}{2\omega}\cdot\sin(kx-\omega t)$
파속	$C_{sh} = \sqrt{gh}$	$C_{de} = \sqrt{g/k}$
x 방향 입사궤적	$\xi_{sh} = \frac{H}{2}\cdot\frac{T}{2\pi}\sqrt{\frac{g}{h}}\cdot\sin(kx-\omega t)$	$\xi_{de} = \frac{H}{2}\cdot e^{kz}\cdot\sin(kx-\omega t)$
z 방향 입자궤적	$\zeta_{sh} = \frac{H}{2}\cdot\left(1+\frac{z}{h}\right)\cdot\cos(kx-\omega t)$	$\zeta_{de} = \frac{H}{2}\cdot e^{kz}\cdot\cos(kx-\omega t)$
압력	$p(x,z,t)_{sh} = -\rho g\left[z-\frac{H}{2}\cdot\cosh k(z+h)\cdot\cos(kx-\omega t)\right]$	$p(x,z,t)_{de} = -\rho g\left[z-\frac{H}{2}\cdot e^{kz}\cdot\cos(kx-\omega t)\right]$

2.3.2 스톡스파 이론 (Stokes Wave Theory)

스톡스(Stokes)파 이론은 1847년 G. G. Stokes가 유도하였는데 유한진폭파 이론(Finite Amplitude Wave Theory) 이라고도 부른다. 이것은 비선형파 이론중의 하나에 속하는데, 그 이유는 파의 진폭이 상대적으로 크므로 물입자의 속도가 증가하게 되어 식 (2-28)에 있는 운동에너지 부분인 비선형 성분을 무시할 수 없기 때문이다. 유한진폭파 이론에서는 파봉(wave crest)이 더 가파르고 파저(wave trough)는 더 평평한 결과를 보여주므로 실제 해양파 모양에 더욱 가깝다(그림 2-18). 또한 물입자의 궤적은 앞의 선형파와는 달리 열린 궤적을 이루고 있어 실제 현상과 같이 질량 수송을 일으킴을 알 수 있다. 즉, 파의 진행방향으로 물질이 미소하게나마 점차 이동하게 된다.

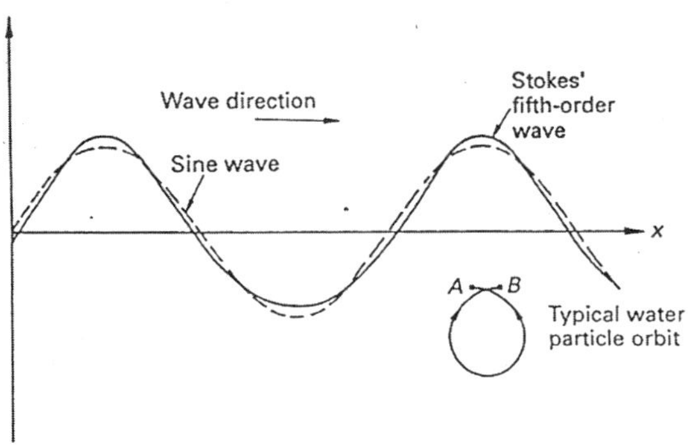

그림 2-18 에어리(Airy)파와 스톡스파의 파형 비교

스톡스파 이론은 비선형 항을 고려하는 차원에 따라 2차, 3차, 5차 등의 파 이론이

있다. 해양공학 분야에서 널리 사용되고 있는 스톡스파 이론(Stockes' fifth order wave theory)는 1961년 Skjelbreia 및 Hendrickson가 유도하였다. 이것은 에어리파이론(Airy wave theory) 보다 복잡하기는 하나 실제 해양파에 가까운 파형을 보여주며, 특히 큰 물입자 속도를 잘 묘사하므로 항력이 우세한 흐름속에 있는 구조물에 대해서는 스톡스 파이론을 주로 사용한다. 가장 많이 사용되고 있는 스톡스파 이론의 결과를 표 2-7에 정리하였다.

표 2-7 스톡스의 5차 파이론의 결과

Velocity potential, ϕ	$\phi = \frac{c}{k}\sum_{n=1}^{5}\phi_n' \cosh(nkz)\sin(n\phi)$
Wave celerity, c	$c^2 = gh\frac{\tanh(kh)}{kh}\left(1+\lambda^2 C_1 + \lambda^4 C_2\right)$
Surface elevation, η	$\eta = \frac{1}{k}\sum_{n=1}^{5}\eta_n' \cos(n\theta)$
Horizontal particle velocity, u	$u = c\sum_{n=1}^{5} n\phi_n' \cosh(nkz)\cos(n\theta)$
Vertical particle velocity, w	$w = c\sum_{n=1}^{5} n\phi_n' \sinh(nkz)\sin(n\theta)$
Horizontal particle acceleration, $\frac{\partial u}{\partial t}$	$\frac{\partial u}{\partial t} = \omega c\sum_{n=1}^{5} n^2\phi_n' \cosh(nkz)\sin(n\theta)$
Vertical particle acceleration, $\frac{\partial w}{\partial t}$	$\frac{\partial w}{\partial t} = \omega c\sum_{n=1}^{5} n^2\phi_n' \sinh(nkz)\cos(n\theta)$
Temporal derivative of ϕ	$\frac{\partial \phi}{\partial t} = -c^2\sum_{n=1}^{5} n\phi_n' \cosh(nkz)\cos(n\theta)$
Pressure, p	$\frac{p}{\rho g z} = 1 - \frac{z}{h} - \frac{c^2}{gh}\left[\frac{\partial\phi/\partial t}{c^2} + \frac{1}{2}\left\{\left(\frac{u}{c}\right)^2 + \left(\frac{w}{c}\right)^2\right\}\right]$

여기서,

$$\phi_1' = \lambda A_{11} + \lambda^3 A_{13} + \lambda^5 A_{15},\ \phi_2' = \lambda^2 A_{22} + \lambda^4 A_{24}$$

$$\phi_3' = \lambda^3 A_{33} + \lambda^5 A_{35},\ \phi_4' = \lambda^4 A_{44},\ \phi_5' = \lambda^5 A_{55}$$

$$\eta_1' = \lambda,\ \eta_2' = \lambda^2 B_{22} + \lambda^4 B_{24},\ \eta_3' = \lambda^3 B_{33} + \lambda^5 B_{35}$$

$$\eta_4' = \lambda^4 B_{44},\ \eta_5' = \lambda^5 B_{55}$$

계수 A, B, C는 Skjelbreia와 Hendrickson (1960)에 의해 계산되었다. λ와 kz는 아래의 식에 의해 계산된다.

$$\frac{1}{kz}\left\{\lambda + B_{33}\lambda^3 + (B_{35} + B_{55})\lambda^5\right\} = \frac{h}{2z} \tag{2-109}$$

$$kz\tanh(kz)\left(1+C_1\lambda^2+C_2\lambda^4\right)=4\pi^2\frac{z}{gT^2} \tag{2-110}$$

$$s=\sinh\left(\frac{2\pi d}{\lambda}\right) \quad c=\cosh\left(\frac{2\pi d}{\lambda}\right)$$

$$A_{11}=1/s$$

$$A_{13}=\frac{-c^2(5c^2+1)}{8s^5}$$

$$A_{15}=\frac{-(1184c^{10}-1440c^8-1992c^6+2641c^4-249c^2+18)}{1536s^{11}}$$

$$A_{22}=\frac{3}{8s^2}$$

$$A_{24}=\frac{(192c^8-525c^6-312c^4+480c^2-17)}{768^{10}}$$

$$A_{33}=\frac{(13-4c^2)}{64s^7}$$

$$A_{35}=\frac{(512c^{12}+4224c^{10}-6800c^8-12808c^6+16704c^4-3154c^2+107)}{4096s^{13}(6c^2-1)}$$

$$A_{44}=\frac{(80c^6-816c^4+1338c^2-197)}{1536s^{10}(6c^2-1)}$$

$$A_{55}=\frac{-(2880c^{10}-72480c^8-324000c^6-432000c^4+163470c^2-16245)}{61440s^{11}(6c^2-1)(8c^4-11c^2+3)}$$

$$B_{22}=\frac{(2c^2+1)}{4s^3}c$$

$$B_{24}=\frac{c(272c^8-504c^6-192c^4+322c^2+21)}{384s^9}$$

$$B_{33}=\frac{3(8c^6+1)}{64s^6}$$

$$B_{35}=\frac{(88128c^{14}-208244c^{12}+70848c^{10}+54000c^8-21816c^6)}{12288s^{12}(6c^2-1)}+\frac{(6264c^4-54c^2-81)}{12288s^{12}(6c^2-1)}$$

$$B_{44}=\frac{c(768c^{10}-448c^8-48c^6+48c^4+106c^2-21)}{384s^9(6c^2-1)}$$

$$B_{55}=\frac{(192000c^{16}-262720c^{14}+83680c^{12}+20160c^{10}-7280c^8)}{12288s^{10}(6c^2-1)(8c^4-11c^2+3)}+\frac{(7160c^6-1800c^4-1050c^2+225)}{12288s^{10}(6c^2-1)(8c^4-11c^2+3)}$$

$$C_1=\frac{(8c^4-8c^2+9)}{8s^4}$$

$$C_2 = \frac{(3840c^{12} - 4096c^{10} + 2592c^8 - 1008c^6 + 5944c^4 - 1830c^2 + 147)}{512s^{10}(6c^2 - 1)}$$

$$C_3 = -\frac{1}{4sc}$$

$$C_4 = \frac{(12c^8 + 36c^6 - 162c^4 + 141c^2 - 27)}{192cs^9}$$

2.4 파랑 하중 (Wave Loading)

파랑이 발생하면 이에 수반된 물 입자는 속도와 가속도를 가지고 있다. 파랑을 받는 구조물에는 기본적으로 속도와 관련된 점성항력과 가속도와 관련된 관성력이 작용한다. 이 경우에 어느 순간의 전체 힘은 두 힘의 벡터 합이다. 흔히 파장과 해양구조물 직경의 상대적 크기에 따라 이 두 힘의 작용력이 달라진다. 그러나 이들 간에는 상호작용이 존재하는 등, 복잡한 양상을 보여서 아직도 파랑하중을 명확하게 규명하지 못하고 있다. 더욱이 파랑하중은 구조물의 종류에 따라 그 특성이 달라지므로 일반적인 해석기술을 적용하기에 어려움이 많다.

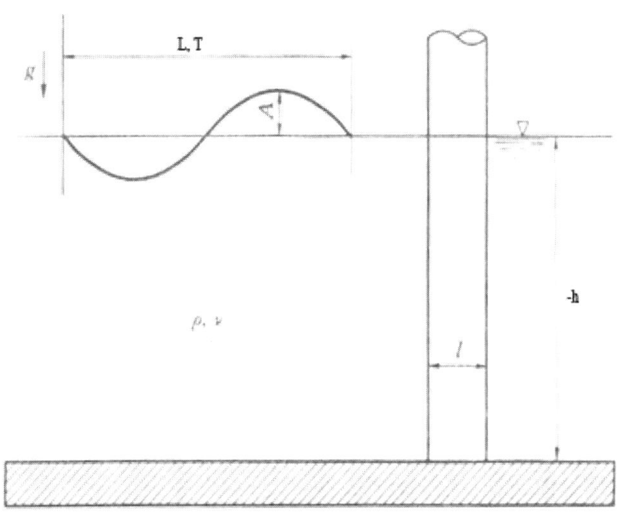

그림 2-20 파랑하중에 관련된 파라미터 정의

2.4.1 파랑하중의 특성

파랑하중은 구조물의 종류에 따라 그 특성이 달라지는 등 그 현상이나 하중 크기를 명확하게 규명하기에 어려움이 있다. 따라서 단순한 형태의 해양구조물에 대해 파랑하중 작용특성을 살펴보는 것이 파랑하중의 특성을 이해하는데 도움이 될 것이다. 아래에서는 해양구조물에서 가장 많이 사용되는 가장 단순한 형태인 원형단면을 지닌 수직 실린더에 작용하는 파랑하중을 살펴본다.

파랑하중의 차원해석 결과는 다음처럼 정리된다.

$$F/\rho g l^3 = C_F(A/L, h/L, l/L, \beta, Fr, Re, K_c) \tag{2-116}$$

여기서 F : 파랑하중, ρ : 물의 밀도, g : 중력가속도, l : 물체의 특성 길이, C_F : 하중계수, A : 파진폭, L : 파장, h : 수심, β : 파 입사각 이다.

그리고 $Fr(=U/\sqrt{gl}$, U : 물체의 속도)와 $Re(=Ul/\nu$, ν : 물의 동점성 계수)는 Froude 수와 Reynolds 수라고 불리며, $K_c(=uT/l$, u : 물의 속도, T : 파주기)는 Keulegan-Carpenter 수라고 말한다.

위의 7개의 무차원 수를 이용하여 파랑하중의 특성을 정의할 수 있다. 위의 무차원 수들은 다음과 같은 특징을 가진다. 에너지를 과다하게 공급받는 파는 기울기가 가파르게 되는데, A/L는 이러한 입사파의 비선형성을 나타낸다. h/L는 입사파의 전파특성을 나타내는 분산 변수이다. A/L과 h/L를 하나로 합친 변수를 Ursell 수 $(=(A/L)/(h/L)^2)$라고 부르며, 이것은 파의 비선형특성과 분산성의 상대적인 비를 의미한다.

l/L 는 산란 변수인데, 파랑하중을 추정할 때 이것이 0.2보다 작을 경우 물체로 인한 입사파의 산란현상을 무시할 수 있는 것으로 알려져 있고, 0.2보다 클 경우에는 산란효과가 반드시 고려되어야 한다. 파 입사각 β는 파일과 같은 축대칭 물체에 작용하는 파랑하중에는 큰 영향을 주지 못하지만, 선박이나 비대칭 해양구조물 등에서는 파랑하중의 변화에 많은 영향을 준다. Froude 수는 선박 유체역학에서 상사 법칙에 자주 사용되는 반면, 움직임이 없거나 매우 적은 해양구조물을 주로 다루는 해양공학 분야에서는 큰 의미가 없다. Reynolds 수는 유체 점성의 효과를 나타낸다.

Keulegan-Carpenter(K_c) 수는 관성력과 점성력 성분의 상대적 크기를 의미하며, 물입자가 조화운동을 하는 경우의 파랑 하중을 다룰 때는 매우 중요한 의미를 가진다. K_c값이 크면 점성항력 성분이 지배적으로 작용하고, K_c값이 작으면 관성력 성분이 지배적으로 작용한다. 만약 K_c가 5보다 작다면 l/L 의 값이 0.2보다 커지므로 파랑하중을 추정할 때 산란효과를 고려하여야 한다. 그러나 대부분의 해양 구조물의 부재에 대한 K_c값은 보통 20~60의 값을 가진다. 따라서 해양구조물에서는 점성항력과 관성력이 모두 중요하며, 서로에게 복잡한 영향을 미치는 것으로 알려져 있다.

한편, Keulegan-Carpenter 수에 대한 정의($K_c = uT/l$)에서 볼 수 있듯이, 파고가 높아 물입자의 속도가 커지거나, 파주기가 길어지거나 구조물의 치수가 작으면 K_c의 값은 커지고, 그 반대의 경우에는 K_c의 값은 작아진다. 이는 파랑하중이 해양 구조물의 종류 및 부재와 밀접한 관계를 지니고 있음을 의미한다.

해양 구조물은 보통 형식에 따라 고정식과 부유식 또는 추가적으로 유연식으로 나누는데, 이러한 구조물의 종류에 따라 유체역학적 특성도 크게 달라진다. 고정식의 대표적인 구조물인 자켓식 해양구조물의 치수는 상대적으로 작아 K_c의 값은 비교적 큰 편이다. 따라서 점성항력을 반드시 고려해야할 것이나 관성력도 무시할 수 는 없다. 고정식 자켓구조물의 경우에는 실험적 방법에 근거하는 Morison 공식이 주로 사용된다. 이에 대하여는 다음 절에서 논의하기로 한다.

반잠수식구조물이나 시추선 또는 다목적 석유 생산구조물인 FPSO(Floating Production Storage & Off-loading)와 같은 부유식 해양 구조물의 경우에는 구조물과 물입자간의 상대속도가 작기 때문에 관성력이 지배적이다. 일정한 속도로 항진하는 선박과는 달리 해양 구조물은 한 해역에 오랫동안 머물면서 시추, 생산, 하역 등의 작업에 임해야 하므로 위치확보가 매우 중요한 문제이다. 부유식 해양 구조물에서 선형 6자유도 운동은 그 시간평균이 0이므로 부유체의 위치를 크게 바꾸지 않는다. 그러나 비선형 표류력은 그 크기는 매우 작지만 계류 부유체의 수평운동을 공진시켜 위치안정을 저해하는 중요인자가 될 수 있다.

한편, 가이드 타워나 인장각 플랫폼과 같은 유연식 구조물은 해상상태가 좋을 때는 마치 고정식 구조물과 같은 거동을 보이나, 해상이 거칠어지면 부유식 구조물에 준하는 거동을 한다. 따라서 유연식 구조물에 작용하는 파랑하중의 성격은 위에서 언급한 고정식과 부유식의 특성을 모두 지니고 있다. 통상적으로 속도 및 가속도 등 물입자의 운동에 대한 구조부재의 상대운동을 고려하는, 소위 수정된 Morison 공식을 이용하여 파랑하중을 추정한다.

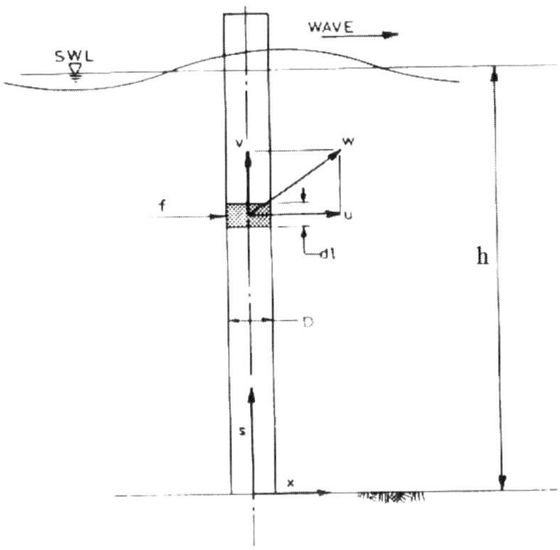

그림 2-21 수중에 고정된 수직기둥

2.4.2 작은 물체에 대한 파랑 하중

가) 모리슨(Morison) 방정식

해양에 고정되어 있는 수직기둥에 작용하는 파랑 하중을 계산하기 위해서는 모리슨(Morison) 등에 의해 제시된 모리슨 방정식이 사용된다. 모리슨 방정식에 의하면 파랑하중은 관성력과 점성력의 합력으로 계산된다.

우선 물속에 고정된 수직 기둥에 대한 부호를 그림 (2-21)과 같이 정의한다. 미소 길이 ds에 작용하는 미소의 관성력 df_I 은 물입자의 가속도에 비례하며 다음과 같은 식으로 표현된다.

$$df_I = C_M \rho \frac{\pi}{4} D^2 \frac{\partial u}{\partial t} ds \tag{2-117}$$

여기서, s는 $h+z$, D는 원통의 직경, $\frac{\partial u}{\partial t}$는 원통 중앙에서의 물입자의 국소 가속도, C_M은 관성력계수이다.

파가 원통을 지나가는데 원통의 표면에서는 완전히 돌아나가지 못하고 박리가 일어난다. 이러한 현상으로 후류(wake)가 발생하고, 이것이 항력을 발생시키는 요소가 된다. 후류는 흐름의 앞부분과 비교하여 낮은 압력과 낮은 속도를 가지는 영역을 말한다. 물입자는 파주기에 맞추어 진동하기 때문에 후류는 매 반파장마다 역전된다. 그림 (2-22)는 역전된 후류를 보여준다. 이러한 압력의 차이는 물입자 속도의 순간적인 방향으로 가해지는 힘을 유발한다. 해류와 같이 정상류의 경우에는 후류는 고정되어있고 항력은 물입자 속도의 제곱에 비례한다. 파도와 같이 진동흐름의 경우에는 항력은 식(2-118)이 같이 사용된다. 여기에서는 항력이 작용하는 방향을 나타내기 위해서 u^2대신에 $|u|u$이 사용되었다. 즉, 해류나 바람의 경우에는 흐름방향이 일정하여 $|u|u$ 대신에 u^2를 쓸 수 있으나 파도의 경우에는 물입자의 속도는 방향이 변하고 동시에 힘의 방향도 변하므로 반드시 $|u|u$를 사용해야 한다. 한 방향 흐름에 대해서 얻어진 항력계수인 C_D값은 실험 자료가 적기 때문에 진동 흐름에 대해서도 같이 사용할 수 있다.

$$df_D = \frac{1}{2} C_D \rho D |u| u \, ds \tag{2-118}$$

여기서, df_D는 미소 길이 ds에 작용하는 항력, u는 물입자의 속도, C_D는 항력계수이다.

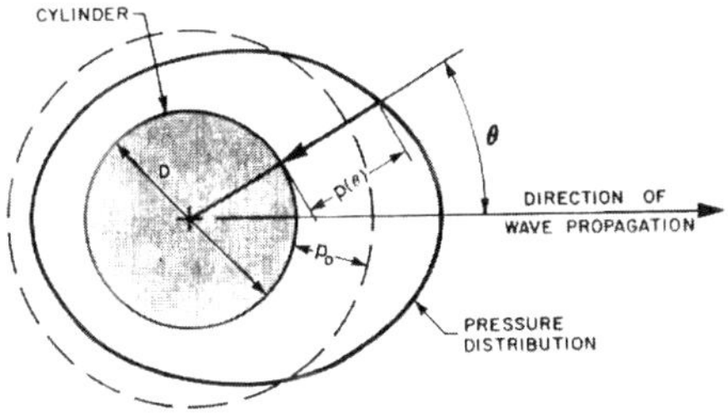

그림 2-22 역전된 후류현상

모리슨 방정식은 식 (2-119)와 같이 관성력과 항력의 합으로 표현된다.

$$f = C_M A_I \frac{\partial u}{\partial t} + C_D A_D |u| u \tag{2-119}$$

여기서, f는 수직원통의 단위 길이 당 작용하는 힘, $A_I = \rho \frac{\pi}{4} D^2$, $A_D = \frac{1}{2} \rho D$ 이다.

원통이 해저면에서 해표면까지 연장되어 있으면, 원통에 작용하는 총 힘은 식 (2-120)과 같이 정의된다.

$$F = \int_{-h}^{0} f\,ds = \int_{-h}^{0} \left[C_M A_I \frac{\partial u}{\partial t} + C_D A_D |u| u \right] ds \tag{2-120}$$

선형파의 물입자의 수평방향 속도와 가속도는 앞에서 설명했던 식 (2-80)과 식 (2-82)와 같다. 두 식에서 계산의 편의를 위해 $(kx - \omega t)$를 Θ로 $(h+z)$를 s로 표현하면 다음과 같다.

$$u = \frac{Hgk\cosh(ks)}{2\omega\cosh(kh)} \cos\Theta \tag{2-121}$$

$$\frac{\partial u}{\partial t} = \frac{Hgk\cosh(ks)}{2\cosh(kh)} \sin\Theta \tag{2-122}$$

식 (2-121)과 식 (2-122)를 식 (2-120)에 적용하여 정리하면 다음과 같다.

$$F = \frac{1}{2} C_M A_I Hg \tanh(kh) \sin\Theta + C_D A_D k \left(\frac{Hg}{4\omega} \right)^2 \left\{ \frac{2kh + \sinh(2kh)}{\cosh^2(kh)} \right\} |\cos\Theta| \cos\Theta \tag{2-123}$$

모리슨 방정식은 항력이 물입자 속도의 제곱에 비례하므로 비선형이다. 따라서 모리슨 방정식을 적용하는 많은 경우 항력을 선형화하여 적용한다. 선형화된 단위길이 당 작용하는 항력 f_D'은 다음과 같다.

$$f_D' = \frac{2}{3\pi} \rho C_D A H \omega u \tag{2-124}$$

여기서 A는 원통의 단면적이다.

예제 5

파고 10m, 파장 115m의 파가 깊이 250m인 해역에서 직경 1.2m의 수직 파일에 작용하는 최대 항력과 최대 관성력을 계산하세요. (C_D = 1, C_I = 2)

해 답

위의 문제에서 주어진 조건을 이용하여 파의 물리적 특성을 구하기 위해서는 Airy파 이론이 적당하다. Airy파 이론을 이용하면 파수와 파주파수는 다음과 같이 계산된다.

$$k=\frac{2\pi}{L}=0.0546m^{-1}$$

$$\omega=0.732\sec^{-1}$$

파장이 직경에 비해 매우 크므로 모리슨 방정식을 이용하여 파력을 계산한다. 여기서, 항력과 관성력의 크기는 파고와 파일 직경의 비를 이용해 추정할 수 있다. 또한, 현재 파고와 직경비가 매우 큼으로, 항력 성분이 고려되어야 한다.

해수의 밀도를 $\rho=1024kg/m^3$라 하면 항력과 관성력은 다음과 같이 정리 된다.

$$F_D=0.206\times10^{-6}[\sinh2k(h+\eta)+2k(h+\eta)]|\cos\omega t|\cos\omega t$$

$$F_I=-0.266\sinh k(h+\eta)\sin\omega t$$

여기서 파의 형상함수 η는 다음과 같다.
항력과 관성력의 시간변화를 계산하여 도시하면 아래 그림과 같다.

$$\eta=\frac{H}{2}cos\omega t=5\cos\omega t$$

최대 항력은 $wt=0$일 때 작용하며 그 크기는 $F_{D(Max)}$ = 1.301×10^5N이다.

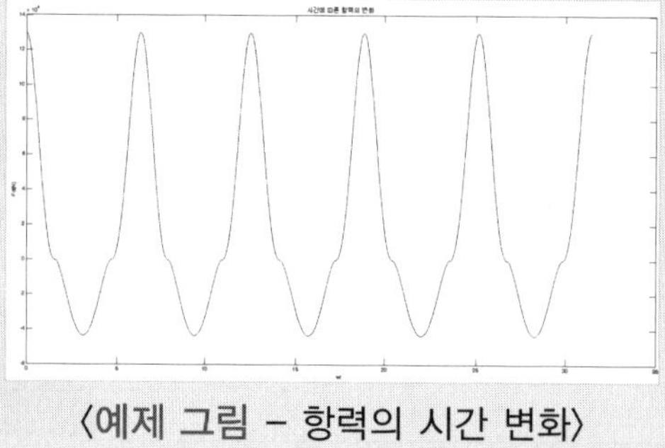

〈예제 그림 – 항력의 시간 변화〉

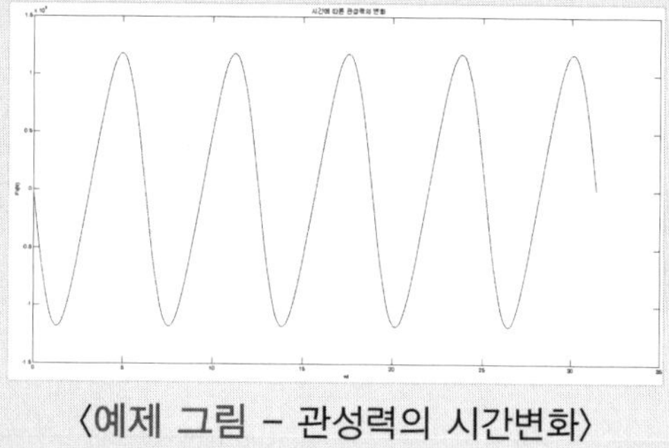

〈예제 그림 – 관성력의 시간변화〉

최대 관성력은 $wt=5.0$일 때 작용하며 그 크기는 $F_{I(Max)}$ = 1.1792×10^5N이다.

예제 6

깊이 250m의 해역에서 파고 10m, 파장 115m의 파가 작용할 때 직경 1.2m의 연직 파일에 작용하는 최대 파력을 구하라. (C_D = 1, C_I = 2)

해 답

앞의 문제를 통해 최대 항력과 최대 관성력을 구하였다. 전체 파력은 $F = F_D + F_I$이지만 위상차로 인해 최대 항력과 최대 관성력이 작용하는 각각의 시점과는 다른 시점에서 최대 파력이 작용하기 때문에 단순히 최대 항력과 최대 관성력의 합이 최대의 파력으로 작용하지는 않는다. 아래 그림은 파력의 시간에 따른 변화이다. 최대 파력이 작용하는 때는 $\omega t = 6.0$일 때이며 이때의 파력은 $F = 1.6319 \times 10^5 N$이다.

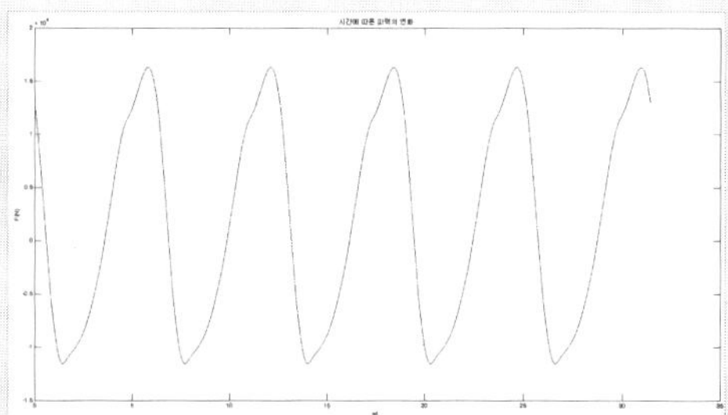

〈예제 그림 - 파력의 시간 변화〉

나) 관성력 및 항력 계수

관성력계수 C_M는 Reynolds 수, Keulegan-Carpenter 수, 구조물의 표면 거칠기 및 구조물과 고정 경계면 사이의 거리에 대한 함수이다. 해저면 또는 해저면에 가까이 위치한 해저배관의 경우 해저면이 고정 경계면이 된다. 해양구조물로 가장 많이 사용되는 원형 실린더에 대한 부가관성계수 C_M의 값이 Re 수와 Kc 수의 함수로서 그림 2-23에 주어져 있다. 또한 고정 경계면이 가까운 원형 실린더의 부가관성계수는 떨어진 높이에 따라 변하게 되는데, 이 수정된 값이 그림 2-24에 주어졌다. 그림 2-24는 원형실린더의 표면거칠기(粗度) 에 관계없이 사용할 수 있다.

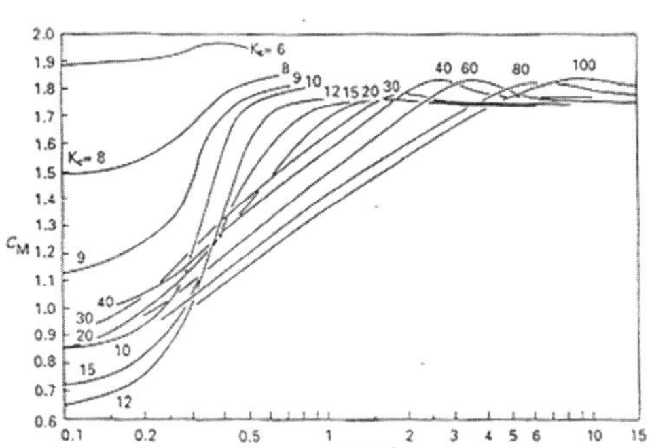

그림 2-23 원형 실린더에 대한 부가관성계수.

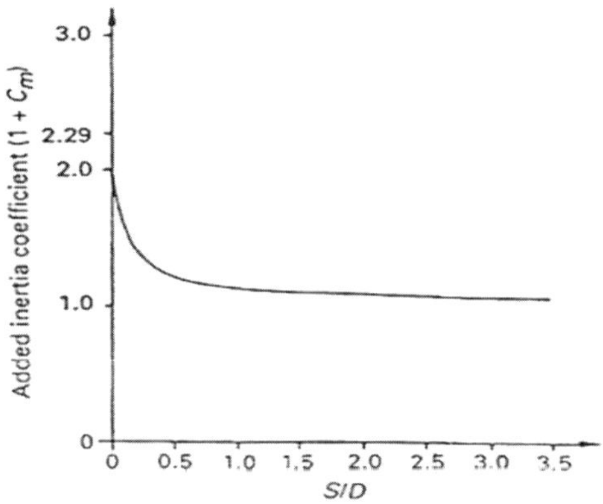

그림 2-24 고정 경계면에 가까운 원형 실린더의 부가관성계수의 수정치

일반적으로 항력계수 C_D도 C_M과 같이 Reynolds 수, Keulegan-Carpenter 수, 구조물의 표면 거칠기 및 구조물과 고정 경계면 사이의 거리에 대한 함수이다. 해양구조물로 가장 많이 사용되는 원통형 실린더의 경우, 항력계수 C_D를 Reynolds 수와 Keulegan-Carpenter(Kc) 수의 함수로 그림 2-25에 제시하였다. 그림 2-25는 고정 경계면에 전혀 영향을 받지 않는 경우 (free field flow) 에 대해서만 유효하다. 한편 정상흐름에 대한 항력계수는 Kc 수가 무한대인 경우의 값과 동일하며 파도와 해류를 동시에 고려할 경우에는 해류에 의한 Kc 수의 증가가 고려되어야 한다.

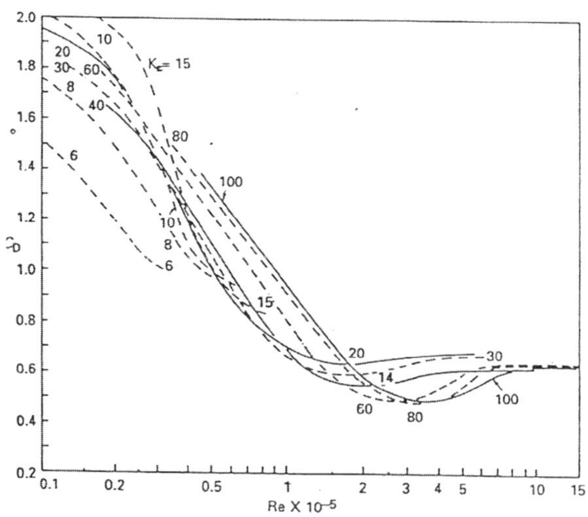

그림 2-25 원형 실린더에 대한 항력계수

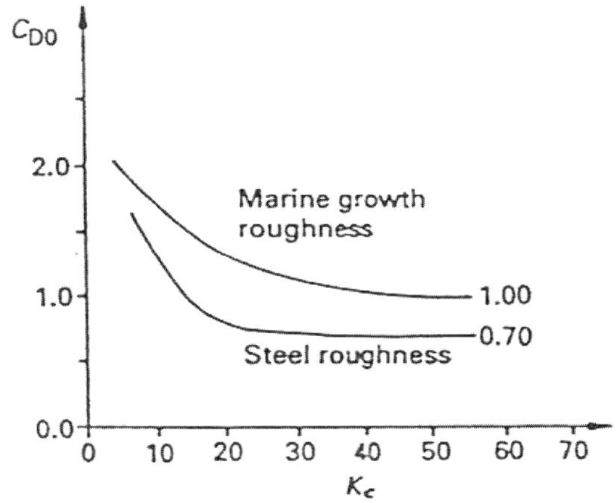

그림 2-26 개방된 흐름에 있는 원형 실린더의 Keulegan-Carpenter수에 따른 항력계수

그림 2-26은 표면거칠기에 따른 항력계수의 변화를 보여주고 있다. 그림 2-26에서 C_{D0}는 해저면과 같은 고정 경계면의 영향을 받지 않는 경우의 C_D값을 나타낸다. 또한 고정 경계면에 인접된 구조물에 대한 항력계수를 결정하기 위해서는 그림 2-25에서 구한 수치를 보정해야 하는데 그림 2-26은 그 보정계수(correction factor)를 제시하고 있다.

항력, 양력 및 관성력이 동시에 작용하는 경우 이들의 결합에 의한 영향을 구하기 위해서는 이들 사이의 위상차를 고려하여 합성해야 한다.

2.4.3 큰 물체에 대한 파랑 하중

가) Froude-Krylov 방법

다소 큰 물체에 작용하는 파력을 계산하기 위해서는 Froude-Krylov 방법이 사용된다. Froude- Krylov 방법은 다양한 파이론에 적용이 가능하다. 여기에서는 2.3.1장에서 설명한 단순조화파 이론을 사용하여 설명한다. 단순조화파 이론에서는 표면에서의 압력은 다음과 같다.

$$p = \rho g \frac{H}{2} \frac{\cosh(ks)}{\cosh(kh)} \cos(kx - \omega t) \tag{2-125}$$

식 (2-125)에서 정의된 압력 p는 물속에 있는 구조물의 표면의 한 점에 작용하는 압력이다. 구조물에 가해지는 전체 힘은 이러한 압력을 물체 표면 전체에 대해 적분함으로써 구할 수 있다. $x-y$ 좌표에서 수평방향과 수직방향 힘 성분 F_x와 F_y는 다음과 같이 정의된다.

$$F_x = C_H \iint_s p n_x dS \tag{2-126}$$

$$F_y = C_V \iint_s p n_y dS \tag{2-127}$$

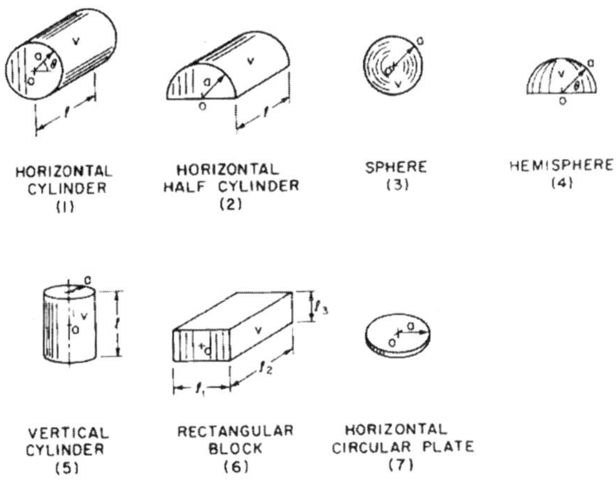

그림 2-29 기본 구조물의 형태

여기서, C_H와 C_V는 각각 수평방향과 수직방향 힘 계수이고, n_x와 n_y는 $x-y$ 좌표에서 방향 성분을 각각 나타낸다. 그리고 dS는 구조물의 미소 표면 넓이이다. 적분은 구조물의 물속 표면 전체에 대하여 수행된다. 그림 (2-29)에서는 해양구조물에서 많이 사용되는 몇몇 기본 형상을 보여준다. 아래에서는 이 중에서 수평원통, 수직원통, 사각 블록에 대해서만 설명한다.

(1) 수평원통 (Horizontal cylinder)

수평원통의 경우에는 원통은 매우 길다고 가정한다. 이 가정을 채택하면 원통의 끝 효과는 무시할 수 있을 뿐만 아니라 2차원 문제로 취급할 수 있다. 파의 방향은 원통의 축방향으로 가정한다. 그림 (2-29)에서 보인 것처럼 이 경우에는 극좌표를 사용하면 계산할 때 매우 효과적이다. 여기서, 원통의 축은 해양바닥에서부터 s_0만큼 위치에 있는 것으로 가정하면 각 좌표 (x,s)는 다음과 같이 정의된다.

$$x = a\cos\theta \tag{2-128}$$

$$s = a\sin\theta + s_0 \tag{2-129}$$

여기서, a는 원통의 반지름, l은 원통의 길이, θ는 수직단면의 x축 각도이다.

미소면적 dS는 다음과 같이 정의된다.

$$dS = a\,l\,d\theta \tag{2-130}$$

이 경우 원통은 길이방향 성분만을 가지고 있으므로 식 (2-126)과 식 (2-127)에서 정의된 두 번의 적분은 한 번의 적분으로 줄어든다. 수평방향 힘 F_x는 식 (2-128)과 식 (2-129)를 식 (2-125)에 대입하여 계산한 p를 식 (2-126)에 넣어 구한다. 정리된 수평방향 힘 F_x는 다음과 같다.

$$F_x = C_H \frac{\rho g H a l}{2\cosh(kh)} \int_0^{2\pi} \cosh k(a\sin\theta + s_0) \times \cos(ka\cos\theta - \omega t)\cos\theta \, d\theta \qquad (2\text{-}131)$$

여기서, $n_x = \cos\theta$ 이다.

식 (2-131)을 정리하면 다음과 같다.

$$F_x = C_H \frac{\pi \rho g H k a^2 l}{2\cosh(kh)} \cosh(ks_0)\sin\omega t \qquad (2\text{-}132)$$

식 (2-132)에 원통의 축방향에 관한 물입자의 수평방향 가속도, $\dot{u}_0$와 원통의 부피 $V = \pi a^2 l$ 을 대입하면 다음과 같이 정리된다.

$$F_x = C_H \rho V \dot{u}_0 \qquad (2\text{-}133)$$

수직방향 힘 F_y도 식 (2-131)과 유사한 형태를 갖는다.

$$F_y = C_V \frac{\rho g H a l}{2\cosh(kh)} \int_0^{2\pi} \cosh k(a\sin\theta + s_0) \times \cos(ka\cos\theta - \omega t)\cos\theta \, d\theta \qquad (2\text{-}134)$$

식 (2-134)는 다음과 같이 정리된다.

$$F_y = C_V \frac{\pi \rho g H k a^2 l}{2\cosh(kh)} \sinh(ks_0)\cos\omega t \qquad (2\text{-}135)$$

물입자의 수직방향 가속도 성분 $\dot{w}_0$와 원통의 부피 $V = \pi a^2 l$ 를 식 (2-135)에 대입하면 다음과 같이 정리된다.

$$F_y = C_V \rho V \dot{w}_0 \qquad (2\text{-}136)$$

(2) 수직원통 (Vertical cylinder)

수직원통의 경우, 수평방향에서 원통의 곡면에서만 힘이 존재한다. 수평방향 극좌표는 다음과 같이 정의 된다.

$$x = a\cos\theta \qquad (2\text{-}137)$$

원통 표면의 미소 면적 dS는 다음과 같다.

$$dS = a\,d\theta\,ds \qquad (2\text{-}138)$$

수평방향 힘 F_x는 다음과 같다.

$$F_x = C_H \frac{\rho g H a}{2\cosh(kh)} \int_{s_0 - l/2}^{s_0 + l/2} \cosh(ks)\,ds \int_0^{2\pi} \cos(ka\cos\theta - \omega t)\cos\theta\,d\theta \qquad (2\text{-}139)$$

식 (2-139)의 두 번째 적분항은 1차 제 1종 Bessel 함수 이고, 이를 정리하면 다음과 같다.

$$F_x = C_H \frac{\pi \rho g H a}{k\cosh(kh)} \left[\sinh k\left(s_0 + \frac{l}{2}\right) - \sinh k\left(s_0 - \frac{l}{2}\right)\right] J_1(ka)\sin\omega t \qquad (2\text{-}140)$$

$\dot{u}_0$와 V를 이용하여 정리하면

$$F_x = C_H \rho V \frac{2 J_1(ka)}{ka} \frac{\sinh(kl/2)}{(kl/2)} \dot{u}_0 \tag{2-141}$$

(3) 사각 블럭 (Rectangular block)

사각 블록은 그림 (2-27)에 보인 것과 같이 l_1, l_2, l_3의 치수를 가지고 있다고 가정한다. 여기서 l_3는 높이, l_2는 파의 방향과 수직을 이룬다.

사각 블록의 수평방향 힘 F_x는 다음과 같다.

$$F_x = C_H \frac{\rho g H l_2}{2\cosh(kh)} \int_{s_0 - l_3/2}^{s_0 + l_3/2} \cosh(ks)\, ds \left[\cos(kl_1/2 - \omega t) - \cos(kl_1/2 + \omega t)\right] \tag{2-142}$$

$\dot{u}_0$와 $V = l_1 l_2 l_3$ 를 이용하여 정리하면

$$F_x = C_H \rho V \frac{\sinh(kl_3/2)}{(kl_3/2)} \frac{\sin(kl_1/2)}{(kl_1/2)} \dot{u}_0 \tag{2-143}$$

비슷한 방법으로 수직방향 힘 F_y는 다음과 같다.

$$F_x = C_V \frac{\rho g H l_2}{2\cosh(kh)} \left[\cosh k(s_0 + l_3/2) - \cosh k(s_0 - l_3/2)\right] \times \int_{-l_1/2}^{l_1/2} \cos(kx - \omega t)\, dx \tag{2-142}$$

$\dot{w}_0$와 V를 이용하여 정리하면

$$F_y = C_V \rho V \frac{\sinh(kl_3/2)}{(kl_3/2)} \frac{\sin(kl_1/2)}{(kl_1/2)} \dot{w}_0 \tag{2-143}$$

나) 회절이론(Diffraction Theory)

회절효과(diffraction effect)란 수중물체 주위에서의 유체입자의 가속 운동으로 인해 부가된 투과효과(transmission effect)와 물체 표면에서 산란된 유체운동으로 인한 반사효과(reflection effect)로 대별할 수 있다. 즉, 전자는 물체의 크기가 입사파의 파장에 비해 작을 때 지배적인 영향을 발휘하며, 후자는 물체의 크기가 파장에 견주어 크게 작지 않을 때 그 영향이 크게 나타난다. 그러나 입사파의 파장이 물체의 크기에 비해 아주 작을 때에는 반사(reflection)는 크지만 투과효과는 오히려 줄어든다.

$D/L < 0.2$ 인 경우에는 반사효과를 무시하고 투과효과만을 고려해도 타당하다. D/L 가 아주 작은 경우 투과효과는 물체의 부가질량과 물체의 가속도의 곱인 부가질량력과 거의 같다. 즉, 앞에서 설명한 Froude-Krylov 방법으로 구하는 힘이다.

반면에, $D/L > 0.2$ 인 경우에는 반사효과를 무시할 수 없으므로 반드시 고려되어

야 한다. 특히 $K_c \leqq 5$ 일 경우 관성력이 지배적이므로, 반사효과에 대한 명확한 해석 없이는 정확한 파랑하중을 계산할 수 없다. 회절이론(diffraction theory)이 제기된 이유가 바로 이러한 특성 때문이다. $K_c \leqq 5$ 의 범위에서는 점성항력을 무시할 수 있기 때문에 유체입자의 운동을 비회전성으로 가정할 수 있으므로 속도 퍼텐셜을 도입하여 입자의 운동을 정의할 수 있다. 전체 퍼텐셜을 입사파의 운동을 표시하는 입사파 퍼텐셜 Φ_I 와 산란 퍼텐셜 Φ_D 의 합으로 다음과 같이 나타낼 수 있다.

$$\Phi_T = \Phi_I + \Phi_D \tag{2-144}$$

입사파 퍼텐셜은 사용자의 결정에 따라 파 이론으로부터 그 표현식을 쉽게 얻을 수 있다. 한편, 산란 퍼텐셜 Φ_D 는 연속방정식인 Laplace 방정식의 해로서 다음의 경계조건을 만족시켜야 한다.

- 자유표면 경계조건 : $\Phi_{tt} + 2\nabla\Phi \cdot \nabla\Phi_t + \frac{1}{2}\nabla(\nabla\Phi \cdot \nabla\Phi) + g\Phi_z = o$, $z = \zeta$에서 (2-145)
- 해저면 조건 : $\Phi_z(x, z, -d, t) = 0$ (2-146)
- 발산조긴 : 파는 물체 밖의 방향으로 전피하며 그 크기는 수면상의 거리 R에 대하여 R-1/2의 관계로 감소한다.
- 물체표면 경계조건 : $\frac{\partial}{\partial n}(\Phi_I + \Phi_D) = 0$ (2-147)

여기서 n은 물체표면에서의 법선방향으로의 단위벡터를 뜻한다.

임의의 형상을 갖는 물체의 경우에는 해석하기가 아주 복잡한데, 이 경우에는 Green 정리를 이용하여 수치해석 기법을 이용하여 구할 수 있다. 즉, 선형화시킨 자유표면 경계조건과 식 (2-144) 와 식 (2-145)를 만족하는 일정한 크기의 맥동소스(pulsating source)를 물체표면에 분포시키고, 그 크기는 나머지 경계조건 식 (2-147)이 만족되도록 근사적으로 구하는 방법이다.

해양구조물의 부재로 많이 사용되는 수직원형 실린더에 대해서는 아래와 같이 비교적 간단한 해석적인 방법으로 해를 얻을 수 있다. 즉, 입사파를 선형 중력파라고 가정하면 푸리에 급수로 전개된 Φ_I 는 다음과 같이 얻어진다.

$$\Phi_I = -\frac{H}{2}\frac{g}{w}\frac{\cosh k(z+h)}{\cosh kh}e^{-iwt}\sum_{m=-\infty}^{\infty}(i)^m J_m(kr)e^{i\alpha\theta} \tag{2-148}$$

여기서 입사파는 양의 x방향으로 진행한다고 가정했으며, 자유표면상에서의 거리 R와 양의 x축과 이루는 각이 Θ 이다. 그리고 J_m은 m-order의 제 1 종 Bessel 함수를 표시한다.

이제 Φ_D 를 다음과 같은 표면식으로 나타낼 수 있다고 가정한다.

$$\Phi_D = -\frac{H}{2}\frac{g}{w}\frac{\cosh k(z+h)}{\cosh kh}e^{-iwt}\sum_{m=-\infty}^{\infty}A_m(i)^m H_m^{(1)}(kr)e^{i\alpha\theta} \tag{2-149}$$

여기서 $H_m^{(1)}$은 제 1 종의 Hankel 함수이며 A_m은 미지의 계수이다.

미지의 계수 A_m은 식 (2-149)를 경계조건식 (2-147)에 적용하면 그것이 실린더의 표면 $r=a$(여기서 a는 실린더의 반지름)에서 만족되도록 하는 값을 의미한다. 이로부터 간단히 다음의 해를 얻을 수 있다.

$$A_m = \frac{J_m{}'(ka)}{H_m^{(1)}{}'(ka)} \tag{2-150}$$

위 식에서 $'$ 는 (ka)에 대한 미분을 나타낸다.

이제는 다음의 베르누이 방정식을 이용하여 유체의 압력을 계산할 수 있다.

$$-p = \rho\Phi_t + \frac{\rho\nabla}{2}\Phi\cdot\nabla\Phi + \rho gz \tag{2-151}$$

해양파로 인한 유체운동에서는 식 (2-151)의 오른쪽 항 중에서 첫째 항이 제일 큰 값을 갖는다. 따라서 선형이론에서의 동유체압력은 $p \simeq -\rho\Phi_t$ 로 간단하게 계산할 수 있다.

이 관계를 이용하여 단위 수직거리에 작용하는 관성력은 다음의 적분으로 얻을 수 있다.

$$\Delta F = \rho a\int_0^{2\pi}\frac{\partial}{\partial t}(\Phi_I + \Phi_D)\cos\theta d\theta$$

$$= \pi a\rho gH\frac{\cosh k(z+h)}{\cosh kh}\frac{J_1Y_q{}' - J_1{}'Y_1}{\sqrt{J_2{}'^2 + Y_1{}'^2}}\Big|_{ka}\cos(wt-\alpha) \tag{2-152}$$

항력을 무시할 수 있는 파랑하중 조건에서는 상술한 방법으로 산란 유체력을 얻어 Froude-Krylov 힘과 합쳐 관성력을 얻을 수 있지만, 항력을 무시할 수 없는 경우에는 파랑하중을 정확히 추정하기가 매우 곤란하다. Chakrabarti S.K. 등은 이 경우에 모리슨 방정식을 이용하되 관성력 계수 C_M 대신 산란계수 C_R를 사용하는 것이 타당하다고 주장한다. 즉, 식 (2-152)로 얻은 관성력을 Froud-Krylov 힘으로 나눈 값을 산란계수 C_R로 정의하여 Morison 방정식을 계속 그대로 사용하자는 뜻이다.

제3장 해양구조물 설계 과정 및 규정

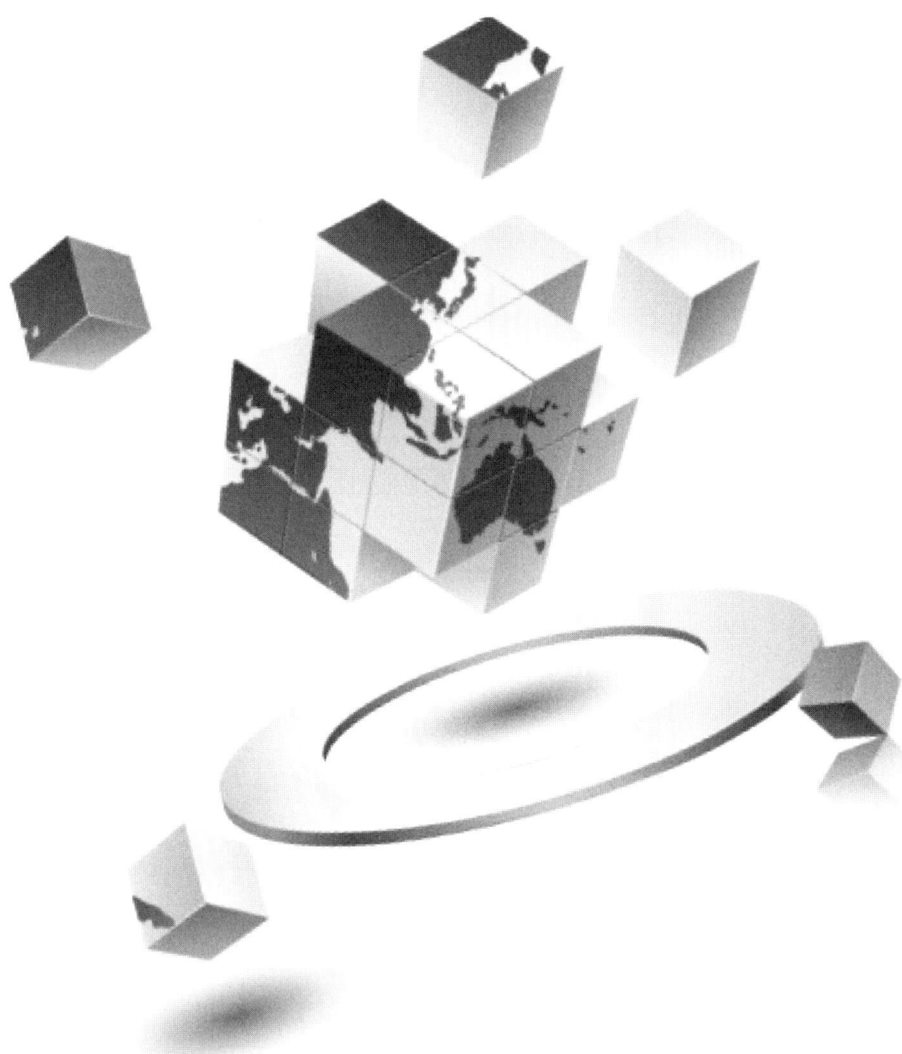

제3장 해양구조물 설계 과정 및 규정

해양구조물을 설계할 때 기본 계획 수립은 대상 해역을 어떤 형태로 개발하여 이용할 것인가에 대한 목표 설정부터 시작된다. 그리고 그 목표를 가장 경제적이고 안전하게 달성할 수 있는 기술적 검토를 반드시 필요로 한다. 해저 석유 및 천연가스를 개발하기 위해서는 해상시설, 해저시설, 해저배관, 수송선박 등이 필요하다. 이러한 다양한 구조물들을 이용하여 양질의 석유 및 가스자원을 안정적으로 생산 및 공급하기 위해서는 설계의 최적화를 통한 안전하고 효율적이며 경제적인 생산 시스템을 구성하여야 한다.

3장에서는 해양구조물 중에서 해저 석유 및 천연가스 생산용 해양구조물의 설계 과정 및 관련된 설계규정에 대해 설명한다. 석유 생산용 해양구조물 중에서도 가장 기본적으로 사용되어 왔던 자켓식 구조물을 대상으로 설계 과정을 설명한다. 자켓식 구조물에 대한 설계과정을 잘 이해하면 다른 구조물에 대해서도 쉽게 이해할 수 있을 것이다.

3.1 설계 흐름도 및 기본 방향

해양구조물을 설계할 때에는 구조물이 안전하고, 경제적이고, 작업 성능이 좋도록 구조형식과 크기를 결정해야 한다. 즉, 구조물은 외부 및 자체 하중에 대해 충분히 견딜 수 있도록 단단해야 하며, 구조물을 건설하는데 들어가는 비용이 가능한 적게 들어야 하고, 운용하거나 사용하기가 편리하여야 한다. 이와 같은 목적을 달성하기 위해서는 여러 가지 조건들을 잘 고려하여 절차에 맞게 설계해야 한다. 해양 구조물에는 여러 가지 종류가 있어 종류에 따라 설계절차가 조금씩 다르나 일반적인 설계 흐름도는 그림 3-1과 같다. 즉, 입찰안내서 분석, 관련 제 법규 검토, 현장여건조사 및 분석을 통해 설계 계획을 작성하고, 사례분석 및 최적화, 안전화 및 환경 친화적인 설비 검토를 고려해 기본설계를 완성한다.

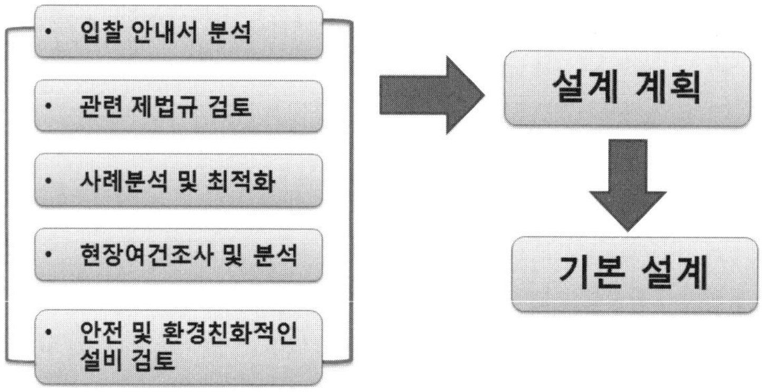

그림 3-1 해양구조물 기본설계 흐름도

다음에서는 가장 일반적으로 사용되는 설계 작업순서 중의 하나를 소개한다.

첫째, 설계조건을 설정한다. 설계조건이란 해양구조물을 설계하는데 고려해야 할 조건으로 대개 환경 조건과 기능조건을 말한다. 이러한 설계조건들은 구조물이 놓여 있는 상태에 따라 달라진다. 그 중에서 가장 가혹한 상태를 설계기준으로 설정한다. 환경조건에서 대상 기간도 중요한데, 이 기간을 길게 잡으면 잡을수록 보다 열악한 환경 조건이 될 가능성이 높다. 해양구조물을 설계할 때 채택하는 기간은 보통 25년, 50년, 75년, 100년 등이 있으며, 중요한 구조물일수록 채택되는 기간이 길어진다.

둘째, 구조계획을 수립한다. 구조계획이란 적당한 부재를 적절히 배치하여 구조물 시스템을 구성하는 작업이다. 구조 계획을 수립할 때에는 기존 구조물의 장, 단점을 분석하여 구조물의 형태를 결정한다. 경우에 따라서는 새로운 형태의 구조물을 도출하기도 하나 기존 구조물의 형식을 따르거나 약간 변형하여 결정하는 것이 일반적이다.

셋째, 설계하중을 결정한다. 설계하중은 환경하중과 기능하중으로 나누어진다. 환경하중이란 파도, 바람, 해류 등의 자연현상으로 인해 해양구조물이 받는 힘을 말한다. 기능하중이란 구조물 자체의 기능과 관련된 하중으로서 구조물 자체의 무게, 내부압력에 의한 힘, 온도에 의한 힘 등이 있다.

넷째, 안정조건을 마련한다. 고정식 구조물은 잘못 설계되면 외부 힘에 의해 전복되거나 위치가 이탈 될 수도 있다. 부유식 구조물도 잘못 설계하면 무게가 부력보다 크게 되어 가라앉을 수도 있다. 또한 무게 중심이 부력중심보다 너무 높아 전복될 수도 있다. 이와 같은 조건들이 안정 조건인데, 설계할 때에는 모든 조건들을 고려해서 안정성을 만족할 수 있도록 해야 한다.

다섯째, 구조해석을 수행한다. 해양 구조물이 작용하는 하중에 대해 구조적으로 안전한가를 확인하기 위해 구조해석을 수행한다. 구조해석에는 정적해석과 동적해석이 있다. 해양구조물은 복잡한 구조를 가지고 있으므로 최근에는 대부분 전산해석을 통해 구조해석을 수행한다.

여섯째, 건설계획을 수립한다. 건설계획이란 실제로 구조물을 만들기 위해서 어떤 순서로 부재를 연결하며, 완성된 구조물을 어떻게 이동시킬 것인가 등의 구조물 건설을 위한 전반적인 계획을 말한다.

일곱 번째, 설계도면을 작성한다. 설계도면은 일반적으로는 기본설계 및 실시설계의 단계에서 만들어진다. 기본설계에는 기본 설계도, 설계 설명서, 공사비 계산서 등의 설계의 기본적인 사항이 포함된다. 실시설계에서는 실시설계도, 구조계산서, 사양서, 건조계획서, 견적서 등이 포함된다. 구조계산서는 구조 설계도를 작성할 때 했던 구조계산 과정을 모은 것이다.

위의 일곱 가지 설계 작업 단계는 시행착오를 반복하면서 수행된다. 이러한 설계 작업 단계를 고려하여 설계 기본방향을 결정하며 이를 통해 설계에 고려되는 여러 가지 세부 계획들을 확립한다. 일반적으로 그림 3-2와 같은 다섯 가지의 세부 계획을 확립한다.

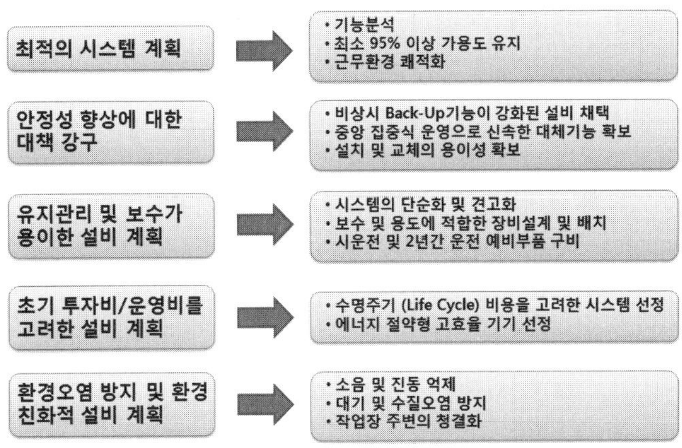

그림 3-2 해양구조물 설계의 기본 방향

3.2 설계 중점고려 사항

해저 석유 및 천연가스 생산용 해양구조물을 예로 들었을 때, 시스템의 최적설계를 위하여 각 설계부분 별로 다음과 같은 중점 고려사항을 설정한다.

3.2.1 공정

공정설계에서 중점고려 사항은 아래와 같다.

가) 명확한 설계 및 선정기준

▹ 원료특성, 유정압력 감소, 흔들림 인자(Swing Factor)를 감안한 원료 및 제품규

격 기준의 검증

▷해상공정의 구체적 공정목적의 설정 및 시스템설계 개념 설정

▷범용적이면서 국제적 기준에 맞는 선정기준 확립 (설계 온도/압력, 예비기기/장치)

나) 합리적 공정 흐름

▷적절한 공정분석(수력학적 분석, 천이분석, 피깅(pigging) 주기분석, 가용도 분석, 압력변동 검토 등)과 그 결과의 적절한 반영을 통한 설계 효율 및 생산성 향상

▷지명도 높은 상용프로그램의 활용에 의한 물성치 예측 및 증기압, 발열량, 이슬점 등 공정성능의 철저한 검증

다) 제어성 및 운전 편리성

▷해상 및 육상 프로세스의 각 제어요소의 검토 및 최적 제어방법의 적용

▷적절한 조절밸브 및 밸브 형식의 설정, 측정범위가 넓은 유량 측정계, 자동제어 및 안전운전시스템 활용

라) 배출 및 처리효율을 고려한 환경오염 최소화

▷MEG 및 TEG 재생에 의한 배출 최소화 및 대기오염의 최소화

▷배수물 유입지점의 적절한 배치 및 효율적 탄화수소 처리 계통 구성

▷휘발성 유기화합물의 방출을 최소화하고 배출되는 유기화합물 및 악취는 흡착 공정을 이용하여 제거

마) 공정안전의 확보

▷위험 및 운전성 검토(HAZOP), 안전보호 작업 공정도 (safeguarding flow sheet), 인과관계 (cause & effect), 안전 분석표 (safety analysis table)을 적용한 총체적 안전의 검토 및 확보

3.2.2 해양구조물

해양구조물 설계에서는 아래와 같은 중점고려 사항을 고려하여 설계한다.

가) 해상 구조물의 안전성 확보

▷주 풍향과 안전성을 고려한 해상설비 배치

▷동/정역학적 안전해석 및 내진해석 수행 및 반영

나) 해저 배관 노선계획 및 안전성 확보

▷설치지역의 항만시설과 장래계획과의 간섭 최소화

▷근해지역에 설치할 때 관 보호공(사석 등) 설치로 선박의 닻 관입에 따른 배관 안전성 확보

다) 해상구조물의 안전한 시공 계획
▷구조물의 구조적 안정성을 고려한 진수 시스템 선정
▷설치해역의 수심 및 구조물의 구조안정성을 고려한 진수공법 선정

라) 해저배관의 안전한 시공 계획
▷기존 구조물에 영향을 주지 않는 설치공법 선정
▷배관부식방지를 위한 안정성이 확보된 방식방법 선정
▷근해지역 매립 및 플랫폼 주변지역에 콘크리트 매트리스를 사용함으로써 낙하물 및 외부충격으로부터 배관보호

3.2.3 기계배관

기계배관에서는 아래와 같은 중점고려 사항을 고려하여 설계한다.

가) 구조물의 배치 계획
▷주 풍향을 고려한 구조물 배치
▷연계개발에 따른 확장성 고려
▷계열별 구조물 집중화
▷위험물 취급 시행규칙에 의한 위험물 저장탱크 이격거리 확보

나) 기자재 계획
▷부식원인별 검토에 따른 재질 선정 및 부식여부 확보
▷인지도 및 신뢰도 높은 기자재 선정
▷폐열 회수 및 열교환을 이용한 에너지 절감 기기 채택

다) 운전, 보수 및 점검
▷유지, 보수 및 점검을 위한 장비 선정

라) 소방 계획
▷관련법규 준수 및 적정 소화설비 선정으로 인명 및 물적 자원 피해 최소화

마) 신기술 활용계획
▷신기술을 활용한 안전 및 경제적인 설계

3.3 설계 규정

3.3.1 설계 규정 개요

해양구조물의 설계규정을 검토할 때에는 국내기준과 국외기준을 모두 고려하여야 한다. 국내기준은 국토해양부, 환경부, 한국선급(KR), 한국공업표준협회, 대한건축학회, 한국항만협회, 지반공학회 등에서 규정한 기준들이 있다. 국외기준은 LR(Lloyd's Register), ABS(American Bureau of Shipping), DnV(Det Norske Veritas), BV (Bureau Veritas, GL(Germanischer Lloyd), NK (Nippon Kaiji Kyokai), API(American Petroleum Institute), ASTM(American Society for Testing Materials), NACE(The National Association of Corrosion Engineers, USA), ACI (American Concrete Institute), ASCE (American Society of Civil Engineers) 등에서 규정한 기준들이 있다. 자켓식 해양구조물을 예로 들었을 때 적용되는 국내/외 규정 및 규격은 표 3-1과 같이 예시할 수 있다.

표 3-1 설계적용기준 및 규격

국내기준		국외기준	
콘크리트 표준시방서	국토해양부	API RP2A	고정식 해양플랫폼 설계 및 시공
토목공사 표준일반시방서	국토해양부	AISC	강구조물 설계
한국공업규격 ks	한국공업표준협회	AWS D1.1	강구조물 용접
콘크리트 구조설계기준	국토해양부	DnV RP5	해양설치시 양중작업기준
구조물기초 설계기준	한국지반공학회	API RP2L/CAP437	해상플랫폼 헬리데크 설계
강구조 설계규준 및 해설	대한건축학회	API Spec 2B	원형강 부재 제작
하수도 시설기준	환경부	API Spec2H	원형강 절점의 탄소강기준
항만 및 어항 설계기준	한국항만협회	API Spec5	해저배관 기준
고정식 해양구조물 규칙	한국선급협회	ASTM	토목구조물의 재료기준
내진설계성능 기준	한국지진공학회	NACE RP-01-76	해양강구조물의 부식방지

3.3.2 주요 국가의 설계 규정 기관

가) KR (Korean Register of Shipping : 한국선급)

한국선급은 국내 유일의 선급단체로서 해상에서의 인명 및 재산의 안전을 도모하고 조선, 해운 및 해양에 관한 기술진흥을 목적으로 1960년 6월 민법 제32조에 의거 창립된 비 영리법인이다. 한국선급은 선박에 관한 요소기술연구 활성화와 수준 높은 기술서비스를 제공하고 있으며, 국내 주요항구에 사무소와 싱가포르, 런던, 뉴욕 등 전 세계 주요 항구에 해외사무소를 두고 수 백 여명 직원이 한국선급과 산업자회사인 한국선급엔지니어링에서 근무하고 있다.

한국의 조선, 해운산업의 성장과 함께 지속적인 발전을 거듭해온 한국선급은 현재

총톤 수 2천만톤 이상, 2000척 이상의 등록선을 보유하고, 주요 해운국 40개국 이상의 정부로부터 정부 검사권을 수임하고 있다. 1988년에 국제선급연합회(IACS)의 정회원이 되었고, 1990년에는 런던적화보험 선급약관(ICC)에 등재됨으로써 국제적 선급으로 발돋움하게 되었다.

한국선급의 업무는 크게 선박의 설계도면과 선박검사로서 대표적으로는 선급업무와 IS-9000, ISM C-de인증 등의 품질인증 업무, 선급의 기술 분야를 육상산업 시설부문에 활용하고 있는 산업업무, 선박에 대한 요소기술연구, 선급기술규칙제정, 개정을 위한 연구개발 업무로 구성되어 있다. (http://www.krs.co.kr)

나) LR (Lloyd's Register: 영국선급)

영국선급은 세계의 선박을 망라한 로이드 선명록을 처음 발행한 1760년을 협회 창립의 해로 정하고 있으며, 1834년 현재의 조직으로 개편되었다. 영국선급협회는 세계의 대표적인 선급협회이며, 전세계에 길쳐 3,900명의 직원들이 260개의 사무실을 갖추고 활동하고 있다. 상선의 약 1/4 가량이 이 협회 자체의 규정에 따라 선박의 건조와 수리 등의 검사를 받고 있으며, 약 135개국 정부를 대신하여 각 선박이 국가별 및 국제적 안전 규정에 부응하는지 검사한다. 이 협회의 항만 부서는 고정 구조물이나 이동 구조물을 막론하고 모든 종류의 구조물을 검증하며, 안전기술, 환경처리 및 품질에 대한 보증 등 육상 산업시설에 대해서도 광범위한 서비스를 제공하고 있다. (http://www.lr.org)

다) ABS (American Bureau of Shipping : 미국선급)

ABS(American Bureau of Shipping)는 1862년에 설립되어 재료를 포함한 선체의 건조와 기계 설비에 대한 규정을 정하는 업무 외에 선체, 기관 등의 등록공표, 상선, 기관등급, 기타의 증명을 발행하는 기관이다. (http://www.eagle.org)

라) DnV(Det Norske Veritas : 노르웨이선급)

재단법인 DnV(Det Norske Veritas) Group은 다국적 기업으로서 1864년 설립되어 135여국에 4,800여명의 기술진을 구성하고 있으며 선박검사, 감리, 제3자 검사 및 기술에 관한 종합적인 서비스를 공급하고 있다. 노르웨이 국가로부터 국가공인 선급협회로 지정되어 감사 및 인증 업무를 수행하고 있다. 노르웨이 선급협회의 검사 선박으로 지정될 경우 제품검사, 검사 및 시험장비 및 공정시스템에 대한 승인을 받지 못할 경우, 제품검사 자체가 불가능하며 선박 제조시 사용되는 재료/자재로서 납품 및 설치를 못하는 제도이다. (http://www.dnv.com)

마) CCS (China Classification Society : 중국선급협회)

CCS는 1956년에 중국에서 설립된 비영리 선급기관이다. 1988년 5월에 국제선급협회

(IACS)의 정식 회원으로 참여했다. 1992년 CCS는 IACS의 품질시스템 인증계획(QSCS)과 일치하는 자체 품질 관리 시스템을 설립했고, 1994년에 IACS로부터 발행된 "품질 시스템적합 인증서"를 획득했다. 인증 종류로는 공장승인(Works Apporval), 형식승인(Type Approval), 도면승인(Drawing Approval), 서비스승인(Service Approval) 등이 있다. (http://www.ccs.org.cn)

바) BV (Bureau Veritas : 프랑스선급협회)

BV는 1828년에 선박의 안정성 검사를 위해 창립된 프랑스 국제 품질 검사 기관이다. 현재는 축적된 기술력을 바탕으로 전세계 150여 개국 580여 지점망을 확보하고 있다. 주요 업무로는 해사분야(선박/해양구조물)의 안전성 검사이며, 국제무역제품 및 일반소비제품 들의 품질 및 안전성 검사, 산업분야(발전소, 운송장비, 석유화학, 전자, 기계 및 전기)와 건축구조물 및 항공분야 안전성 검사 등 다양한 분야에서 활동하고 있다. (http://www.veristar.com)

사) NK (Nippon Kaiji Kyokai : 일본해사협회)

일본선급협회는 NK라는 약칭 또는 ClassNK란 통칭으로 알려져 있으며 일본해사협회를 말한다. 일본해사협회는 1899년 해운업과 조선 산업의 부흥 및 관련 규정의 확립을 위해 설립 된 황실해사협회에 기원을 두고 있다. NK는 본부를 도쿄 및 지바에 두고 국내와 해외의 주요 도시에 다수의 지부와 사무소를 배치하고 있다.

주요업무는 선박의 안전을 확보하기 위해 제정한 규칙이 건조시와 취항후의 선박에 적용되어 있음을 증명하기 위한 검사이다. NK가 제정하는 규칙은 선체 구조뿐만 아니라 추진기관, 전기, 전자시스템, 안전기기, 양화장치 등 다양하다. (http://www.-classnk.or.jp)

아) API (American Petroleum Institute: 미국석유협회)

API는 1919년 3월 20일 설립된 비영리법인 단체기관으로 미국 석유/가스 시추설비 및 석유화학 관련분야에 대한 관련 규격을 제정하고 관련된 API Monogram 인증 마크를 부여하며 인증 제품 제조업체에 대해서 인증 유지에 필요한 관리 감독을 실시하는 단체기관이다.

API는 American Petroleum Institute(미국석유협회)의 약자이며 API Monogram은 시스템 및 제품 인증에 대해 적용하도록 되어있다. API의 업무 수행 범위는 API 규격의 제정, 개정, 폐기 및 API Monogram 인증 심사 및 적용이다. API Monogram Equipment Licensing Program 이라 불리며 석유관련 산업체와 소비자들이 공동으로 1924년에 개발한 API Monogram Program은 석유와 천연가스 관련 업체들의 유전개발 장비, 동 제품의 서비스, 안전 및 품질 및 기기에 관한 인증 및 서비스를 위한 규범으로 개발되었다. (http://www.api.org)

자) ASTM(American Society for Testing and Materials : 미국재료시험협회)

ASTM은 1898년 미국에서 설립된 세계에서 가장 규모가 큰 민간 단체규격 제정 기관 중의 하나이며 ASTM으로 불리다가 최근에 ASTM International로 개칭되었다. ASTM은 비영리 기관으로 각종 소재, 제품, 시스템 및 서비스에 대한 민간 규격을 개발하고 출판 보급하고 있다. 현재 세계 각지의 제조업자, 사용자, 최종소비자 등으로 구성된 32,000여 회원과 100여 개국이 넘는 정부기관과 학계 대표자들이 중심이 되어 제품생산, 구매 그리고 법적활동에 관여된 활동을 전개하고 있다. ASTM은 금속, 도료, 플라스틱, 섬유, 석유화학, 건설, 에너지, 환경, 소비자용품, 의료용 기기 및 기구, 컴퓨터 시스템, 전자제품 등 130개가 넘는 전문분야에서 표준 시험방법, 사양, 제품실습, 지침, 제품의 분류 및 용어 등에 관한 합의를 도출하고 있다. ASTM의 본부는 기술적인 연구시설이나 시험시설을 직접 보유하고 있지는 않지만 이러한 일은 세계에 산재해 있는 ASTM의 회원 및 회원기관에서 자발적으로 수행되고 있다. 매년 10,000여 편 이상의 표준이 73개 Volume으로 된 ASTM Standards Annual Book을 통해 발간되고 있다. (http://www.astm.org)

3.4 해상구조물 기본설계

이번 절에서는 앞 절에서 언급하였던 설계과정을 바탕으로 해양구조물의 설계과정을 자세히 설명한다. 예제로 적용하는 해양구조물은 수심이 150m 정도로 얕은 수심에 설치된다고 가정하고 유전의 규모도 다소 작은 경우로 가정하였다

표 3-2 안전관련 중점 고려사항

설비명	위험요소
소각탑	- 연소불꽃이 작업하는 인원에게 영향을 미칠 수 있음 - 연소가스가 플랫폼 상에 머무를 수 있음
생산시설	- 처리중인 가스가 새어나와 플랫폼 주위에 축적 될 수 있음 - 화재로 인한 연기가 대피중인 인원에게 질식을 일으킬 수 있음
발전기	- 고온의 배기가스가 헬기장 주위의 공기를 희박하게 하여 헬기 이착륙의 위험 가능성
공급선 (Supply Boat)	- 보트랜딩 가까이에서 시동을 껐을 경우 자켓 구조물과 충돌할 가능성 - 앵커 투모로 인한 해저배관 손상 가능성
크레인	- 중량물 추락으로 인한 해저배관 손상 가능성
해저배관	- 유출 가스로 해수면에 화재가 발생할 경우 주변 인원에 대한 위험

3.4.1 상부구조물 배치계획

상부구조물에는 소각탑, 생산시설, 발전기, 공급선, 크레인, 해저배관 등의 다양한 설비들이 배치된다. 각 설비들은 다양한 위험요소를 가지고 있기 때문에 구조물과 운영인력의 안전을 지키기 위해서는 적절한 배치계획을 설립하여야 한다. 배치계획을 수립할 때 고려되어야하는 안전관련 중점 사항이 표 3-2에 정리되어 있다.

아래 그림 3-3에 있는 바람방향을 가진 경우에는 데크 상부설비 배치계획은 생산설비로 인한 위험가능 지역과 기타 비위험 주거/통제 지역을 방화벽으로 분리하여 플랫폼의 동편과 서편에 집중 배치한다. 즉, 거주구와 헬리데크는 가스 생산설비, 발전기, 압축기, 소각탑 등의 위험설비보다 주풍향인 플랫폼의 서쪽 끝에 위치시킴으로써 화재 파급, 소각탑의 연소 열기, 연소가스의 축적, 가스 터빈 배출가스의 영향 등으로부터 보호한다.

구명보트는 거주구의 서쪽에 위치시켜 위험지역으로부터 더 이격시키면서 사고 시 거주구를 방벽으로 활용하도록 한다. 헬리데크를 거주구 상부에 위치시켜 인원의 접근이 용이 하도록 하고, 헬리콥터 이착륙에 장애물이 없도록 배치한다. 통제실 구역은 방화벽으로 보호되고 내부 계단으로 접근 가능한 거주구 바로 아래 플랫폼 서쪽에 배치한다. 소각탑은 풀랫폼 동쪽 끝에 칸틸레버(cantilever) 형태로 설치하고, 소각탑 끝의 높이와 위치는 비상시 최대 불꽃 방사 반경을 고려하여 결정한다.

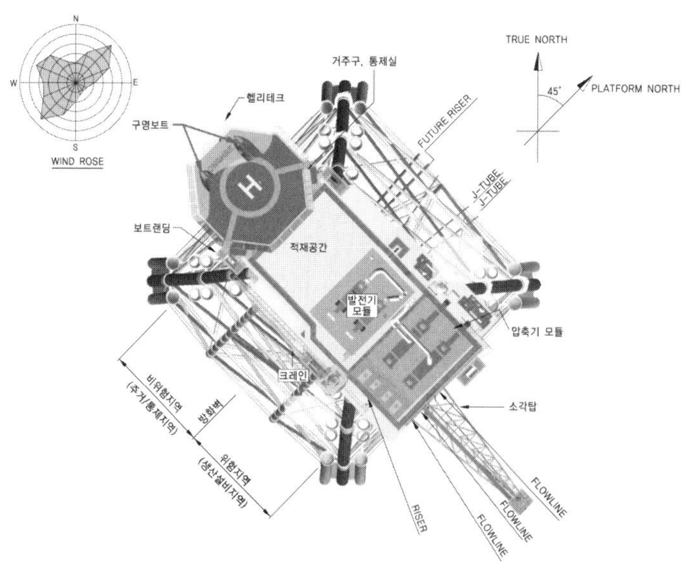

그림 3-3 상부구조물 배치 계획도 예

압축기 모듈은 데크 최상부인 웨더 갑판(weather deck) 지역 중 거주구에서 가장 떨어진 플랫폼 동쪽 끝에 배치한다. 발전기 모듈은 거주구와 압축기 모듈 사이에 위치시켜 압축기의 폭발이나 화재 사고 시 거주구를 보호하는 역할을 하도록 하고, 배기가스는 헬기장에 영향이 최소화되도록 플랫폼 북쪽으로 배출한다. 붐(boom) 크레인을 플랫폼 남쪽에 위치시켜 웨더 갑판 전체와 적재공간으로 접근성을 확보하고, 해저 배관 및 라이저(riser) 와 이격시킴으로써 중량물 낙하로 인한 해저 배관의 손상위험을 최소화한다. 그림 3-3은 하나의 상부구조물의 배치 계획도 예이다.

3.4.2 하부구조계획

여기에서는 해양구조물 하부 구조형식 선정에 필요한 여러 가지 고려 사항들을 예를 들어 설명한다. 하부 구조형식 선정은 아래의 중점검토사항을 고려하여 결정한다.

▷가동 수명 : 보통 20년 이상
▷설계 파고 : 가동시와 극한시로 구분
▷파랑과 지진에 대한 동직 특성
▷향후 증설 기기 : 압축기 모듈, 라이저 등
▷경제성 고려
▷설치 위치 수심
▷해저 지반의 상태
▷시공싱
▷상시 거주인원
▷제작장

표 3-3 구소형식 선정 흐름도

하부구조형식의 예비 선정 (시설 소요 요건, 현지 자연환경 조건, 제작 및 시공여건 등 고려)	▷고정식 자켓 ▷반잠수식 ▷TLP ▷콘크리트 중력식 ▷FPSO ▷Compliant Tower ▷Jack-up Rig ▷Spar 부이 등이 대상

⬇

저 수심, 소규모 유전, 사질토 해저토질 등의 조건에 따라 고정식 자켓식으로 선정

⬇

구조형식의 선정 및 검토 (안전성, 시공성, 경제성)	▷자켓 레그수 예비선정 ▷상・하부구조 설치공법 선정 ▷구조 형식 비교 - 4레그 자켓+데크 양중 - 4레그 자켓+데크 부양 설치 - 8레그 자켓+데크양중 ▷비교된 구조 형식의 상세검토

⬇

4레그 자켓+데크 양중 형식으로 최적구조형식을 선정

⬇

하부구조의 초기 설계	▷레그의 간격 ▷사재의 형식 및 구성 ▷Launch Truss의 구성 ▷Skirt 파일의 기울기

표 3-4 해양구조물의 특징

고정식 자켓		FPSO	
	- 자켓 레그를 통해 강파일을 항타하여 해저에 고정 - 경제적이고 수명이 길며 장래 확장이 용이		- 선체형태의 부유구조물 아래로 계류라인을 해저에 연결 - 생산량이 많고 수심이 깊은 지역에 많이 쓰임
반잠수식 RIG		SPAR	
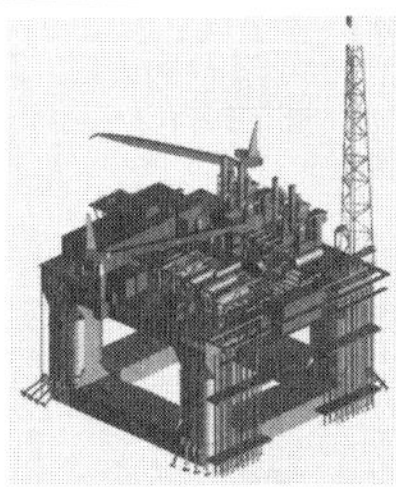	- 수심이 매우 깊고 기상과 해상상태의 변화가 심한 곳에 적합	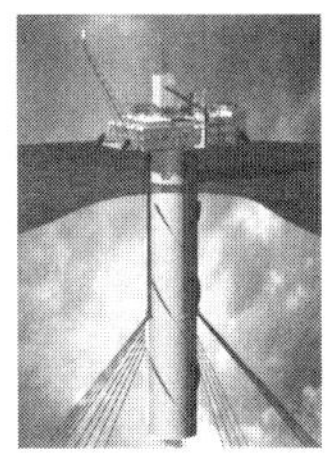	- 수심이 매우 깊고 해상사태가 좋지 않은 곳에 주로 적용
TLP		Jack-up Rig	
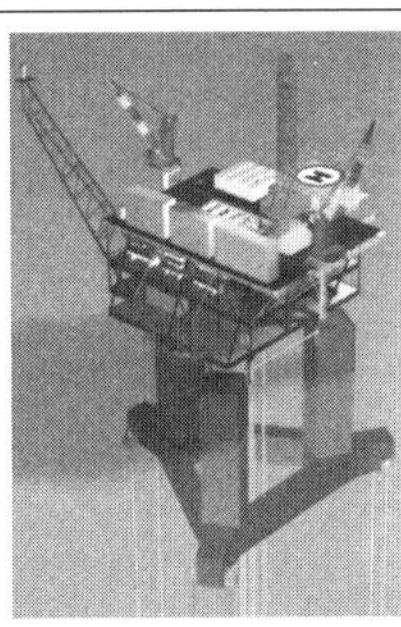	- 인장력만 받는 테더(tether)를 사용하여 해저에 고정 - 수심이 비교적 깊은 곳에 많이 쓰임	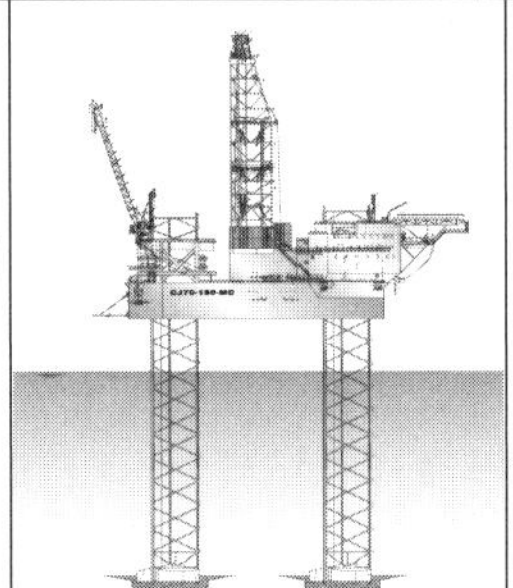	- 레그를 Jack-up 식으로 승강시켜 해저 고정하거나 이동 - 수심이 100m 이하의 얕은 곳에 적합
콘크리트 중력식		Compliant Tower	
	- 자중무게로 안정성을 유지 - 지진이 적고 해저 지반이 암반과 같이 단단한 곳에 적합	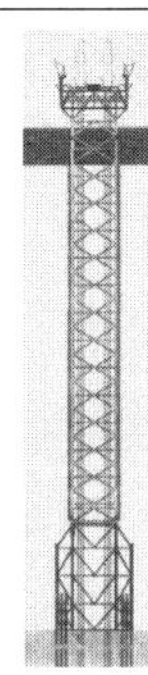	- Tower 형태의 구조물 주위로 앵커라인을 연결 - 수심이 비교적 깊은 지역에 적합

가) 하부 구조 형식 선정 과정

구조형식 선정은 표 3-3와 같은 과정을 거친다. 본 교재에서는 수심이 비교적 낮고

유전이 작은 경우에 해당하는 구조물을 선정하는 경우에 대해 예를 들어 설명하되 결론적으로 자켓식 구조물이 선정되는 것에 대해 설명한다.

나) 하부구조형식의 예비 선정

하부 구조형식의 예비선정을 위하여 각 해양구조물의 특징을 정리하면 표 3-4과 같다. 표 3-4을 참고하면, 설치해역의 수심이 150m 정도로 낮은 근해라면 적합한 구조형식은 고정식 자켓, FPSO, 콘크리트 중력식 등이 될 것이다. 또한 상대적으로 적은 자원 매장량이라면 대형 구조물인 FPSO와 중력식은 부적합하다. 따라서 이러한 조건하에서는 경제적이고 파랑과 지진 등에 효과적인 대응이 가능한 고정식 자켓 구조물을 선정하는 것이 옳다.

추가적으로 설명하면, 일반적으로 고정식과 부유식 구조물은 수심에 따라 관련 비용이 달라진다. 고정식 구조물은 수심이 얕은 경우는 비용이 적게 들지만 수심이 깊어짐에 따라 비용이 급격히 증가한다. 반면에 부유식 구조물은 수심이 증가하여도 비용증가 비율은 낮다. 즉, 고정식 구조물은 수심이 얕은 곳에 경제성이 있는 반면에 부유식 구조물은 수심이 깊은 곳에 경제성이 있다. 따라서 설치하는 해역의 수심이 얕으면 고정식 구조물 중에서 선택하고 반대로 수심이 깊으면 부유식 구조물 중에서 선택한다.

표 3-5 자켓 레그 수에 따른 구조물의 특징

레그 수	적용수심	특징
3-레그	보통30m 이하	- Tripod라고도 불리며 주로 얕은 수심에서 라이저, 배관, 다리 등의 지지용으로 사용 - 크기가 작아 데크 확보 공간이 협소 - 설계 및 제작이 용이 - 중량이 가벼워 주로 양중 공법으로 설치
4-레그	보통 200m 이하	- 생산용, 시추용, 거주용 등 다양한 목적에 사용 - 생산용에 쓰일 때는 데크 확보 공간의 제한으로 소규모 설비에 적용 - 수심 80m 이상에서는 4-파일만으로 지지력이 부족하여 스커트(skirt) 파일 추가 - 설치는 양중과 진수방식이 모두 사용 가능
6-레그	보통 200m 이하	- 4-레그 생산용 플랫폼에서 데크 공간을 더 확보할 필요가 있을 때 적용 - 6-레그 중 가운데 2개의 레그는 자켓 중앙에 위치하여 횡하중에 대해서는 비효과적임 - 중량이 무거워 양중이 어렵고 별도의 진수 트러스 (launch truss) 설치 필요
8-레그	수심 400m 까지 가능	- 생산설비 설치를 위한 데크 확보 공간이 넓음 - 가운데 2개의 레그를 진수용 트러스로 활용 가능 - 해저면에서 레그 간격을 크게 하여 파일에 걸리는 축하중을 줄일 수 있음 - 시추, 생산, 거주 등 종합적인 기능을 하나의 플랫폼에서 해결

다) 구조형식의 선정 및 검토

(1) 자켓 레그 수 예비 선정

자켓구조물의 경우 자켓 레그 수의 선정도 매우 중요한 요소이다. 자켓 레그 수에 따라 표 3-5과 같은 다양한 특징을 가진다.

위와 같은 특징을 참고하여 레그 수를 선정하는 결과는 다음과 같다. 본 예제의 경우, 자켓의 설치 수심이 150m 정도이므로 8-레그로 하는 것이 시공 및 구조적 관점에서 유리하나, 상부 생산시설이 소규모로 필요한 데크 공간을 감안하면 4-레그가 경제적이다. 따라서 8-레그와 4-레그/8-스커트 파일 안을 함께 선정한다.

4-레그 + 8-Skirt Pile 자켓개념도

8-레그 자켓 개념도

그림 3-4 자켓의 개념도

(2) 상 · 하부구조 설치공법 선정

자켓 구조물의 구조형식을 선택할 때는 자켓 및 데크의 설치공법의 선정도 동시에 이루어져야 한다. 그 이유는, 이용되는 설치 공법에 따라 구조물의 구조형식이 바뀌기 때문이다. 본 교재에서는 설치 공법에 대한 자세한 내용은 다루지 않으며, 구조형식 선정을 위한 간단한 설명만을 포함한다.

표 3-6에서 자켓 설치공법의 구분, 개념도, 특징 등에 대하여 설명하고 있다.

표 3-6 자켓 설치공법의 선정

구분	개념도	동원 장비	특 징
양중공법	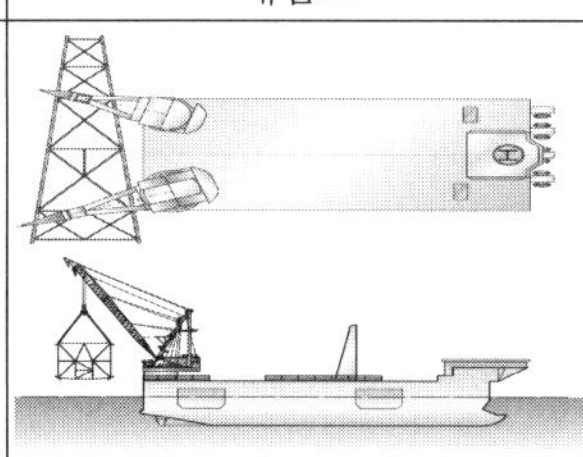	해상크레인	▷ 해상크레인으로 운송 바지선에서 자켓을 권양, 진수시키는 공법 ▷ 대상 자켓의 중량에 제한이 있음
진수공법	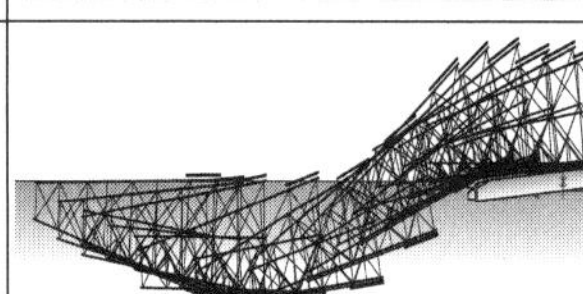	진수용바지선 (Launch Barge)	▷ 자켓을 바지선상의 스키드웨이(skid way)에서 미끄러지게 하여 진수시키는 방법 ▷ 진수 시 자켓의 안전을 위해 보강 트러스의 설치가 필요

위의 두 설치 공법에서 진수공법이 선정되었다. 그 이유는 다음과 같다. 본 예제의 경우, 자켓의 무게는 약 7,000톤인데, 이것을 양중공법으로 설치하기 위해서는 과다한 구조 보강재와 양중능력 10,000톤급인 고가의 해상크레인이 필요하다. 따라서 진수 공법으로 설치하는 것이 타당하며, 보강용 진수용 트러스는 J-Tube와 라이저 파이프(riser pipe)의 지지 역할도 겸할 수 있다.

그림 3-5은 데크설치에 사용되는 공법에 속하는 양중공법과 부양설치공법을 보여준다.

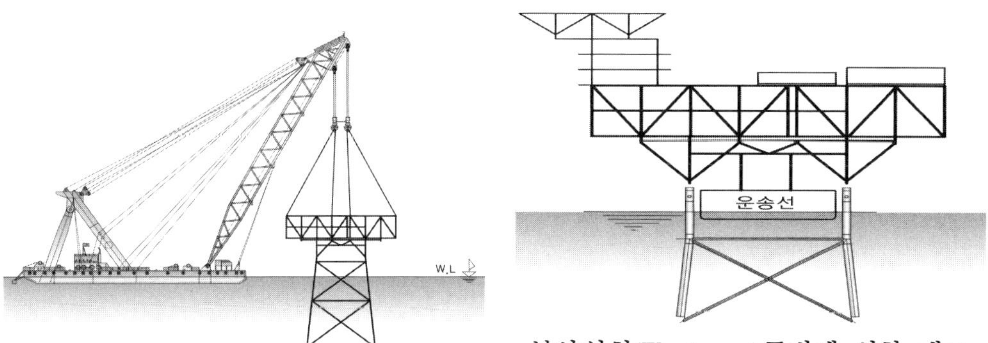

양중공법에 의한 데크 설치

부양설치(Float-over)공법에 의한 데크 설치

그림 3-5 데크설치에 사용되는 공법

데크를 파일 시공이 완료된 자켓 위에 설치할 경우, 대부분 양중공법을 적용하나 데크의 중량이 과도하여 적절한 권양능력의 해상 크레인선이 없을 경우 부양설치(float-over)공법을 적용한다. 부양설치 공법은 데크를 실은 반잠수식 운송선이 자켓 레그 사이로 진입한 후 운송선을 잠수 시키면서 데크와 자켓을 결합(mating) 시키는 공법이다. 본 예제의 경우, 데크는 약 2,700톤이므로 양중공법의 적용이 적절하나, 부양설치 공법도 같이 검토될 수 있다.

(3) 구조 형식의 비교 및 상세 검토

앞에서 선정된 레그 수에 대한 두 가지 안, 즉 8-레그와 4-레그/8-스커트 파일 안과 자켓 및 데크의 설치 공법에 두 가지 안을 토대로 비교할 수 있는 구조형식을 만들면 표 3-7과 같이 세가지 안을 만들 수 있다.

표 3-7 선정된 구조형식의 비교 요약

구분	특징	입면도	평면도
[제1안] 4-레그 자켓+ 데크 양중공법	▷4-레그 자켓의 각 레그에 Skirt파일을 2본씩 총8개를 설치. 이때 레그 내부로는 파일이 설치되지 않음 ▷진수용 트러스를 자켓 한쪽에 설치 ▷데크는 양중공법으로 자켓위에 설치	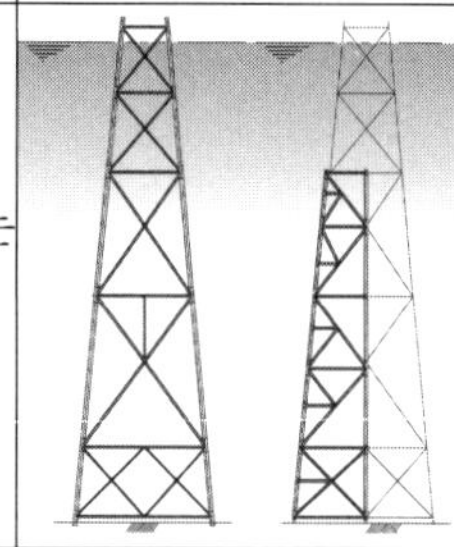	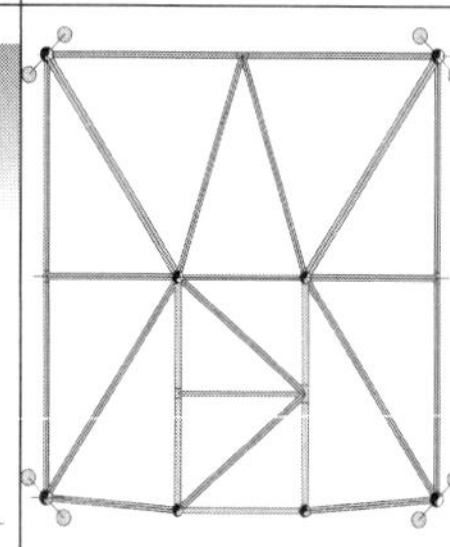
[제2안] 4-레그 자켓+ 데크 부양공법	▷4-레그 자켓의 각 레그에 스커트파일을 2본씩 총8개를 설치. 이때 레그 내부로는 파일이 설치되지 않음 ▷진수용 트러스를 자켓 한쪽에 설치 ▷자켓 사이로 운송선진입을 위해 자켓 상부의 폭이 넓어야 함	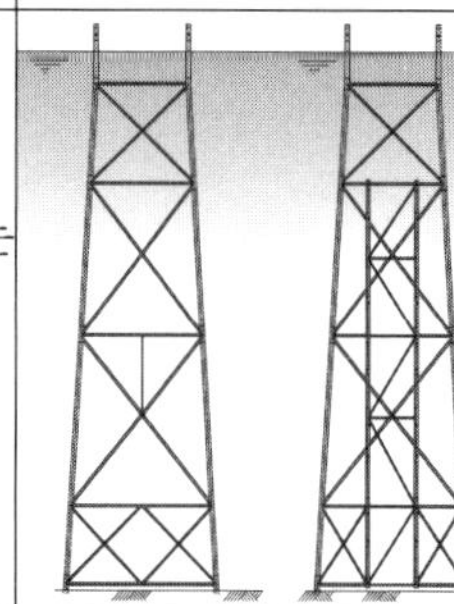	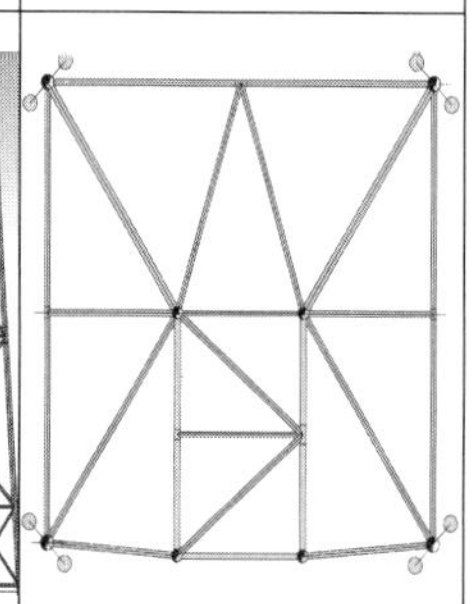
[제3안] 8-레그 자켓+ 데크 양중공법	▷8-레그 자켓으로 스커트 파일 없이 레그 내부로만 총8본의 파일 설치 ▷진수용 트러스를 자켓 한쪽에 설치 ▷데크는 양중공법으로 자켓 위에 설치	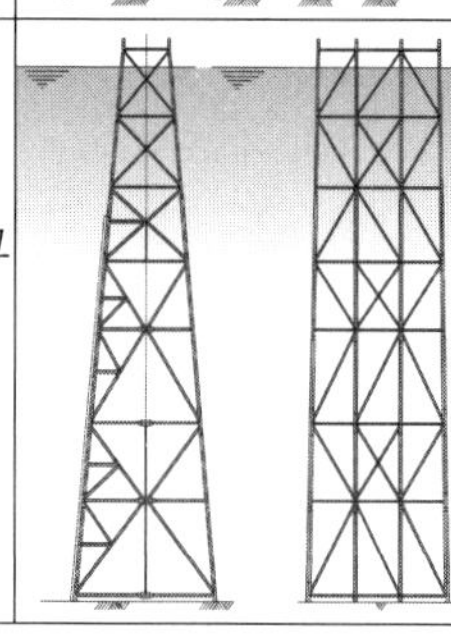	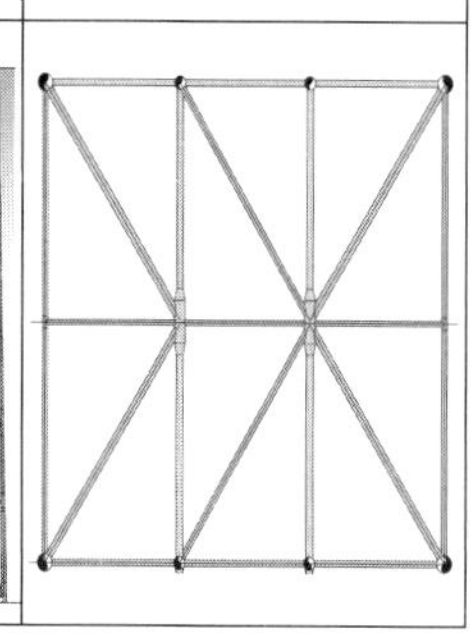

이 세가지 안에 대해 실제 적용되는 환경조건 및 제원을 토대로 각 안의 안정성, 시공성, 경제성을 상세히 비교 검토하여 최적 구조형식을 선정해야 한다. 본 교재에서는 실제 설계 현장에서 수행하는 상세한 비교검토 과정은 대상 해양구조물에 따라 아주 다르므로 생략한다.

시공성을 검토할 때는 아래 그림 3-6 및 3-7과 같이 각 안에 대한 설치 과정을 도식적으로 보여주는 것이 필요하다. 또한 경제성을 검토할 때는 아래 표 3-8과 같이 각각을 비교하는 것이 한 가지 방법이다.

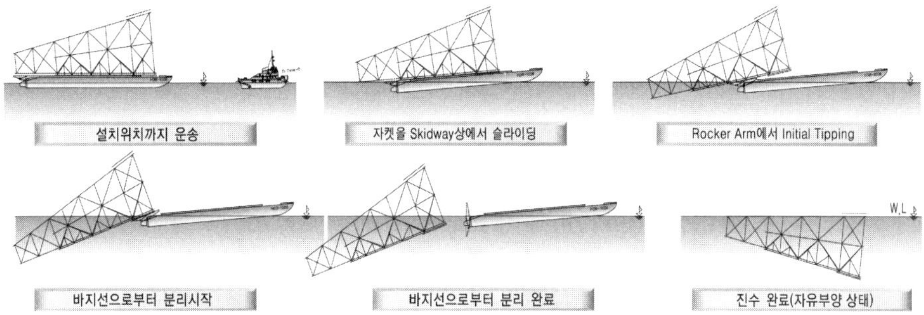

그림 3-6 [제1안 및 제3안] 자켓 진수 + 데크 양중 공법

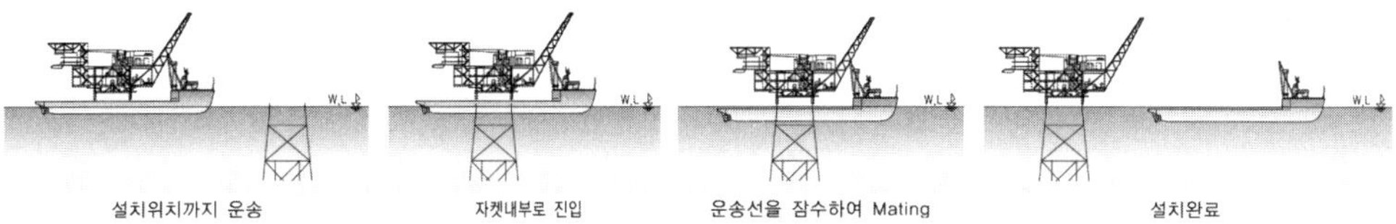

그림 3-7 [제2안] 4-레그 자켓 + 데크 부양설치 공법

표 3-8 경제성 비교 검토

구분		자켓중량(톤)	파일중량(톤)	경제성비교 (기준1.00)	평 가
[제1안]	4레 그자켓 + 데크 양중공법	6,478	1,660	1.00	경제성 우수
[제2안]	4레 그자켓 + 데크 부양설치	6,544	1,870	1.03	제1안과 비슷함
[제3안]	8레 그자켓 + 데크 양중공법	7,758	1,990	1.20	경제성 낮음

표 3-9 최적 구조형식의 선정요약

구분	제1안	제2안	제3안
레그 수	4개	4개	8개
데크 설치공법	양중 공법	부양설치	양중 공법
안정성	▷해상조건에 대한 안정성 확보 ▷동적특성 우수	▷자켓 상부 강성 저하 ▷지진 등에 대한 구조물의 동적특성 저하	▷자켓 강성 증가 ▷브레이스 개수 증가로 파랑하중 증가
시공성	▷자켓 진수후 데크를 양중하여 설치 ▷설치작업 간단 ▷시공시간 단축	▷자켓 진수 후 데크를 접합(mating)시킴 ▷일부 부착물의 현장 수중용접 필요 ▷공기가 길어지고 해상상태 변화에 따른 위험요소 증가	▷자켓 진수 후 데크를 양중하여 설치 ▷레그 수의 증가로 설치과정 다소복잡
경제성 (기준1.00)	1.00	1.03	1.20
채택	○		
채택사유	안정성과 동적특성이 우수하고 시공이 간편하며 경제성도 우수한 제1안을 하부구조 형식으로 최종 선정함		

라) 최적 구조 형식의 선정

이러한 비교 검토를 바탕으로 최적 구조형식을 구하면 제 1안 4레그 자켓 + 데크 양중공법이 설정될 것이다. 선정 이유를 요약하면 표 3-9과 같다.

3.4.3 상부 구조계획

다음으로 상부 구조형식 선정에 대해 설명한다. 하부구조는 구조물 종류에 따라 상당히 달라지나 상부구조는 해저석유 생산용 모든 해양구조물에서 거의 유사하다. 상부구조 형식 선정도 앞의 하부구조 형식 선정과 유사한 방법으로 선정되는데 아래에서 이에 대해 설명한다.

표 3-10 상부구조 형식의 비교

<table>
<tr><td>제 1 안 크레인 양중 설치
(4-레그 + 일체형 데크 구조물)</td><td rowspan="2">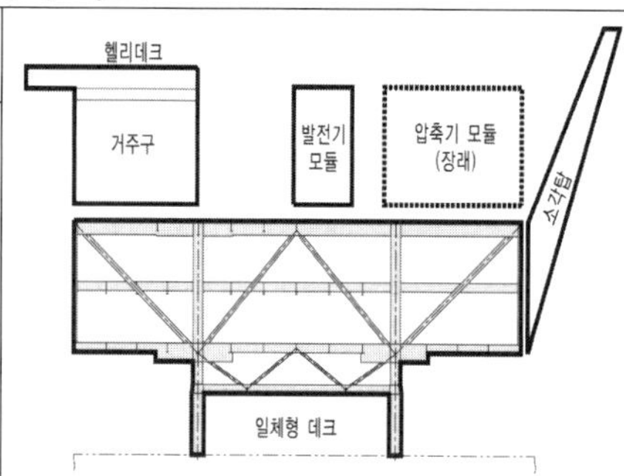
</td></tr>
<tr><td>▷4레그 자켓에 설치되는 일체형 통합 데크 구조물
▷3,800톤급 해상크레인 바지를 이용해서 양중설치
▷거주구(헬리데크 포함), 발전기 모듈, 소각탑은 해상에서 따로 설치</td></tr>
<tr><td>제 2 안 바지 부양 설치형
(4-레그 + 일체형 Deck 구조물)</td><td rowspan="2">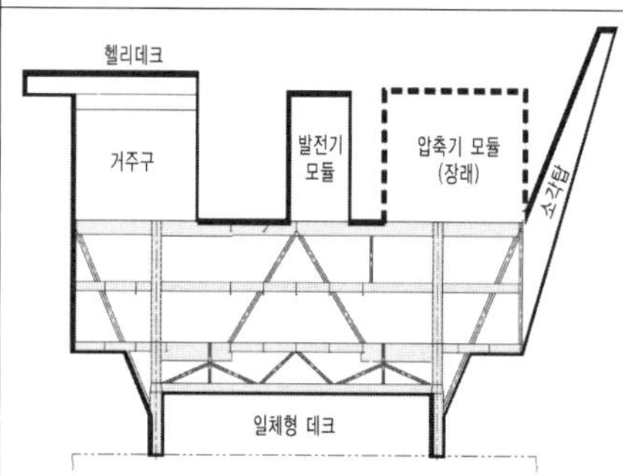
</td></tr>
<tr><td>▷4레그 자켓에 설치되는 일체형 통합 데크 구조물
▷바지 부양식 설치공법으로 설치
▷거주구, 헬리데크, 발전기 모듈, 소각탑을 육상에서 미리 설치하여 운송</td></tr>
<tr><td>제 3 안 모듈지지 프레임 형식
(4-레그 + 분리형 데크 구조물)</td><td rowspan="2">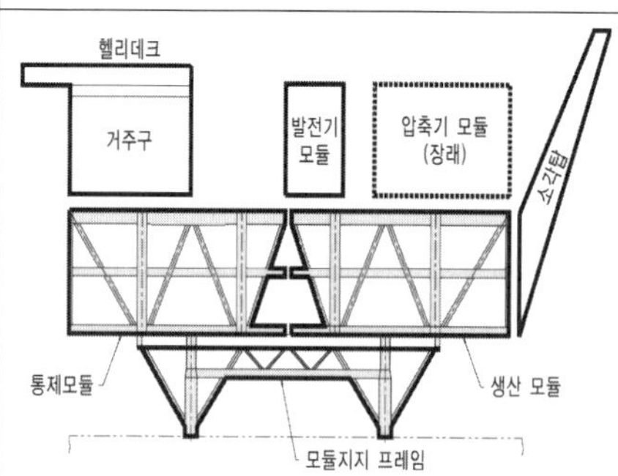
</td></tr>
<tr><td>▷4-레그 자켓에 모듈지지 프레임을 먼저 설치
▷생산모듈과 통제모듈을 2,000톤급 해상 크레인으로 양중공법으로 설치
▷상부 기타모듈을 같은 방법으로 양중설치</td></tr>
</table>

가) 상부 구조 형식의 비교 검토 및 선정

(1) 구조형식의 비교

갑판은 해양구조물의 수명 기간 동안 생산 작업을 원활히 수행할 수 있도록 필요한 상부면적을 제공하는 역할을 한다. 또한, 갑판상의 각종 기기와 모듈, 활하중, 가동 시 하중 등을 효과적으로 지지하는 역할을 수행한다. 표 3-10는 본 교재의 예제로서 채택될 수 있는 세 가지 안에 대한 상부구조의 형식과 설치공법에 대한 특징을 설명하고 있다.

(2) 구조 형식의 비교 및 상세 검토

상부구조물도 하부 구조물과 마찬가지로, 안정성, 시공성, 경제성을 비교 검토하여 최적 구조형식을 선정해야 한다. 하부 구조 형식에 대한 상세한 검토는 생략되었으나 상부구조에 대해서는 아래에서 설명하고자 한다.

(가) 안정성 비교 검토

[제1안] 크레인 양중 설치형 (4-레그 통합 데크 구조물)
- ▷단일데크 구조물(Single Integrated Deck)을 4-레그 자켓위에 설치
- ▷주 트러스는 두 개의 세로 방향 트러스
- ▷레그의 격자라인을 따라 두 개의 가로방향 트러스 설치
- ▷갑판의 양끝 단에는 두 개의 가로 방향 트러스 추가

[제2안] 바지 부양 설치형 (4-레그 통합 데크 구조물)
- ▷운송선의 자켓 사이를 통과할 수 있도록 갑판 레그 간격을 확장
- ▷갑판 레그 간격의 연장으로 갑판 구조물을 운송선상에서 지지할 수 있는 세로형 트러스의 추가필요
- ▷설치시 라이저와 케이슨의 간섭으로 이를 나중에 수중작업으로 설치하거나 선박충돌에 취약한 자켓 레그밖으로 재배치해야 함

[제3안] 모듈 지지 프레임 형식 (4-레그 분리형 데크 구조물)
- ▷4-레그 모듈지지 프레임을 자켓 위에 먼저 설치하고 모듈지지 프레임의 지지점을 통해 두 개의 주 모듈을 지지
- ▷두 개의 주 모듈은 내부용 트러스 구조 생략 가능
- ▷지지프레임의 높이로 인해 약 1.0m 정도 전체 데크 높이 상향

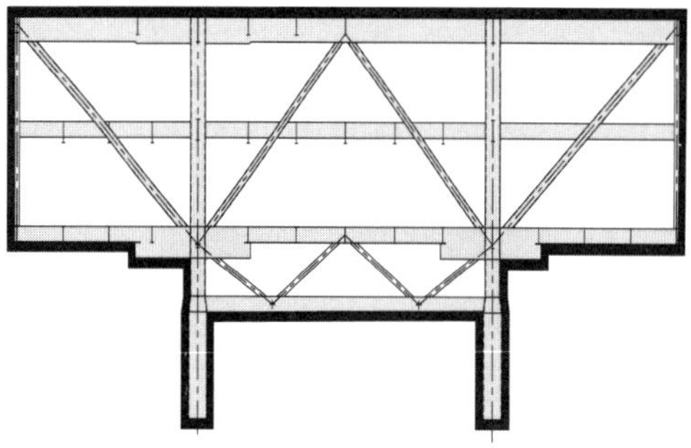

(a) 제 1 안 크레인 양중 설치형

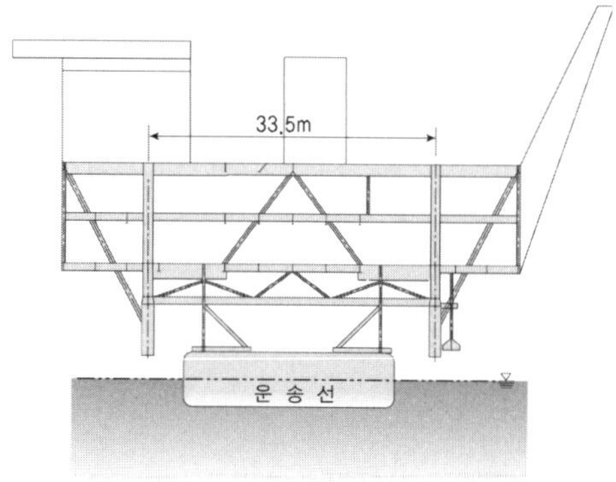

(b) 제 2 안 바지 부양 설치형

그림 3-8 비교안 별 안정성 검토

(나) 시공성 비교 검토

[제1안] 크레인 양중 설치형 (4-레그 통합 데크 구조물)
- ▷1척의 운송바지선으로 운송
- ▷통합 데크 구조물, 거주구+헬리데크, 발전기 모듈, 소각탑과 기타 설비를 한 번에 운송
- ▷설치는 4회에 걸쳐 해상 크레인으로 양중 설치

[제2안] 바지 부양 설치형 (4-레그 통합 데크 구조물)
- ▷한 척의 운송용 바지에 대해 3척의 예인선이 필요
- ▷거주구, 헬리데크, 발전기 모듈, 소각탑이 모두 결합된 통합 데크 구조물을 한 번에 운송
- ▷데크의 전체 무게 중심이 상부에 위치하여 바지선 운송 시 운동 특성이 불량
- ▷운송 시 바지선의 안정을 위해 지지대를 보강하는 등 특별한 주의 필요
- ▷바지선의 발라스트를 통해 데크와 자켓 레그를 접합 설치

[제3안] 모듈 지지 프레임 형식 (4-레그 분리형 데크 구조물)
- ▷일체형 데크에 비해 모듈 수가 증가하여 3척의 운송바지선 필요
- ▷운송계획
  - 제1항차 : 모듈 지지 프레임, 통제 모듈
  - 제2항차 : 생산모듈, 거주구/헬리데크
  - 제3항차 : 발전기 모듈, 소각탑
  - 설치는 총 6회에 걸쳐 2,000톤급 해상 크레인으로 양중설치

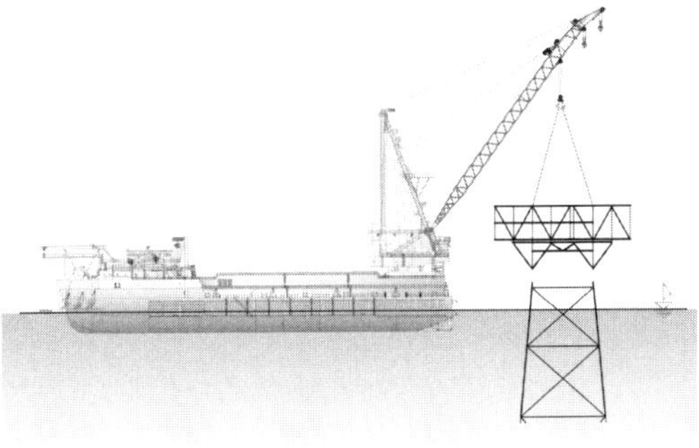

(a) 제 1 안 크레인 양중 설치형

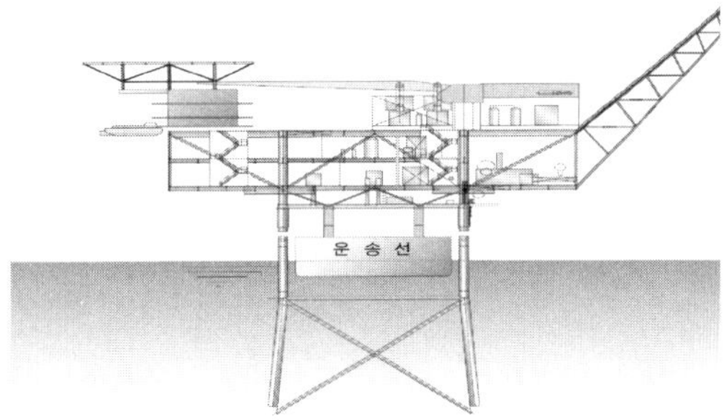

(b) 제 2 안 바지 부양 설치형

그림 3-9 비교안 별 시공성 검토

(다) 경제성 비교 검토

경제성 검토는 각 안에 내해 갑판 등의 하중, 선적 운송 회수, 양중 회수 등을 표 3-11과 같이 분석하여 경제성을 검토한다.

표 3-11 비교안별 경제성 검토

구 분	제 1 안	제 2 안	제 3 안
데크전체 비가동시 하중(Dry Weight) 데크전체 가동시 하중(Operating Weight) 통합데크의 양중시 하중 강재물량	각각의 톤수	각각의 톤수	각각의 톤수
해상운송시 바지선상 고박(Seafastening)을 위한 강재물량 증가분	톤수	톤수	톤수
운송용 바지 소요척수 예인선 소요척수	각각의 척수	각각의 척수	각각의 척수
제작시 야드에서의 양중 횟수 해상에서의 양중 횟수(압축용 설비는 장래용이므로 제외) 해상바지 부양 설치 횟수	각각의 회수	각각의 회수	각각의 회수

나) 최적구조형식의 선정

위와 같은 비교 검토를 바탕으로 최적 구조형식을 하나의 안을 선정하는데 여기에서는 제 1안인 크레인 양중 설치형으로 설정되었다. 선정 이유가 표 3-12에 요약되어 있다.

표 3-12 최적 구조형식 선정

구 분	형식	주요사항	시공서/경제성	채택
제 1 안	크레인 양중 설치형 (4-레그 +일체형 데크 구조물)	▷4,000톤급 해상크레인으로 일체형 데크와 기타 모듈을 양중 설치 가능 ▷신속, 안전하게 해상 작업 완료	1.00/1.00	●
제 2 안	바지 부양 설치형 (4-레그 + 일체형 데크 구조물)	▷설치 시 해상조건에 따른 바지선의 운동으로 안정성 유지에 특별한 주의 필요 ▷운송시 데크 레그가 바지선 외부에 위치함에 따라 운송용 추가 트러스 필요 ▷Caisson등은 데크 설지 완료 후 수중 용접으로 설치	1.50/0.99	
제 3 안	모듈 지지 프레임 형식 (4-레그 + 분리형 데크 구조물)	▷양중 대상물 중량의 축소로 2,000톤급 크레인으로 설치 가능 ▷양중 횟수의 증가로 해상 설치시간 증가 ▷모듈지지 프레임 설치로 데크 전체 중량 증가 ▷각 모듈간의 접속을 위한 해상 작업 시간 증가	1.30/1.36	
채택사유	신속한 해상작업과 안전한 우송 및 설치가 가능하고 상부 및 하부구조물의 총 비용면에서 경제성이 가장 우수한 제 1안의 크레인 양중 설치형(4-레그+일치형 데크 구조물)을 채택			

제4장 고정식 해양구조물 해석

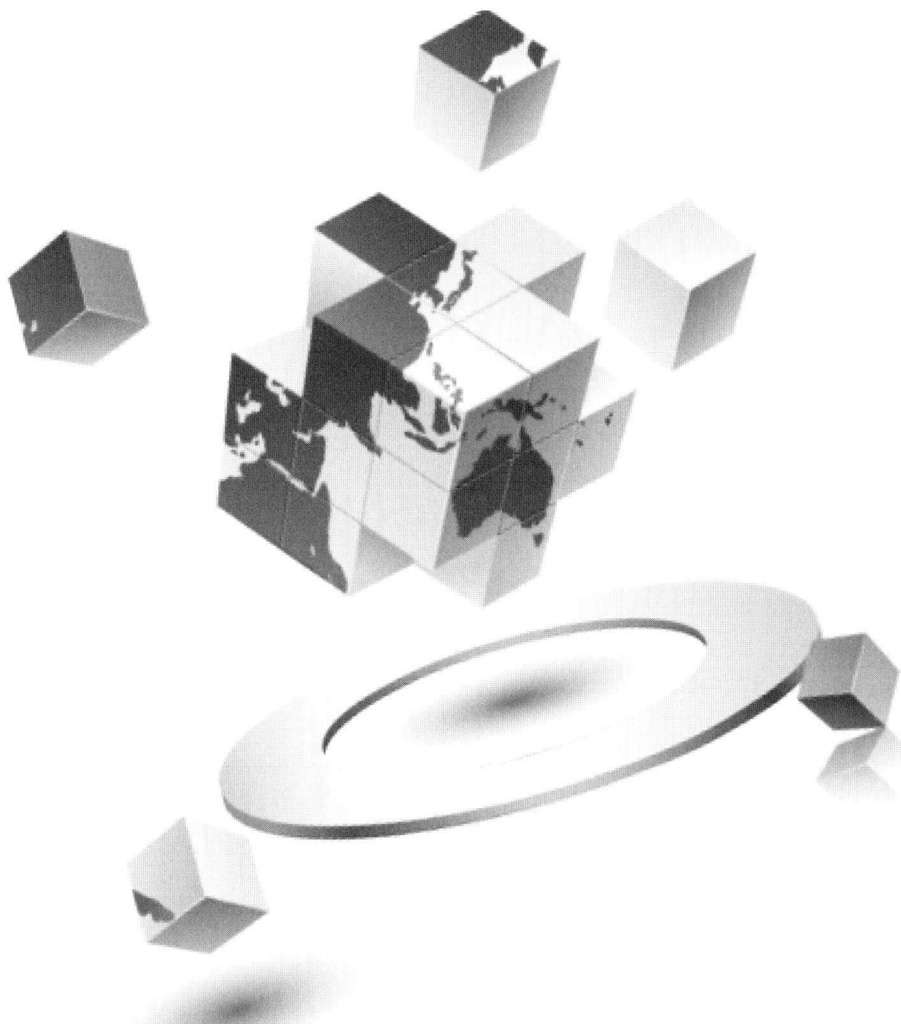

제4장 고정식 해양구조물 해석

제1장에서 설명한 바와 같이 고정식 해양구조물에는 여러 가지 종류가 있다. 본 교재에서는 그 중에서 다소 복잡한 구조형식을 갖는 자켓식 구조물의 구조해석에 관해 설명한다. 자켓식 구조물의 갑판 부분 해석은 다른 해양구조물과 동일하므로 본 교재의 내용을 이해하면 다른 구조물의 해석도 가능하다. 한편 하부 자켓 부분의 구조해석을 충분히 이해하면, 이것을 다른 고정식 구조물의 구조 해석에도 응용할 수 있다.

4.1 자켓 구조물 구조해석

자켓 구조물을 해석할 때 중점적으로 고려해야 할 사항으로는 첫째, 데크 전체의 강성과 하중 및 파일-지반의 상호작용을 고려한 정력학적 안전성 검토이다. 둘째, 모우드해석, 파랑응답해석, 내진해석, 피로해석 등과 같은 동역학적 안전성 검토이다. 셋째, 선적해석, 운송해석, 진수해석, 직립해석, 직립안정해석 등과 같은 설치할 때의 안전성 검토이다. 해석할 때에는 주 하중 및 특수하중 등의 영향을 고려하여 구조물에 가장 불리한 응력이 발생되도록 조합해야 한다. 해석결과에서 얻어진 개별응력과 조합응력이 채택한 규정에서 정의한 허용응력 이내로, 최대절점변위가 허용치 이내가 되도록 설계해야 한다.

4.1.1 갑판구조물

갑판구조물은 위로부터 주갑판 (main deck), mezzanine 및 cellar 갑판이라 부르는 2~3층의 갑판으로 구성되어 있다. 갑판에는 석유시추, 생산 및 해상작업에 필요한 기자재를 설치, 저장하며, 작업원의 거주시설, 헬기 이착륙 갑판 (helideck), flare stack, pedestal crane, substructure를 포함한 데릭(derrick) 등을 설치한다. 갑판구조물은 그림 4-1과 같이 갑판(deck plate), 이를 방요하는 갑판 보(deck beam), 이 보(beam)을 지지하기 위한 상부, 하부 chord 및 bracing으로 된 트러스 형태로 구성되어 있다.

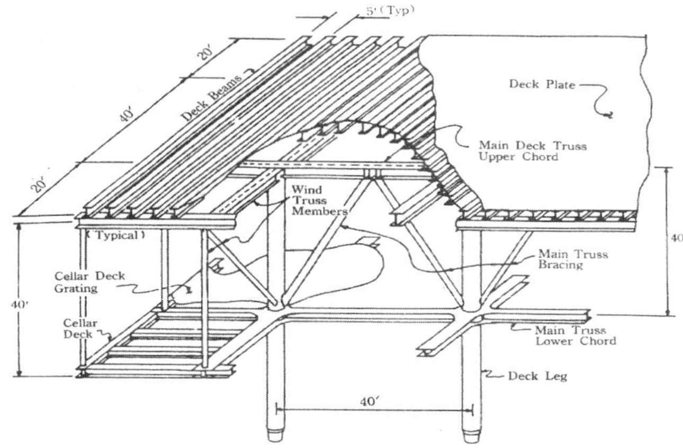

그림 4-1 자켓 갑판구조물

가) 갑판 (Deck Plate) 및 갑판 보(Deck Beam)의 설계

갑판(deck plate)에는 강판, grating, checkered plate, wood plank 등이 많이 사용되며 이들 판의 두께선정은 이들 판을 방요하는 갑판 보 (deck beam) 설계와 병행하게 된다. 즉, 보 간격을 적절히 조정함으로써 최적설계를 기할 수 있다. 보의 배치는 그림 4-2과 같이 종방향과 횡방향 시스템 두 가지가 있다.

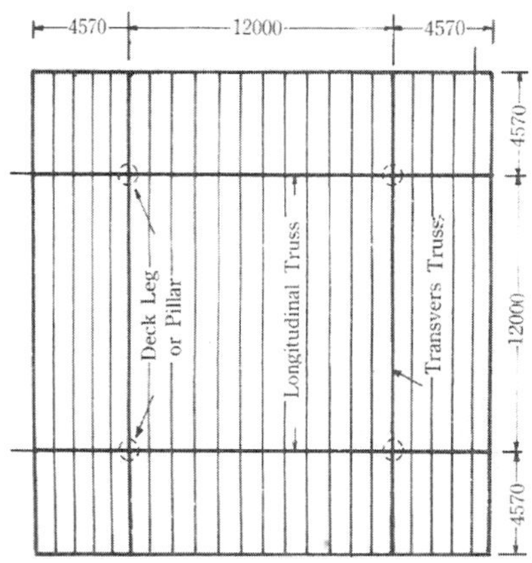

(a) 횡방행 보

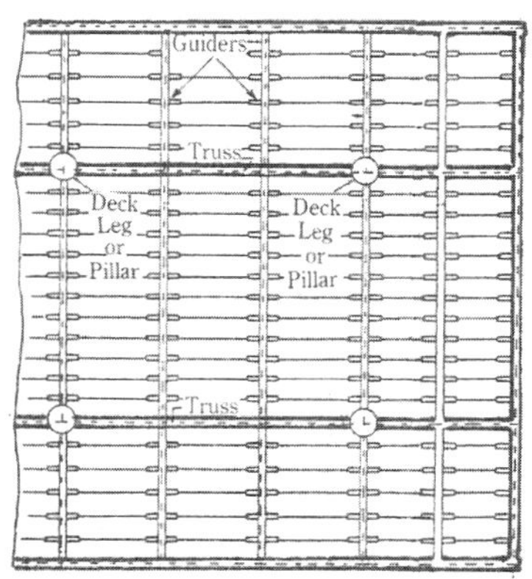

(b) 종방향 보

그림 4-2 갑판의 보 배치

갑판두께는 Timoshenko의 판이론에 따라 Raymond J. Roark가 발표한 다음과 같은 식에 적절한 허용응력 σ_{ap}를 선택함으로써 판두께를 결정할 수 있으나, 각선 · 협회에서 규정하고 있는 식에 따라 재검토 되어야 한다. 특히, 큰 집중하중이 작용하는 부분에서의 판두께는 유사한 기존구조물의 자료 및 전산해석 결과에 따라 적절히 그 두께를 증가시켜야 한다.

$$t_R = 0.866 s \sqrt{\frac{p}{\sigma_{ap}}} \quad \text{(4편 단순지지)} \tag{4-1}$$

$$t_R = 0.707 s \sqrt{\frac{p}{\sigma_{ap}}} \quad \text{(4편 고정)} \tag{4-2}$$

여기서 s=좁은 폭의 방요재 간격(mm)
p=압력(kg/mm^2)
σ_{ap}=허용응력 (kg/mm^2)

예제를 하나 들면, 방요재 간격 s가 1000mm인 경우, 4편 단순지지로 가정하고, Roark의 공식 (4-1)에 따르면 deck plate 두께는 0.866×1000×√(0.0005/20) = 0.866×1000×0.005(mm) = 4.33mm로 실제로 5mm두께 강판을 사용하게 된다. 이때, 압력 p는 500kg/m^2(=0.0005kg/mm^2), 허용력 σ_{ap}은 20kg/mm^2로 가정하였다.

갑판 방요재를 그림 4-1와 같이 종방향으로 설치한 것을 종방향 갑판 (deck longitudinal), 횡방향으로 설치한 것을 데크 보(deck beam)라고 부르며, 갑판으로부터 받은 하중을 방요재를 지지하는 형재(girder)에 선날하는 역할을 한다.

보(beam, longitudinal, deck beam, girder등) 치수는 다음과 같이 요구되는 단면계수에 따라 선정된다. 일반적으로 아래 식 4-3에 의해 계산된다.

$$Z_R = \frac{M}{\sigma_{ab}} \quad (cm^3) \tag{4-3}$$

여기서 M = 최대 굽힘 모멘트(kg · cm)
σ_{ab} = 허용 굽힘응력으로서 (0.6~0.66) σ_Y(kg · cm^2)로 설정한다.

굽힘모멘트 M은 분포하중이 작용하는 연속빔의 적절한 해법으로 얻어진다. 균일 분포 하중이 작용할 때는 양단고정 빔으로 보고 $M = wl^2 / 12$로 얻을 수 있으나, 보수적으로 많은 설계자가 $M = wl^2 / 10$을 사용하고 있다.

나) 갑판 형재 (Deck Girder) 및 트러스 시스템(Truss System)

갑판 형재는 보를 지지하며, 형재 자신은 그림 4-2(b)와 같이 트러스 혹은 필러(pillar) 및 격벽 등에 의해 지지된다. 갑판 보의 지지는 그리 4-3와 같은 방법이 많이 채용되고 있으며, 그림 4-3(a)에서는 형재의 좌굴강도를 충분히 검산하여야 한다. 이들 부재치수는 다음과 같은 설계 요구조건 및 선급협회 규정을 만족시키도록 선정한다.

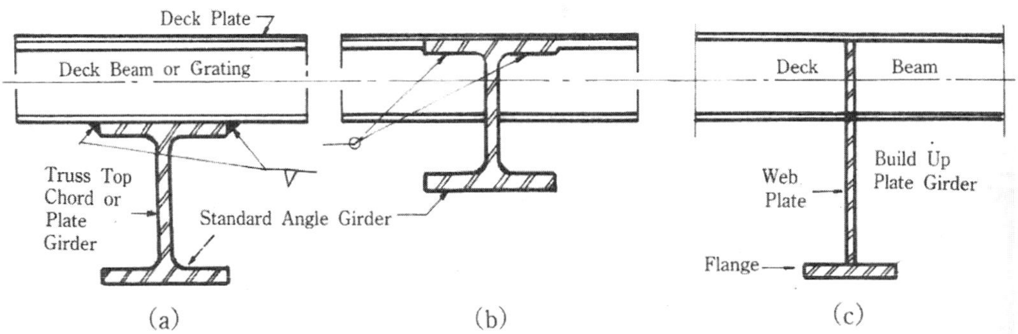

그림 4-3 Girder system

(1) 형재(girder) 설계 요구조건

(가) 요구되는 단면계수 SM_R

$$SM_R = \frac{BM}{\sigma_{ab}} \quad (cm^3) \tag{4-4}$$

여기서 BM = 단순 빔 이론으로 얻어지는 최대 굽힘 모멘트 ($kg \cdot cm$)
SM_R = 요구되는 단면계수

(나) 전단응력 및 요구되는 전단면적

$$\text{허용전단응력: } \tau_a = 0.4\sigma_Y \tag{4-5}$$

$$\tau_{AV} = \frac{F}{A_s} \le \tau_a, \quad A_R = \frac{F}{\tau_a} \tag{4-6}$$

여기서 F = 전단력
τ_{AV} = 평균 전단응력
A_s = 전단면적
A_R = 요구되는 전단면적
τ_a = 허용 전단응력이다.

(다) 요구되는 I_R 혹은 처짐 제한

주 부재의 과도한 처짐은 그 위에 설치되는 장비의 정상적인 운행에 지장을 주고, 바닥에 고임물이 발생하고 부 부재에 과도한 추가응력을 유발시키기 때문에 일반적으로 $l/360$을 초과치 않을 것을 추천하고 있으며, 양단이 단순지지 된 보에 균일분포 하중 w이 작용할 경우 보의 최대 처짐과 최대 굽힘응력은 다음과 같다.

$$\delta = \frac{5wl^4}{384EI} = \left(\frac{5}{48}\right)\left(\frac{wl^2}{8}\right)\left(\frac{l^2}{EI}\right) = \frac{5M_{max}l^2}{48EI} \tag{4-7}$$

$$\sigma_b = \frac{M_{max}}{SM} = M_{max}\frac{d_w}{2I} \quad (4\text{-}8)$$

여기서 dw = 보의 높이

I = 보 단면 2차 모멘트

식 4-7과 식 4-8 및 $E = 2.1 \times 10^6 kg/cm^2$, $\sigma_b = \sigma_{ab} = 0.6\sigma_Y$로 고려하면 다음과 같은 관계식이 얻어진다.

$$\frac{l}{d_w} = \frac{48E}{10(l/\delta)\sigma_b} = \frac{168 \times 10^5}{\sigma_Y(l/\delta)} \quad (4\text{-}9)$$

AISC 에서는 다음과 같이 추천하고 있다. (단위 : in, lb)

$$\frac{l}{\delta} = 300 \text{ 일 때 } \frac{l}{d_w} = \frac{56000}{\sigma_Y} \text{ (floor beam)} \quad (4\text{-}10)$$

$$\frac{l}{\delta} = 240 \text{ 일 때 } \frac{l}{d_w} = \frac{70000}{\sigma_Y} \text{ (roof beam)} \quad (4\text{-}11)$$

여기서 l = 형재 간격 (girder span) (mm)

δ – 형재의 최대 치짐(mm)

d_w = 형재 깊이(girder depth) (mm)

σ_Y = 항복응력 (kg/cm^2)

(라) Web Crippling

보의 상부 flange에 큰 집중하중이 작용할 경우에는 web와 flange의 접합부에서의 응력집중 때문에 web crippling 현상이 일어난다. 이를 방지하기 위하여서는 하중이 작용하는 곳에 방요재를 설치하여야 한다. 방요재 설치 없이 이와 같은 현상을 방지하기 위한 하중 bearing length N은 다음 식으로 얻어진다.

$$\frac{R}{t(N+k)} = 0.75\sigma_Y \quad (4\text{-}12)$$

여기서 R = 집중하중

t = web 두께

k = 그림 4-4에서 보는 것과 같이 toe of fillet welding까지의 깊이

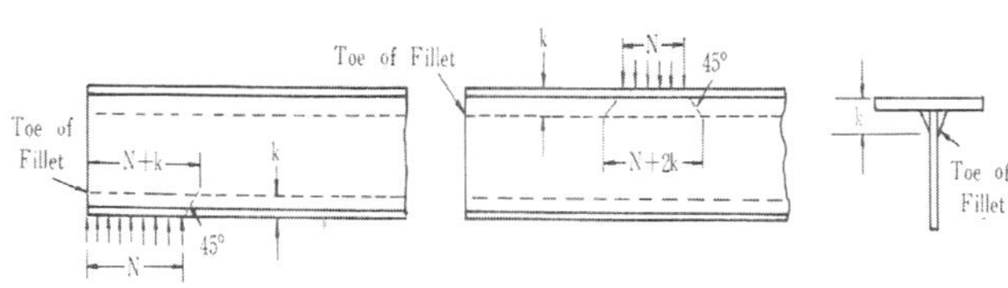

그림 4-4 Web Crippling

(2) 좌굴 강도 요구

형재에는 비교적 큰 전단력과 굽힘 모멘트가 동시에 작용함에 동시에 web 판 두께 t_w가 깊이 d_w에 비해 얇으므로 좌굴현상이 일어나기 쉽다. 따라서 다음과 같은 좌굴강도를 만족시킬 수 없을 때는 web plate 두께 t_w의 증가, 수직 및 수평 web plate 방요재 설치 등 가장 경제적인 방법을 선택, 보강할 것을 권한다.

(가) 굽힘 좌굴응력

$$\text{허용좌굴응력: } \sigma_e = \frac{\sigma_{cr}}{\eta} = \frac{\pi^2 E (t_w/d_w)^2}{12(1-\upsilon^2)} K_b \tag{4-13}$$

$$\sigma_{cr} = \sigma_e \qquad \left(\sigma_e \le \frac{\sigma_Y}{2}\text{ 에 대해}\right),$$

$$\sigma_{cr} = \sigma_Y\left(1 - \frac{\sigma_Y}{4\sigma_e}\right)\left(\sigma_e > \frac{\sigma_Y}{2}\text{ 에 대해}\right) \tag{4-14}$$

여기서 K_b = 좌굴계수이며 주변의 경계조건에 따라 다르다.

갑판형재가 직접 갑판에 고착된 조립식일 때는 중성축 하부 부재(T-girder의 하부 flange)에는 일반적으로 인장력이 작용하므로 굽힘 좌굴강도 검토는 고려치 않으나, 압축력이 작용할 때는 꼭 수행하여야 한다. 이때 유발되는 굽힘응력을 σ_b라 하면 극한 좌굴응력은 σ_{cr} =(1.1~1.25)σ_b를 만족시켜야 한다. 갑판 형재가 그림 4-5과 같이 갑판에 고착되지 않고 직접적으로 방요재를 지지하는 I형 조립식 혹은 표준형강일 때는 $K_b = 24, \eta = 1.0, \upsilon = 0.3, E = 2.1 \times 10^6 kg/cm^2, \sigma_{cr} = 1.2\sigma_b$를 식 4-15에 대입하면 다음과 같은 관계식이 얻어진다.

$$\frac{d_w}{t_w} = \frac{6161}{\sqrt{\sigma_b}} \tag{4-15}$$

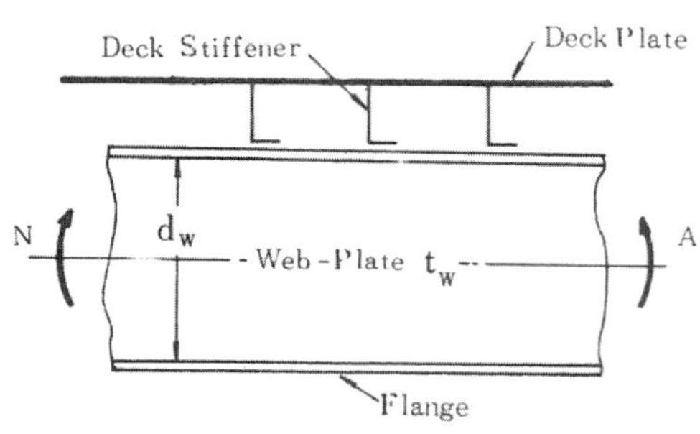

그림 4-5 직접적으로 방요재를 지지하는 I형 조립식

(나) 전단 좌굴응력

$$\tau_{cr} = \frac{\sigma_{cr}}{\sqrt{3}} \tag{4-16}$$

$$\frac{\sigma_{cr}}{n} = \sigma_e = \frac{\pi^2 E (t_w / d_w)^2 \sqrt{3}}{12(1-\upsilon^2)} K_s \tag{4-17}$$

여기서 K_s = 좌굴계수

트러스는 그림 4-6와 같이 상부 및 하부 코오드(chord)와 브레이스(brace)로 구성되어 있으며, 그림 4-2(a)와 같이 보를 트러스만으로 지지하는 방법과 그림 4-2(b)와 같이 보을 지지하고 있는 형재를 지지하는 방법이 있다.

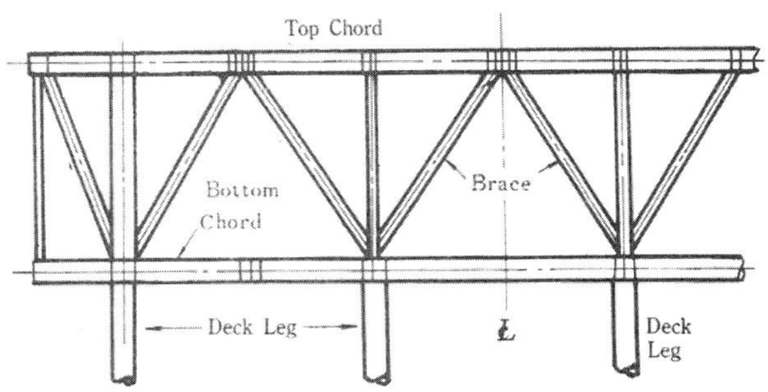

그림 4-6 Truss의 구성

빔을 지지하는 트러스 설계에서는 각 빔으로부터 전달받는 힘은 트러스에 집중하중으로 작용하지만 빔의 수가 많으므로 트러스 공간에 균일분포하중이 작용한다고 보고 설계한다. 주로 상용 유한요소 프로그램을 이용하여 해석한다.

다) Deck Leg System

Deck leg에는 un-braced와 braced leg 두 가지가 있으며, 갑판구조물 전체를 지지함과 동시에 갑판하중은 물론 파력 및 파력 때문에 유발되는 수직 방향 힘을 자켓 레그를 통하여 파일에 전달하는 역할을 한다.

4.1.2 자켓

자켓은 그림 4-7과 같이 주부재인 legs와 각 legs를 상호 연결하는 수직 및 수평 braces 및 skirt piles로 구성되어 있으며 갑판구조물의 자중, 바람과 파도 때문에 유발되는 힘을 파일에 전달하는 역할을 한다. leg의 수에 따라 3-leg, 4-leg, 6-leg 및 8-legs로 구분된다. 3-leg는 보통 30m 이하의 수심에 설치된다. Tripod라고도 불리며 주로 얕은 수심에서 conductor, pipeline, bridge, flare pipe등의 지지용으로 사용된다.

크기가 작아 데크 확보 공간이 협소한 반면, 설계 및 제작이 용이하다. 중량이 가볍기 때문에 설치는 주로 양중 공법으로 수행된다.

4-leg는 보통 200m 이하 수심에 설치된다. 생산용, 시추용, 거주용 등 다양한 목적에 사용되며, 생산용에 쓰일 때는 갑판 확보 공간의 제한으로 소규모 설비에 적용 가능하다. 수심 80m 이상에서는 4-파일만으로 지지력이 부족하여 스커트(skirt) 파일이 추가되어야 한다. 설치방식은 양중과 진수(launch)방식이 모두 사용 가능하다. 6-leg 역시 200m 이하 수심에 주로 설치된다. 6-Leg 중 가운데 2개의 leg는 자켓 중앙에 위치하여 횡하중에 대해 비효과적이다. 중량이 무거워 양중이 어려우므로 진수방식을 채택해야 하므로 별도의 진수용 트러스(launch truss)를 설치할 필요가 있다.

8-leg는 수심 400m까지 설치가능하다. 생산설비 설치를 위한 데크 확보 공간이 넓고, 가운데 2개의 Leg를 진수용 트러스로 활용가능하다. 해저면에서 leg 간격을 크게 하여 파일에 걸리는 축하중을 줄일 수 있다. 시추, 생산, 거주 등 종합적인 기능을 하나의 플랫폼에서 해결할 수 있는 구조이다.

그림 4-7 자켓

가) Legs 및 Braces의 배치

(1) Leg 간격

Leg 간격은 유사한 기존 자켓의 자료를 참고로 파일에 작용하는 총하중, 요구되는 모듈의 크기, 기존 진수 바지의 스키드 레일 간격의 조절한계 등을 고려하여 결정한다.

Leg 간격의 일반적인 범위는 12.2m에서 15.2m 정도이다.

(2) Leg 기울기

풍력, 파력에 따른 전복 모멘트(overturning moment)에 대한 저항력을 증가시키기 위하여 leg에는 1/7~1/12 범위의 기울기(batter)를 가지도록 한다. 수심 100m 이내의 자켓은 1/8 정도이며 수심이 깊어질수록 기울기는 작아진다.

(3) 사재의 구성형식 결정

Leg들은 수평 및 수직방향으로 설치한 braces들을 위해 서로 견고히 연결되어 있으며 이 braces들은 주로 파랑 및 바람에 의한 수평하중을 기초에 전달하고 자켓 제작 및 설치과정에서 자켓의 형상을 바로 유지하여 자켓-파일 시스템에서 일어날 수 있는 뒤틀림을 방지하는 역할을 한다. 수직방향 사재는 단일 대각 브레이스(single diagonal brace), X-Brace, K-Brace 등의 형태가 주로 상용된다. 그림 4-8은 사재 종류에 따른 장점과 단점을 보여주고 있다.

구 분	Single Diagonal Brace	X-Brace	K-Brace
개념도	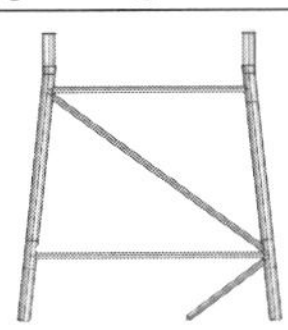	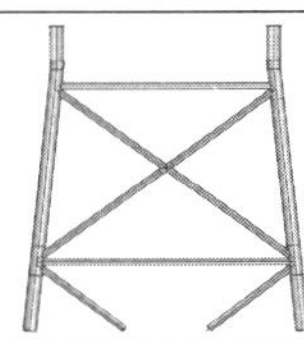	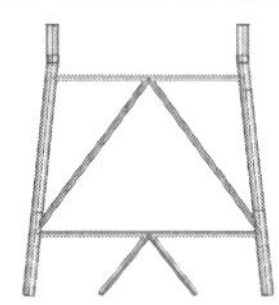
장 점	- 적은 수의 부재연결로 용접량이 적음 - 파랑하중 감소	- 한 개의 사재 손상시 다른 사재에 의한 구조적 여력이 있음 - 한 부재의 인장시 다른 부재는 압축을 받으므로 유효길이가 짧아짐	- 사재의 길이가 짧아져 허용응력이 큼 - 수평 브레이스를 효과적으로 지지
단 점	- 사재 손상시 구조적 여력이 부족함 - 세장비가 커 허용응력이 작음	- 용접량이 많음 - 파랑하중 증가	- 용접량이 많음 - 파랑하중 증가 - 한 개의 사재 손상시 구조적 여력이 작음

그림 4-8 연직 단면 사재 형식의 선정

나) Legs 치수선정

레그의 직경 및 두께는 보통 파일이 레그 내부를 통과하여 해저에 박히기 때문에 레그 내경은 파일의 외경보다 크게 하고, 파일과 레그 사이를 그라우팅 할 때는 3.5cm, 그라우팅하지 않을 때는 2.5cm 크게 한다. 레그의 두께선정에 있어서는 부재의 국부 좌굴강도면으로 보아 D/t<90 (API에서는 60)이여야 한다는 제한과 해수 속에서의 부식을 고려하여 최소두께를 보통 9.5mm 이상으로 한다. 표 4-1에서는 일반적으로 많이 쓰이는 파일 외경에 따른 레그의 최소외경 및 최소두께를 표시하였다.

표 4-1 파일 외경에 따른 레그의 최소외경 및 최소두께

파일 외경(m)	레그의 최소외경		최소 두께
	Grouted	Non-grouted	
0.76	0.86	0.83	0.01
0.91	1.02	0.99	0.01
1.07	1.17	1.14	0.01
1.22	1.33	1.30	0.02
1.37	1.49	1.46	0.02
1.52	1.64	1.61	0.02
1.68	1.80	1.78	0.03
1.83	1.96	1.93	0.03

(1) 자켓 상부 레그 설계

자켓 상부 레그 부재와 같이 비교적 작은 외부수압하에 축방향력과 굽힘 모멘트를 받는 원통부재는 다음과 같이 설계한다.

D/t=20~60일 경우에는 국부 좌굴강도가 기둥 좌굴강도보다 크므로 유발되는 응력의 허용치는 다음과 같다.

<인장 허용응력>

$$\sigma_{aa} = 0.6\sigma_Y \tag{4-18}$$

<전단 허용응력>

$$\tau_a = 0.4\sigma_Y \tag{4-19}$$

<압축 허용응력>

AISC 규정은 다음과 같이 정의한다.

$$\sigma_{aa} = \left[1 - \frac{(Kl/r)^2}{2C_c^2}\right]\frac{\sigma_Y}{FS} \tag{4-20}$$

$$FS = \frac{5}{3} + \frac{3Kl/r}{8C_c} - \frac{(Kl/r)^3}{8C_c^3}, \quad (Kl/r \le C_c) \tag{4-21}$$

$$\sigma_{aa} = \frac{12\pi^2 E}{23(Kl/r)^2}, \qquad (Kl/r > C_c) \tag{4-22}$$

여기서 K = 유효길이계수

r = 단면의 2차 관성반경

Cc = 세장비 = $\sqrt{\dfrac{2\pi^2 E}{\sigma_y}}$

FS = 안전계수

<정수압에 따른 축 및 원주방향 허용응력>

$$\sigma_{aa} = 0.6\sigma_Y (or\ \sigma_{ac}),\ \ \sigma_{a\Theta} = 0.5\sigma_Y (or\ \sigma_{\Theta c}) \tag{4-23}$$

또한, 축방향력과 굽힘 모멘트를 동시에 받는 부재에 대해서는 조합응력에 대한 부재강도를 검토하는 방법으로서 일반 공업계에서 널리 사용되고 있는 아래의 상호작용식(interaction formula)법을 적용한다.

<축방향 압축 및 굽힘>

AISC에서는 $\sigma_a/\sigma_{aa} > 0.15$ 일 경우 다음의 두 식을 모두 만족하여야 한다고 정의하고 있다.

$$\text{안정성 조건: } \frac{\sigma_a}{\sigma_{aa}} + \frac{C_{my}\sigma_{by}}{(1-\sigma_a/\sigma'_{ey})\sigma_{aby}} + \frac{C_{mz}\sigma_{bz}}{(1-\sigma_a/\sigma'_{ez})\sigma_{abz}} \le 1.0 \tag{4-24}$$

$$\text{항복조건: } \frac{\sigma_a}{0.6\sigma_Y} + \frac{\sigma_{by}}{\sigma_{aby}} + \frac{\sigma_{bz}}{\sigma_{abz}} \le 1.0 \tag{4-25}$$

$\sigma_a/\sigma_{aa} \le 0.15$ 일 경우에는 위 두식 대신 아래 식 4-28을 적용한다.

$$\frac{\sigma_a}{\sigma_{aa}} + \frac{\sigma_{by}}{\sigma_{aby}} + \frac{\sigma_{bz}}{\sigma_{abz}} \le 1.0 \tag{4-26}$$

여기서 $\sigma'_e = \dfrac{12\pi^2 E}{23(Kl_b/\gamma_b)^2}$ 은 Euler 응력을 안전계수로 나눈 값

만약 극한환경하중을 고려하는 경우에는 σ_{aa}, σ_{ab}, σ'_e 값을 1/3 증가시킨다. 여기서 σ_a, σ_{by}, σ_{bz}는 실제로 작용하고 있는 축방향 응력, y 및 z 축방향 굽힘응력, σ_{aa}는 축방향력 만이 작용할 경우의 압축 허용응력, σ_{aby}, σ_{abz}는 굽힘 모멘트만이 작용할 경우의 y 및 z축방향 굽힘 허용응력, C_m은 확대감소율(amplication reduction factor)로서 AISC에서는 회전이 구속되는 연결점에 대해 0.85를 적용한다.

<축방향 인장 및 인장굽힘>

축방향 인장 및 인장굽힘에 대해서는 다음 식에 따른다.

$$\frac{\sigma_a}{0.6\sigma_Y} + \frac{\sigma_{by}}{\sigma_{aby}} + \frac{\sigma_{bz}}{\sigma_{abz}} \le 1.0 \tag{4-27}$$

Plate의 응력에 대한 검토도 이루어져야 하는데 이는 다음과 같은 식을 적용한다.

<주응력 및 Hencky-Von Mises Stress>

$$(\sigma_x^2 + \sigma_y^2 - \sigma_x\sigma_y + 3\tau_{xy}^2)^{\frac{1}{2}} \le 0.85\sigma_Y \tag{4-28}$$

(2) 자켓 하부 레그 설계

자켓 하부 부재와 같이 비교적 큰 외부수압과 축방향력 및 굽힘 모멘트를 동시에 받는 원통부재는 방요된 경우와 방용되지 않는 경우를 나누어 설계한다. 방요되지 않은 원통부재로 가정할 때는 원환응력(Hoop Stress)을 제외한 나머지 응력이 무시할 정도로 작을 때이다. 이때에는 부재의 양 고정단 사이에 있는 외판에 국부좌굴이 발생할 위험성이 있으므로 충분한 강도를 보유하여야 한다. API에서는 자켓구조물 부재로서 가장 많이 사용되는 D/t<120과 $\sigma_Y < 42\,kg/mm^2$인 부재에 대하여 원환응력 σ_Θ와 좌굴 응력 $\sigma_{\Theta c}$의 관계를 다음과 같은 식으로 규정하고 있다.

$$\sigma_\theta = \frac{PD}{2t} \le \frac{\sigma_{\theta c}}{FS_\theta} \tag{4-29}$$

여기서 P = 설계수압

FS_Θ = 안전계수로서 정하중에 대해서는 2.0, 동하중에 대해서는 1.5로 사용

$\sigma_{\Theta c}$ = 좌굴응력

(3) 자켓 캔(Can)의 두께

레그와 브레이스가 만나는 접합부분을 캔이라고 부르며, 이 부분에는 높은 응력과 펀칭 전단응력(punching shear stress)가 작용할 뿐만 아니라 응력집중 현상이 일어나므로 캔 두께는 접합되는 브레이스 중에서 가장 큰 두께보다 1.8배 내지 2배 정도로 취한다. 지금까지 레그 설계로부터 축적된 경험을 바탕으로 can의 두께를 결정하는 방법은 다음과 같다.

(가) 레그 직경에 따른 방법

D = 40"이하일 때 t = 1.0", D = 53"이하일 때 t = 1.5",

D = 46.5"이하일 때 t = 1.25", D = 67"이하일 때 t = 2.0"

(나) 경험식에 의한 방법

$$t_R = \left(\frac{0.9F_b}{\pi d\sigma_Y}\right)^{0.59} R^{0.41} \tag{4-30}$$

여기서 F_b = 브레이스에 작용하는 힘

d = 브레이스 직경(inch)

R = 레그 반경

σ_Y = 항복응력

(4) 브레이스(Brace) 치수 선정

(가) 브레이스의 직경

브레이스는 관형재(pipe)로서 주로 축방향력을 전달하므로 그 직경은 세장비(Kl/r)가 보통 70에서 100까지의 범위를 갖도록 선정한다. 보통 세장비 값을 70이상으로 취하는 것은 파력을 줄이기 위함이다. K값은 보통 0.8이며 $r = 0.35D_o$로 취한다. 직경은 유발되는 파력과 밀접한 관계가 있으므로 각 해역에 따라 오랜 경험으로 얻어진 가장 경제적인 세장비를 선정한다.

표 4-2 지역에 따른 세장비

지역	세장비 (Kl/r)
Alaska, North Sea	75.0
US East & West Coast	80.0
Gulf of Mexico, South America East Coast	85.0
Middle East, Southeast Asia, Africa West Coast	110

(나) 브레이스의 두께

두께를 결정할 때에는 d/t값은 19에서 90까지를 취하며 아래 사항을 유의하여야 한다. d/t<19일 경우 부재의 구매하거나 제작하기에 어렵다. d/t<30인 경우는 부재의 자중보다 부력이 크다. d/t<90인 경우에는 국부적인 좌굴이 일어난다. 초기두께는 직경에 따라 선정하는 것이 보통이며 다음과 같은 값을 참고한다.

D = 18"이하인 경우 t = 0.375", D = 30~36"인 경우 t = 0.625",
D = 18~30"인 경우 t = 0.5", D = 30"이상인 경우 t = 0.75"

자켓을 설치해역에 설치하기 위하여 부재내부를 침수시키기 전까지는 외부로부터 정수압을 받으므로 $d/t > 390/(H)^{\frac{1}{3}}$일 경우에는 정수압적인 붕괴(hydrostatic collapse)에 대한 검토가 필요하다. 보통 수심이 46m 이하일 때는 문제가 되지 않는다.

다) 관접합 설계

관형재는 큰 비틀림 강성, 균일한 단면특성 및 가장 작은 도장면적을 가지고 있으므로 각종 해양구조물 부재로서 널리 사용되고 있으나, 단점으로는 각 부재간의 연결법이 어렵다는데 있다. 결합부분의 용접은 매우 복잡하므로 이 부분에 유발되는 응력치는 보통 반경험적인 방법으로 산출하는 실정이다.

(1) 접합 및 연결형

해양구조물에서 사용되는 관접합에는 여러 가지가 있으나 모든 파일 축이 한 평면상에 있을 때에는 T, Double T, Y, K 및 N 등으로 브레이스의 위치에 따라 분류할 수 있으며, 필요에 따라 가시트 판(gusset plate), 링(ring) 등으로 보강한 접합법이 대형구조물에서는 많이 사용된다. 그림 4-9에 전형적인 관연결 종류를 도시하였다.

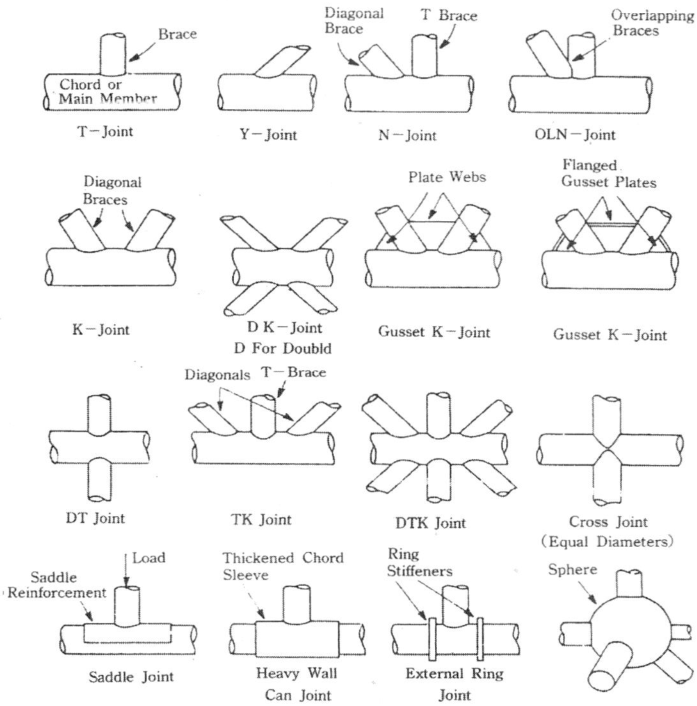

그림 4-9 관연결 종류

(가) 관접합의 보강

관접합의 보강법으로서는 그림 4-10에서와 같이 가시트 판(gusset plate) 설치, 내 외부링(ring) 설치, 브레이스의 겹침(overlapping) 증가, 레그 두께 증가 및 브레이스의 레그 내부로의 관통 등의 방법이 있으나 가시트 판 설치 및 브레이스의 겹침(overlapping) 증가는 용접이 복잡하고 또한 피로강도문제가 크게 대두되므로 근래에는 링 설치 및 레그의 두께를 증가시키는 것이 일반적인 경향이다. 이와 같이 레그의 브레이스 연결부에서 부분적으로 두께를 증가시킨 부분을 캔(can)이라 부르며, $\sigma_Y = 30kg/mm^2$ 이상의 양질(fine grad) 강을 사용한다.

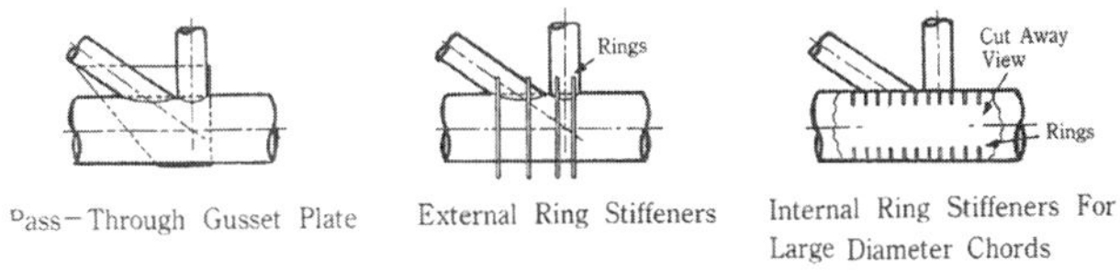

그림 4-10 관접합의 보강

(나) 조인트의 분류

접합형태가 K, T&Y 또는 교차(cross) 조인트인가를 결정하여야 한다. 이를 접합 분류라고 부르며 브레이스에 작용하는 하중 형태에 따라 다음과 같이 분류된다.

① K-접합(Joint)

하나의 브레이스가 받는 펀칭하중이 같은 평면내의 같은 측에 있는 다른 브레이스의 하중과 평형을 이룰 경우이다.

② T&Y-접합

브레이스의 펀칭하중이 코오드(chord)를 지나 반대편의 브레이스에 전달될 경우이다.

③ 교차 접합

브레이스의 펀칭하중이 코오드를 지나 반대편의 브레이스에 전달될 경우이다.

④ 혼합형 접합

브레이스들의 하중이 일부는 K-접합 형태로, 일부는 T&Y-접합 또는 교차 접합 형태로 전달되는 경우이며, 이때는 각 접합 분류 방법에 따라 전달되는 하중의 비가 달라진다. 그림 4-11에 접합 분류의 예를 나타내었다.

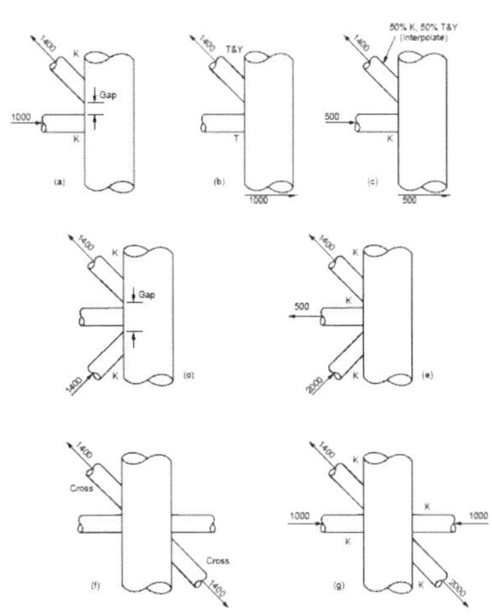

그림 4-11 관 접합 분류

4.2 유한요소해석 기법

현재의 해양구조물은 매우 많은 부재의 조합으로 구성된 복잡한 형태로 제작되고 있다. 이러한 복잡한 구조물은 외부하중에 대하여 각각의 부재가 다른 응답을 보인다. 따라서 간단한 형태에 적용 가능한 4.1장과 같은 방법으로는 복잡한 구조물에 대해서는 구조해석 결과의 정확도를 확신할 수 없다. 또한 계산 시간도 매우 길어진다. 최근에는 컴퓨터의 급격한 성능 발달로 인하여 구조 해석의 대부분이 컴퓨터를 이용한 전산해석으로 실행되고 있다. 이러한 컴퓨터를 이용한 전산해석의 바탕이 되는 방법이 유한요소 해석기법이다.

본 장에서는 해양구조물에 적용 가능한 간단한 유한요소 해석기법을 소개한다. 보다 깊은 수준의 유한요소해석 기법을 배우기 위해서는 유한요소해석 기법을 다루는 전문서적을 참고하기 바라며 아래에서는 기초적인 간단한 문제만 다룬다.

4.2.1 유한요소 구조해석의 기본 순서

유한요소해석 기법은 미지수를 변위 혹은 응력으로 고려하느냐에 따라 변위법(혹은 직접강성법)과 응력법으로 나누어진다. 일반적으로 변위법이 많이 사용되므로 여기에서는 변위법에 대하여 설명한다.

변위법에 기초를 둔 유한요소해석 기법의 기본 순서를 정리하면 다음과 같다.

1) 탄성학을 기초로 하여 요소의 역학적 특성인 하중과 변위의 관계를 계산한다.
2) 평형 및 연속조건을 고려하여 각 요소의 강성행렬을 중첩하여 구조전체의 역학적 특성을 구한다.
3) 경계조건과 하중조건을 이용하여 미지 변위에 관한 연립 1차 방정식을 구한다.
4) 계산된 변위량을 기초로 하여 요소의 내력을 계산한다.

4.2.2 트러스 요소의 강성행렬

그림 4-12와 같이 길이 방향으로 같은 단면을 갖는 트러스 요소를 고려해보자. 트러스 요소의 강성계수 k는 다음과 같이 구해진다.

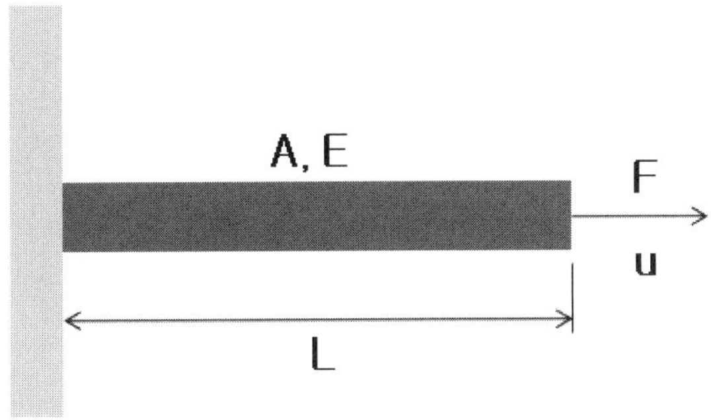

그림 4-12 트러스 요소

축방향 하중 F가 작용하고 있는 경우, 요소내의 응력(σ), 변형률(ε) 및 자유단의 변위량(u)는 다음과 같다.

$$\sigma = \frac{F}{A} \tag{4-31}$$

$$\varepsilon = \frac{\sigma}{E} = \frac{u}{L} \tag{4-32}$$

$$u = L\varepsilon \tag{4-33}$$

위 식들로부터 k를 얻을 수 있다.

$$F = A\sigma = AE\varepsilon = AE\frac{u}{L} = ku \tag{4-34}$$

$$k = \frac{AE}{L} \tag{4-35}$$

유한요소법에서는 절점을 양단에 설정한다. 이 절점에 작용하는 힘을 절점력(nodal force), 절점에 생기는 변위를 절점변위(nodal displacement)라고 부른다. 절점력과 절점변위는 요소의 강성계수를 매개로 하여 관계가 설정된다. 이 관계는 그림 4-13를 고려하여 다음과 같이 구해진다.

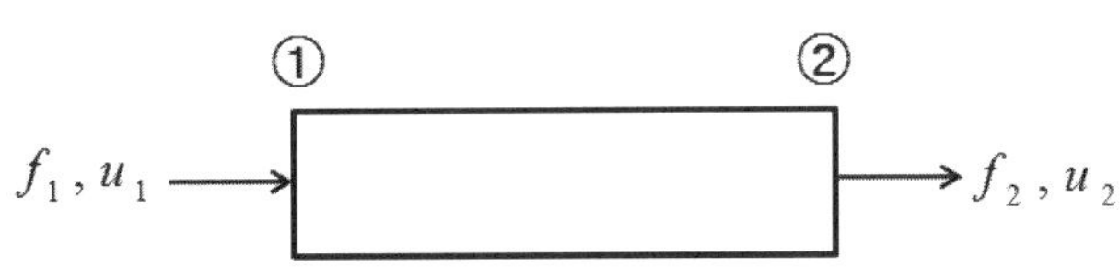

그림 4-13 절점력과 절점변위의 관계

변위 $\triangle L$ 을 $u_2 - u_1$이라고 하면 f_2는 $EA\triangle L/L$이 될 것이다. 정역학을 고려하면 $f_1 = -f_2$를 얻을 수 있다. 그러므로 다음과 같은 식을 구할 수 있다.

$$f_1 = -k(u_2 - u_1) \tag{4-36}$$

$$f_2 = k(u_2 - u_1) \tag{4-37}$$

식 (4-38)와 (4-39)를 행렬로 표현하면 다음과 같다.

$$\begin{Bmatrix} f_1 \\ f_2 \end{Bmatrix} = \begin{bmatrix} k & -k \\ -k & k \end{bmatrix} \begin{Bmatrix} u_1 \\ u_2 \end{Bmatrix} \tag{4-38}$$

식 (4-40)를 보다 간단히 표현하면 다음과 같은 관계식을 얻을 수 있다.

$$\{f\} = [K]\{u\} \tag{4-39}$$

여기서, [K]를 요소 강성행렬(Stiffness matrix of the member) 이라고 정의한다.

이번에는 그림 4-14와 같은 단면적이 다른 연속된 트러스 요소를 고려한다. 그림 4-14는 3개의 절점을 가지며 자유 물체도는 그림 4-15와 같다. 자유 물체도를 통하여 각 부재의 힘-변위 관계식은 아래와 같이 정의 할 수 있다.

$$f_1^1 = -k_1(u_2 - u_1) \tag{4-40}$$

$$f_2^1 = k_1(u_2 - u_1) \tag{4-41}$$

$$f_2^2 = -k_2(u_3 - u_2) \tag{4-42}$$

$$f_3^2 = k_2(u_3 - u_2) \tag{4-43}$$

여기서, $k_1 = E_1 A_1 / L_1$, $k_2 = E_2 A_2 / L_2$ 이다.

또한 평형조건을 이용하면 다음과 같은 관계식을 구할 수 있다.

$$F_1 = f_1^1 \tag{4-44}$$

$$F_2 = f_2^1 + f_2^2 \tag{4-45}$$

$$F_3 = f_3^2 \tag{4-46}$$

식 (4-44)~(4-46)에 식(4-40)~(4-43)를 대입하면 다음과 같다.

$$F_1 = k_1 u_1 - k_1 u_2 \tag{4-47}$$

$$F_2 = -k_1 u_1 + (k_1 + k_2) u_2 - k_2 u_3 \tag{4-48}$$

$$F_3 = -k_2 u_2 + k_3 u_3 \tag{4-49}$$

위 (4-47)~(4-49)식을 통합하여 행렬로 표현하면 다음과 같다.

$$\begin{Bmatrix} F_1 \\ F_2 \\ F_3 \end{Bmatrix} = \begin{bmatrix} k_1 & -k_1 & 0 \\ -k_1 & k_1 + k_2 & -k_2 \\ 0 & -k_2 & k_2 \end{bmatrix} \begin{Bmatrix} u_1 \\ u_2 \\ u_3 \end{Bmatrix} \tag{4-50}$$

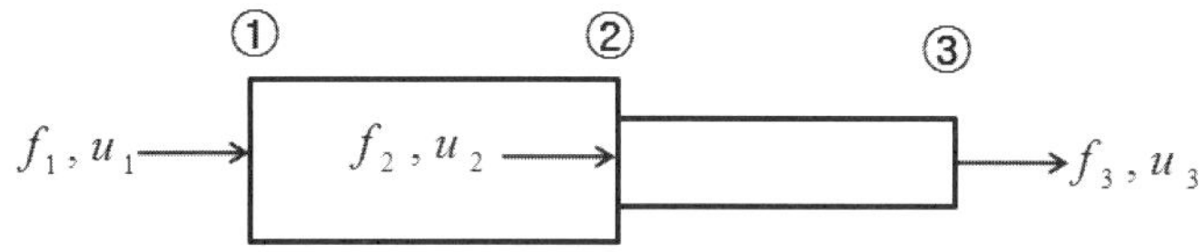

그림 4-14 단면적이 다른 트러스 요소

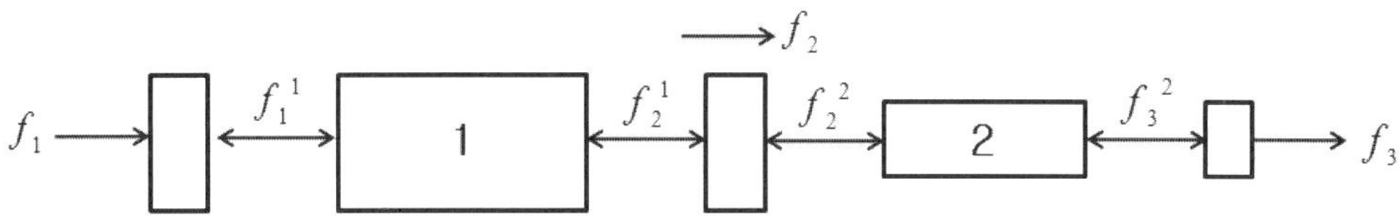

그림 4-15 자유물체도

식 (4-50)를 보다 간단히 표현하면 식 (4-39)와 같은 관계식을 얻을 수 있다.

한편, 직접강싱법(Direct stiffness method)을 이용하면 손쉽게 강성행렬을 구할 수 있다.

$$\begin{bmatrix} k_1 & -k_1 & 0 \\ -k_1 & k_1+k_2 & -k_2 \\ 0 & -k_2 & k_2 \end{bmatrix} = \begin{bmatrix} k_1 & -k_1 & 0 \\ -k_1 & k_1 & 0 \\ 0 & 0 & 0 \end{bmatrix} + \begin{bmatrix} 0 & 0 & 0 \\ 0 & k_2 & -k_2 \\ 0 & -k_2 & k_2 \end{bmatrix} \tag{4-51}$$

식 4-51의 오른편에 있는 왼쪽 행렬은 1번 부재의 강성행렬이고, 오른쪽 행렬은 2번 부재이다. 각 부재의 강성행렬에 대응하는 행렬요소를 더하면 전체 강성행렬을 구할 수 있다. 이러한 방법을 직접강성법이라고 한다.

4.2.3 전체좌표계에서의 강성행렬

그림 4-16과 같이 수평방향으로부터 α의 각을 가지고 있는 부재를 고려해보자. 이 부재는 부재의 방향을 기준으로 하는 $\overline{x}-\overline{y}$ 국부좌표계와 $x-y$ 전체좌표계를 동시에 가지고 있다. 전체좌표계에서 각 절점의 힘을 f_{1x}, f_{1y} 와 f_{2x}, f_{2y}로, 국부좌표계에서는 $\overline{f_{1x}}$, $\overline{f_{1y}}$와 $\overline{f_{2x}}$, $\overline{f_{2y}}$로 각각 정의 할 수 있다. 그림 4-16로부터 다음과 같은 관계식을 얻을 수 있다.

$$\overline{f_{1x}} = f_{1x}\cos\alpha + f_{1y}\sin\alpha \tag{4-52}$$

$$\overline{f_{1y}} = -f_{1x}\sin\alpha + f_{1y}\cos\alpha$$

$$f_{1x} = \overline{f_{1x}}cos\alpha - \overline{f_{1y}}sin\alpha \tag{4-53}$$

$$f_{1y} = \overline{f_{1x}}sin\alpha + \overline{f_{1y}}cos\alpha$$

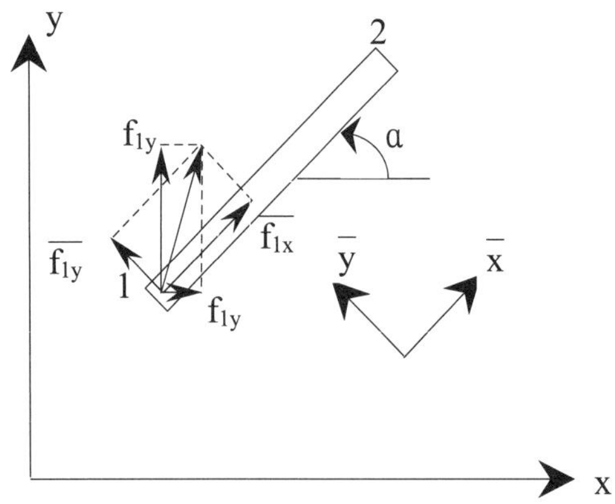

그림 4-16 경사진 보 부재

2번 절점에서도 같은 결과를 얻을 수 있다.
각 절점에서의 결과를 통합하여 행렬로 표현하면 다음과 같다.

$$\begin{Bmatrix} \overline{f_{1x}} \\ \overline{f_{1y}} \\ \overline{f_{2x}} \\ \overline{f_{2y}} \end{Bmatrix} = \begin{bmatrix} \cos\alpha & \sin\alpha & 0 & 0 \\ -\sin\alpha & \cos\alpha & 0 & 0 \\ 0 & 0 & \cos\alpha & \sin\alpha \\ 0 & 0 & -\sin\alpha & \cos\alpha \end{bmatrix} \begin{Bmatrix} f_{1x} \\ f_{1y} \\ f_{2x} \\ f_{2y} \end{Bmatrix} \tag{4-54}$$

$$\begin{Bmatrix} f_{1x} \\ f_{1y} \\ f_{2x} \\ f_{2y} \end{Bmatrix} = \begin{bmatrix} \cos\alpha & -\sin\alpha & 0 & 0 \\ \sin\alpha & \cos\alpha & 0 & 0 \\ 0 & 0 & \cos\alpha & -\sin\alpha \\ 0 & 0 & \sin\alpha & \cos\alpha \end{bmatrix} \begin{Bmatrix} \overline{f_{1x}} \\ \overline{f_{1y}} \\ \overline{f_{2x}} \\ \overline{f_{2y}} \end{Bmatrix} \tag{4-55}$$

식 (4-54)를 간단하게 표현하면 다음과 같다.

$$\{\overline{f}\} = [T]\{f\} \tag{4-56}$$

여기서, $[T]$는 변환행렬이고 $\{u\}$와 $\{\overline{u}\}$에도 적용된다.

식 (4-50)로부터 확장된 형태의 식 (4-57)를 구할 수 있다.

$$\begin{Bmatrix} \overline{f_{1x}} \\ \overline{f_{1y}} \\ \overline{f_{2x}} \\ \overline{f_{2y}} \end{Bmatrix} = \frac{AE}{L} \begin{bmatrix} 1 & 0 & -1 & 0 \\ 0 & 0 & 0 & 0 \\ -1 & 0 & 1 & 0 \\ 0 & 0 & 0 & 0 \end{bmatrix} \begin{Bmatrix} \overline{u_{1x}} \\ \overline{u_{1y}} \\ \overline{u_{2x}} \\ \overline{u_{2y}} \end{Bmatrix} \tag{4-57}$$

식 (4-57)에 식 (4-56)를 사용하면 다음과 같은 관계식을 구할 수 있다.

$$[T]\{f\} = \{\overline{k}\}[T]\{u\} \tag{4-58}$$

위 식 (4-58)의 양변 앞쪽에 $[T]$의 역행렬인 $[T]^{-1}$를 곱하면 다음과 같다.

$$\{f\} = [T]^{-1}[\overline{k}][T]\{u\} \tag{4-59}$$

$[T]$는 정방행렬로 다음과 같이 전치행렬 $[T]^T$와 같다.

$$[T]^{-1} = [T]^T \tag{4-60}$$

식 (4-59)와 식 (4-60)을 이용하면 전체좌표에서의 강성행렬 $[k]$를 다음과 같이 구할 수 있다.

$$[k] = [T]^T[\overline{k}][T] \tag{4-61}$$

식 (4-61)를 풀어서 표현하면 다음과 같다.

$$[K] = \frac{AE}{L}\begin{bmatrix} \lambda^2 & \lambda\mu & -\lambda^2 & -\lambda\mu \\ \lambda\mu & \mu^2 & -\lambda\mu & -\mu^2 \\ -\lambda^2 & -\lambda\mu & \lambda^2 & \lambda\mu \\ -\lambda\mu & -\mu^2 & \lambda\mu & \mu^2 \end{bmatrix} \tag{4-62}$$

여기서 $\lambda = \cos\alpha$, $\mu = \sin\alpha$ 이다.

최종적으로 전체좌표계에서 힘과 변위의 관계는 다음과 같다.

$$\begin{Bmatrix} f_{1x} \\ f_{1y} \\ f_{2x} \\ f_{2y} \end{Bmatrix} = \frac{AE}{L}\begin{bmatrix} \lambda^2 & \lambda\mu & -\lambda^2 & -\lambda\mu \\ \lambda\mu & \mu^2 & -\lambda\mu & -\mu^2 \\ -\lambda^2 & -\lambda\mu & \lambda^2 & \lambda\mu \\ -\lambda\mu & -\mu^2 & \lambda\mu & \mu^2 \end{bmatrix}\begin{Bmatrix} u_{1x} \\ u_{1y} \\ u_{2x} \\ u_{2y} \end{Bmatrix} \tag{4-63}$$

예제

그림 4-17와 같이 외경이 3 in이고 두께가 1/8 in인 알루미늄 튜브로 이루어진 간단한 구조물이 있다. 탄성계수 E=10×10lb/in^2라 할 때, 5000lb의 하중을 작용시킬 때 그 응력과 처짐을 결정하라.

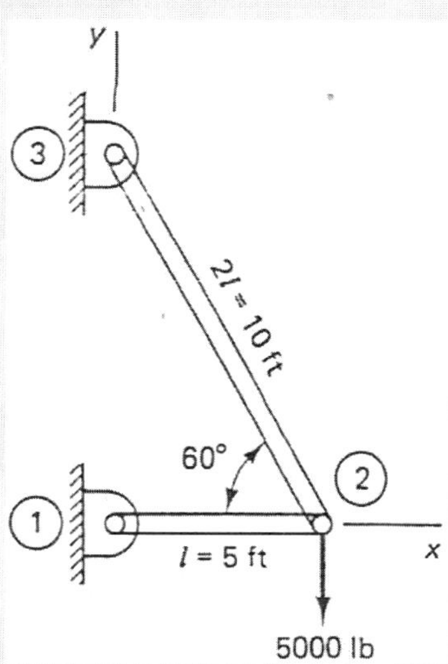

그림 4-17 예제1

각 부재의 x, y축 방향 강성행렬을 계산하기 위해서, 아래의 도표를 만들 수 있다.

Member	α	λ	μ	λ^2	μ^2	λμ
1-2	0	1	0	1	0	0
2-3	120°	-0.500	0.866	0.250	0.750	-0.433

식 (4-64)로부터 우리는 아래의 행렬들을 손쉽게 찾아낼 수 있다.

$$[K]_{1-2}=\frac{EA}{l}\begin{bmatrix}1 & 0 & -1 & 0\\ 0 & 0 & 0 & 0\\ -1 & 0 & 1 & 0\\ 0 & 0 & 0 & 0\end{bmatrix}$$

$$[K]_{2-3}=\frac{EA}{2l}\begin{bmatrix}0.250 & -0.433 & -0.250 & 0.433\\ -0.433 & 0.750 & 0.433 & -0.750\\ -0.250 & 0.433 & 0.250 & -0.433\\ 0.433 & -0.750 & -0.433 & 0.750\end{bmatrix}$$

이 두 강성행렬을 통합함으로써 아래의 전체 강성행렬을 표현할 수 있다.

$$[K]=\frac{EA}{2l}\begin{bmatrix}2 & 0 & -2 & 0 & 0 & 0\\ 0 & 0 & 0 & 0 & 0 & 0\\ -2 & 0 & 2.250 & -0.433 & -0.250 & 0.433\\ 0 & 0 & -0.433 & 0.750 & 0.433 & -0.750\\ 0 & 0 & -0.250 & 0.433 & 0.250 & -0.433\\ 0 & 0 & 0.433 & -0.750 & -0.433 & 0.750\end{bmatrix}$$

이 매트릭스로 구조응답을 표현하면

$$\{F\}=[K]\{U\}$$

여기서 $[T]$는 위와 같고 하중 $\{F\}$와 변위 $\{U\}$는 아래와 같이 주어진다.

$$\{F\}=\{F_{1x}, F_{1y}, F_{2x}, F_{2y}, F_{3x}, F_{3y}\}^T$$

$$\{U\}=\{U_1, V_1, U_2, V_2, U_3, V_3\}^T$$

하중이 구체적으로 정해질 때, 변위를 계산하기 위해서는 경계조건이 필요하다.

$$U_1=V_1=0,\ \ U_3=V_3=0,\ \ F_{2x}=0,\ \ F_{2y}=-5000lb$$

그리고 이를 이용하여 행렬을 축소하였을 때, 남아있는 식들로부터 일반적인 하중-처짐 시스템의 방정식을 세울 수 있다.

$$\begin{Bmatrix}F_{2x}\\ F_{2y}\end{Bmatrix}=\frac{EA}{2l}\begin{bmatrix}0.250 & -0.433\\ -0.433 & 0.750\end{bmatrix}\begin{Bmatrix}U_2\\ V_2\end{Bmatrix}$$

F_{2x}와 F_{2y}은 아는 값이므로, 이 방정식으로부터 U_2와 V_2를 알아낼 수 있다. $F_{1x}, F_{1y}, F_{3x}, F_{3y}$를 구해야 하는데 아래와 같은 행렬을 세울 수 있다.

$$\begin{Bmatrix}F_{1x}\\ F_{1y}\\ F_{3x}\\ F_{3y}\end{Bmatrix}=\frac{AE}{2l}\begin{bmatrix}-2 & 0\\ 0 & 0\\ -0.250 & 0.433\\ 0.433 & -0.750\end{bmatrix}\begin{Bmatrix}U_2\\ V_2\end{Bmatrix}$$

$E = 10 \times 10^6 lb/in^2$, $A = 1.13\, in^2$ 그리고 $L = 60 in$이므로

$U_2 = -0.0153 in$, $V_2 = -0.0796\, in$

$F_{1x} = 2885\, lb$, $F_{1y} = 0$

$F_{3x} = -2885\, lb$, $F_{3y} = 500\, lb$

변위를 얻기 위해서, 부재내력을 계산하는데 부재내력은 전체 좌표계상으로 계산한 값을 국부좌표계상으로 변환하면 된다.

$S_{1-2} = -2885\, lb$, $S_{2-3} = 5775\, lb$

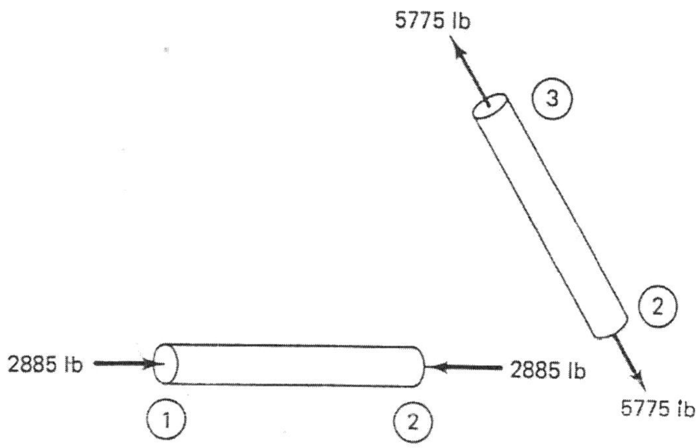

그림 4-18 부재에 걸리는 내력

이 부재내력을 통해 각 부재의 응력을 계산하면 아래와 같다.

$\sigma_{1-2} = -2550\, lb/\, in^2$, $\sigma_{2-3} = 5110 lb/in^2$

4.3 상용 전산 구조해석 프로그램 소개

앞 절에서 설명한 간단한 유한요소기법을 더욱 확대하면 보(beam)나 판(plate)의 다자유도 거동이나 또는 이들 요소가 결합한 전체시스템의 거동에 대해서도 구조해석을 수행할 수 있다. 이러한 편리함으로 인해 전산구조해석 기법이 급속히 발달해 왔다. 복잡한 구조시스템의 구조해석을 전적으로 수행할 수 있는 상용화된 프로그램이 개발되어왔는데 현재에는 ANSYS, NASTRAN, ABAQUIS 등과 같은 다수의 상용프로그램이 광범위하게 사용되고 있으며, 이들은 구조해석 뿐만 아니라 유체운동, 열적 변화, 구조 및 유체의 상호작용 해석 등 공학적으로 광범위한 분야에 사용되고 있다.

그러나 해양구조물과 같이 보다 복잡한 해양환경에 놓여 있는 구조물의 경우에는

위에서 언급한 범용프로그램으로는 해석할 수 있는 없는 경우가 많다. 따라서 해양구조물 해석 전용 프로그램도 개발되어 왔으며 이미 상용화하여 판매되고 있다. 가장 많이 사용되는 프로그램으로는 고정식 해양구조물 해석용으로 SACS가 있으며 부유식 해양구조물 해석용으로는 MOSES 등이 있다. 이것들은 ANSYS 등과 같은 일반 범용프로그램에 비해 해양구조물 분야에 전문화되어 있어 가격이 상당히 고가이다.

범용 전산 구조해석 프로그램을 이용하여 실제 문제에 대한 해석을 수행할 때는 지배방정식을 유도하거나 식을 어떻게 만들 것인가에 대하여 고민을 할 필요가 없다. 식을 만드는 과정부터 모든 요소(element)에 대한 수치적인 해를 구하는 것은 Solver라는 프로그램에서 수행된다.

범용 전산해석 프로그램을 이용하여 구조해석을 수행할 때는 크게 Pre Processing, Solving, Post Processing 이라는 세 단계를 거친다.

Pre Processing은 Solver 프로그램이 식을 구성할 수 있도록 유한요소 모델을 만들어 주는 과정이다. 이 과정에서 사용자는 실제 제품의 해석 조건에 맞게 절점(node), 요소(element), 경계조건을 정의한다. 경계조건은 식을 풀 수 있도록 하는 기본 요건으로 정확하게 잡는 것이 중요하다.

Pre Processing에서 생성된 유한요소 모델은 Solver 프로그램을 실행시킬 수 있는 형태로 변환되는데, Solving 단계에서는 생성된 파일을 이용하여 행렬식을 구성하고, 식을 풀이하는 과정을 통해 필요한 결과 값들을 계산한다.

그리고 Solving 단계에서 해석한 결과를 Post Processing 기능을 수행하여 사용자가 요구하는 형태로 화면에 보여준다. 크게 이 세 단계를 거쳐서 해석을 수행한다.

아래에서는 먼저 범용프로그램 중의 하나인 NASTRAN의 간단한 사용방법과 함께 해양구조물 전용 프로그램인 SACS와 MOSES를 간단히 소개한다.

4.3.1 NX NASTRAN

이것은 미국 국립항공우주국(NASA)에서 개발한 구조 해석용 전산 프로그램으로서, 항공기 등의 구조 설계를 위한 수치 해석과 시뮬레이션을 자동화하기 위한 CAE (Computer-aided Engineering) 도구로 유명하다.

아래에서는 NX NASTRAN을 이용하여 양단 고정된 강제 보 모양의 플레이트 모델에 1,000N의 하중을 반주기 Sine함수로 모델에 적용시켰을 경우에 대해 구조해석 수행방법을 예를 들어 간단히 설명한다.

가) Pre Processing

Pre Processing 단계에서는 Solver 프로그램이 식을 구성할 수 있도록 유한요소 모델을 만든다. 먼저 구조해석을 수행하기 위해 플레이트 모델에 3D 스웹 메쉬를 적용한다. 그리고 양 끝단을 고정이동 구속조건을 적용시켜 경계조건을 정의하였고,

하중은 가운데 부분에 가장 큰 힘이 작용하고 끝단으로 갈수록 0에 가까워지는 반주기의 Sine함수의 분포로 적용하였다. 보의 재료는 강재를 사용하였다.

Pre Processing한 그림은 다음과 같다.

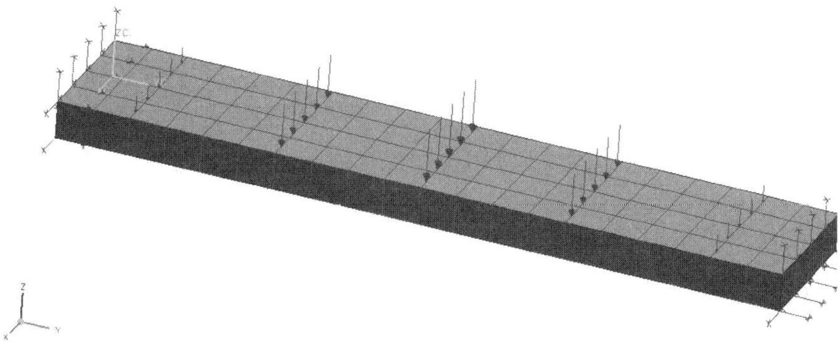

그림 4-19 Pre Processing (힘, 경계조건, 재질 결정)

나) Solving

Solving 단계는 힘과 경계조건과 재료의 재질을 결정한 후 실제적으로 해석프로그램을 사용하여 해석을 수행하는 단계이다. 아래 그림은 Solving단계의 상황을 보여준다.

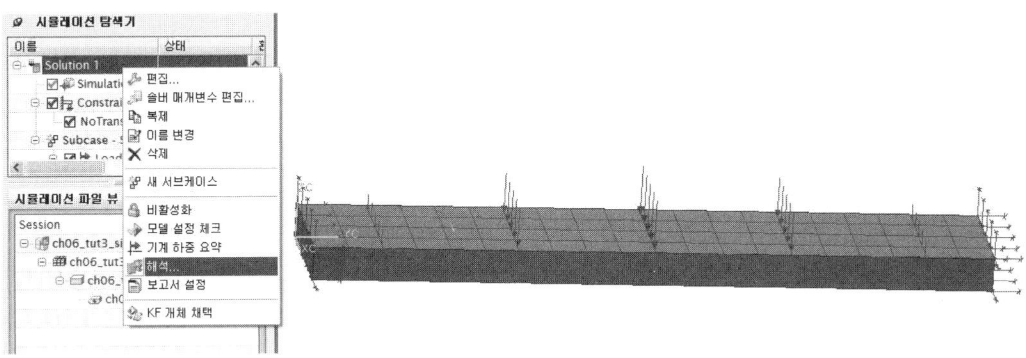

그림 4-20 Solving 단계

다) Post Processing

Solving 단계를 거쳐서 나온 결과를 변위변화, 응력분포 등 여러 측면으로 나누어서 확인할 수 있고, 쉽게 분석할 수 있다. 힘의 작용과 모델의 변화 분포를 동영상인 애니메이션으로도 확인할 수 있어 힘의 작용에 따른 모델의 변화를 쉽게 확인할 수 있다.

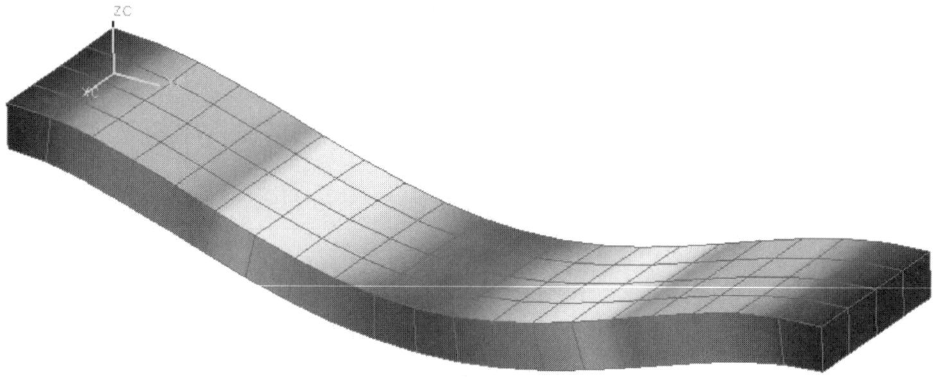

그림 4-21 보의 변위 해석 결과

4.3.2 SACS (http://www.sacs-edi.com)

SACS(Structural Analysis Computer System)는 해양 및 육상 구조물의 구조해석을 위한 범용 해석 소프트웨어로서 미국 뉴우올리언즈에 있는 EDI (Engineering Dynamics Inc.)사에서 개발하였다.

SACS가 개발될 당시는 Apollo Project를 수행하던 때로서 NASA의 Apollo Project Team에서 연구하던 3인의 엔지니어가 1973년 우주선 동체 구조 해석용으로 개발한 프로그램을 변형, 발전시켜 교량 및 발전소 등의 육상구조물뿐만 아니라 해양 및 항만구조물을 위한 해석전용 프로그램으로 개발하였다.

특히, SACS는 가장 혹독한 환경 조건인 해양환경에서 견딜 수 있는 구조물 해석용으로 만들어졌기 때문에, 자켓구조물을 비롯한 고정식 해양 구조물 해석에 주로 사용된다. 그리고 현재의 SACS는 고정식 해양 구조물 해석뿐만 아니라 모든 해양 구조물과 교량, 초고층 빌딩, 플랜트, 철구조물, 항만 설비, 방파제, 등을 총 망라한 전 구조물 해석에 강력한 구조 해석용 프로그램으로 평가 받고 있다.

그림4-22과 4-23은 SACS를 이용한 구조해석의 예제 그림과 SACS 시스템의 구성요소 간의 구조 해석에 대한 간략한 흐름을 나타낸 것이다.

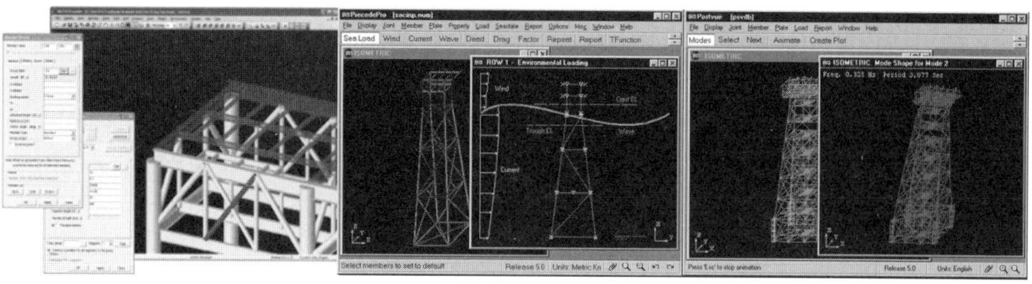

그림 4-22 SACS를 이용한 구조해석 예

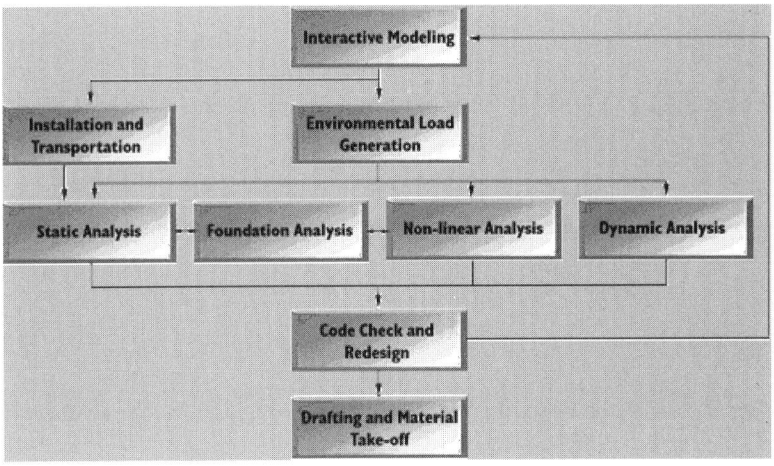

그림 4-23 SACS의 구성요소 간 흐름도

4.3.3 MOSES

MOSES (Multi-Operational Structural Engineering Simulator)는 미국 Ultramarine사가 개발한 것으로서 지난 20여년간 전 세계적으로 모든 형태의 부유식 해양 구조물의 분석과 설계과정에서 가장 널리 사용하고 있는 해석프로그램으로 해양환경에서 일어나는 해양 구조물들의 모델링, 시뮬레이션, 응력해석을 할 수 있는 해양 범용 프로그램으로 폭 넓은 융통성을 발휘하도록 되어 있다. 대부분의 해양 문제들은 시뮬레이션, 응력해석을 수행하는데 MOSES를 이용하여 이러한 과정들을 수행할 수 있다.

MOSES를 적용할 수 있는 주요 작업들은 아래와 같다.

- 바지로부터의 자켓구조물 진수 (Jacket Launch from One or More Barges)
- 선박 탑재 구조물 시간 또는 주파수 영역 시뮬레이션
  (Time or Frequency Domain Simulation of Structure on System of Vessels)
- 계류 선박의 시간 또는 주파수 영역 시뮬레이션
  (Time or Frequency Domain Simulation of Moored Vessels)
- 인장각식 구조물의 시간 또는 주파수 영역 시뮬레이션
  (Time or Frequency Domain Simulation of Tension Leg Platform)
- 자켓과 파일의 도킹 시뮬레이션 (Docking Simulation of Jacket and Pile)
- 자켓 구조물의 직립 해석 (Upending of Jacket)
- 선박의 발라스팅 및 안전성 해석 (Ballasting and Stability of Vessel and Cargo)
- 부설 바지로부터 파이프의 부살 해석 (Laying of Pipe from Lay Vessel)
- 바지로부터 구조물의 인양 해석 (Lifting Structure from Barge)
- 구조물의 침수 해석 (Lowering Structure into The Water)
- 구조물의 적재 해석 (Load out of Structure onto A Vessel)

– 자켓의 가동중 해석 (In-place Analysis of A Jacket)

그림 4-24와 4-25은 MOSES를 이용하여 Launch한 것과 구조물에 대해 Mooring과 Lifting 한 것을 시뮬레이션 한 것이다.

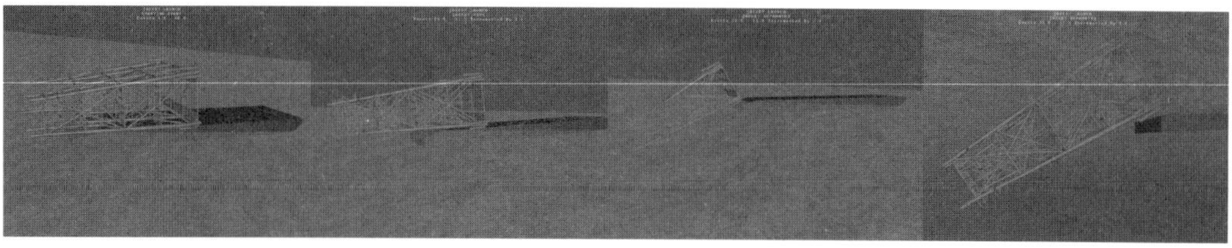

그림 4-24 자켓 진수 시뮬레이션 예

그림 4-25 해양구조물 계류 및 인양 예

제5장 부유식 해양구조물 해석

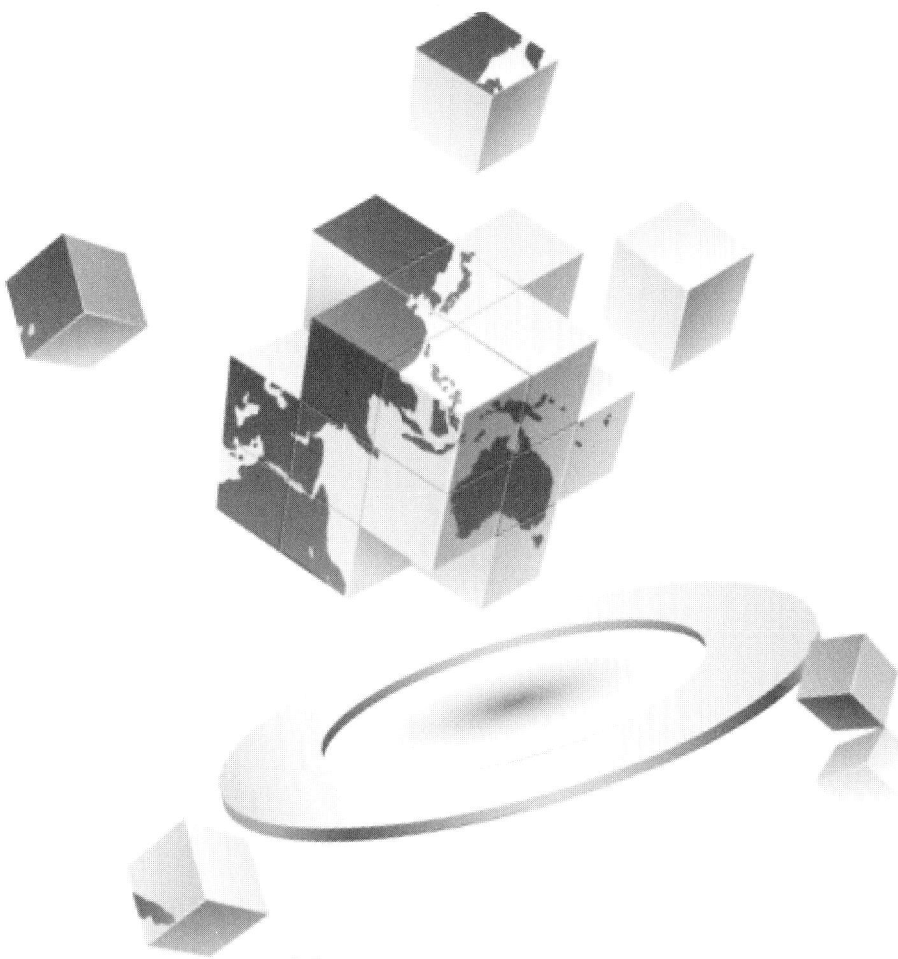

제5장 부유식 해양구조물 해석

5.1 복원성 개념 및 경사시험

5.1.1 수선(water line)

수면에 떠 있는 물체의 정적 평형상태에 관한 식은 아르키메데스의 원리로부터 유도되며 다음과 같다.

$$\int\int\int \rho_F g dV' = \int\int\int \rho g dV \tag{5-1}$$

여기서 ρ_F 는 물의 밀도, ρ는 부유체의 밀도, dV'는 배수체적, dV는 물체의 체적

좌변항은 배수중량을 나타내는 적분이고, 우변항은 물체의 전체중량을 나타내는 적분이다. 물체의 정적 평형상태에서 부유체와 해수면이 만나는 선을 수선(water line)이라고 한다. 수선의 위치는 적분의 결과로써 얻을 수 있다.

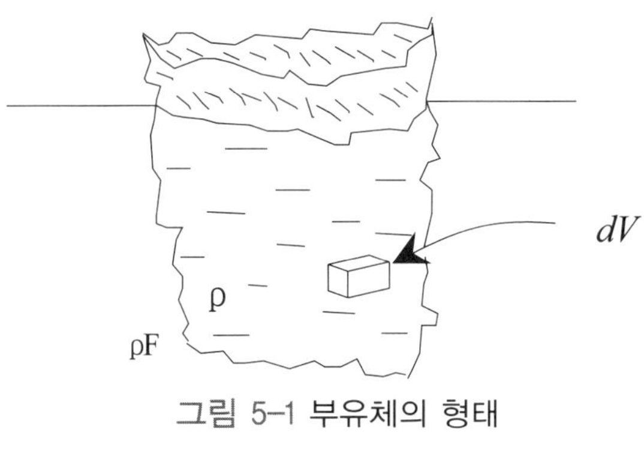

그림 5-1 부유체의 형태

5.1.2 반잠수 물체의 복원성

아래 그림 5-2(a)와 같은 형태의 동질한 부유체를 고려하자.

자중과 부력만이 물체에 작용할 때, 그림 5-2(a)에서 보는바와 같이 물체는 곧바로 서서 떠 있게 된다. 그런데 만약 외부에서 토크(torque)가 물체에 작용한다면 그림 5-2(b)와 같이 물체는 무게 중심을 중심으로 기울어질 것이다.

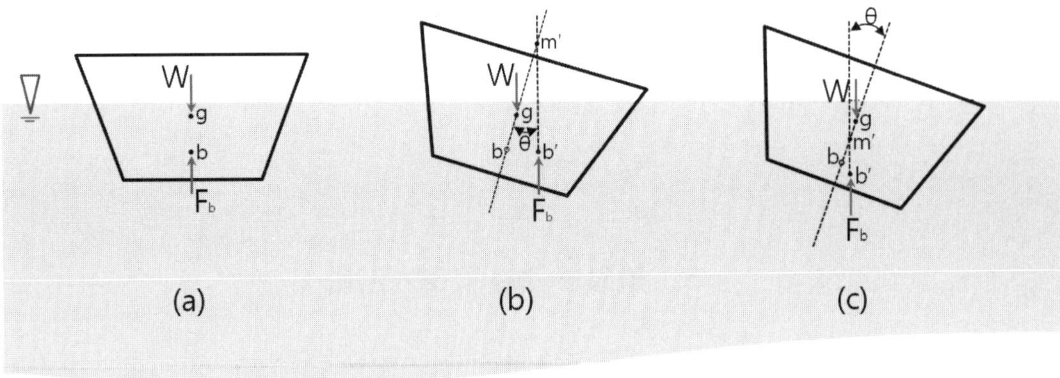

그림 5-2 부유체의 횡동요에 대한 정면도

그 후에 외부토크가 제거된다면 물체는 복원 모멘트 M의 작용에 의해서 5-2(c)와 같이 원래 위치로 회전하려고 한다.

$$M = W \cdot \overline{gm'} \cdot \sin\theta \tag{5-2}$$

여기서, $\overline{gm'}$는 새로운 부력중심 b' 를 지나는 연직상향선과 중립축과의 교차점인 m'와 물체의 무게 중심까지 거리로서 경심고라고 한다.

만약 그림 5-2(b)와 같이 m'가 g위에 있다면, 모멘트는 물체를 바로 서게 할 것이다(+ 복원 모멘트). 하지만 그림 5-2(c)와 같이 m'가 g 아래에 있다면 물체는 전복된다. 물체가 거의 바로 서 있을 때 m'의 위치를 경심(metacenter) m이라고 한다.

부유체의 경심고(metacenter height)는 다음과 같이 정의된다.

$$\overline{gm} = \lim_{\theta \to 0} \overline{gm'} \tag{5-3}$$

본 절에서는 경심고의 정량적인 표현을 유도하고자 한다. 위 식 (5-3)의 우변 $\overline{gm'}$을 구하기 위해 먼저 $\overline{bm'}$를 부력의 변화량(그림 5-3의 P_1a)으로 표현한 후, 이 부력의 변화량(P_1a)을 적분을 통해 정량적으로 계산함으로써 적절히 유도할 수 있다.

그림 5-3과 같이 부유체가 기울어지면 부력이 생성되거나 상실된다. 즉, P_1, P_2와 같은 크기가 같고 방향이 반대인 두 힘이 발생한다. 이 힘에서 발생하는 모멘트는 다음과 같다.

$$M_1 = P_1 a \tag{5-4}$$

여기서, a : P_1, P_2 사이 간격

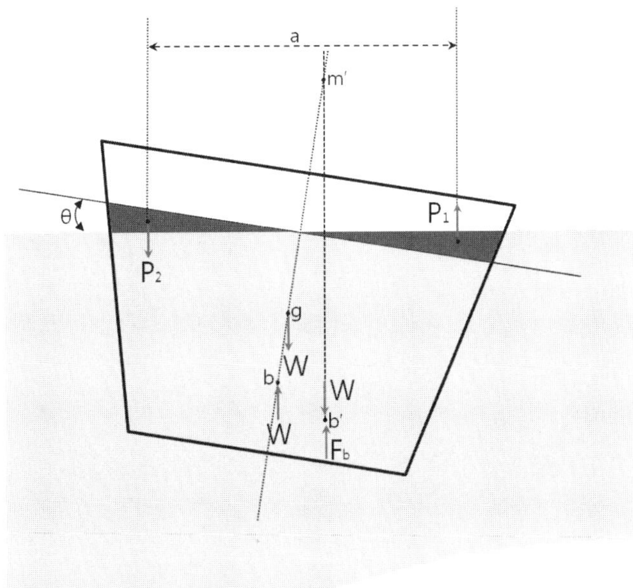

그림 5-3 부유체의 횡동요에 대한 역학적 해석도

초기의 힘 평형상태를 유지하기 위해서는 크기가 같고 방향이 반대인 다른 보멘트가 더해져야 한다. b와 b'에 작용하는 크기가 같고 방향이 반대인 커플로 된 힘을 $\pm W$라 하자(그림 5-3). 토크 시스템의 평형조건은 그림 5-4와 같은 우력모멘트로 설명이 가능하다.

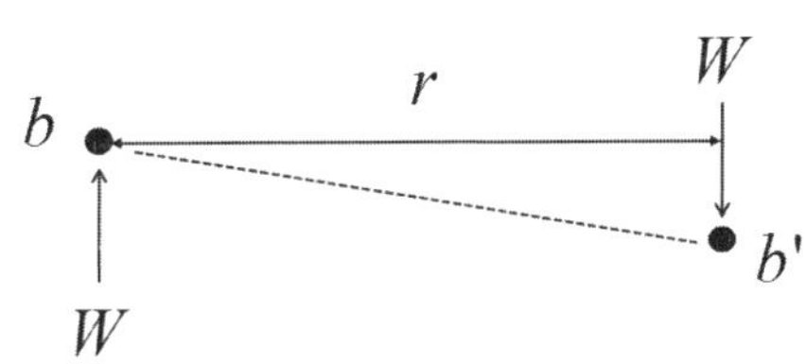

그림 5-4 우력모멘트

우력 모멘트 M은 다음과 같이 정의 된다.

$$M = r \times W \tag{5-5}$$

여기서 r은 그림 5-5에서 보이는 것처럼 다음과 같이 정의 된다.

$$r = \overline{bm'}\, sin\theta \tag{5-6}$$

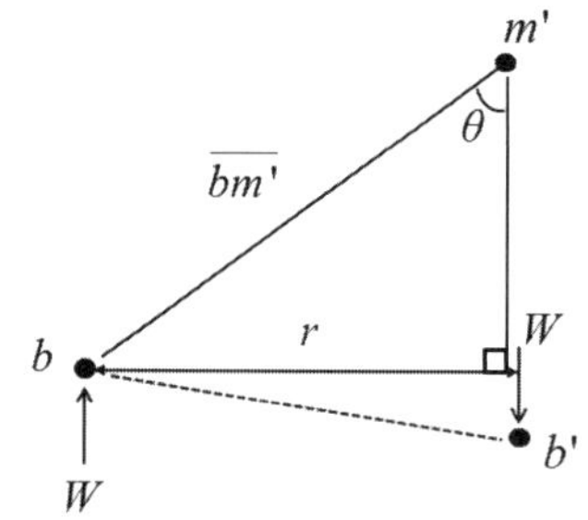

그림 5-5 모멘트선의 정의

식 (5-4), (5-5) 및 (5-6)을 결합하면 다음과 같다.

$$P_1 a = W \cdot \overline{bm'} \cdot \sin\theta \tag{5-7}$$

위 식 (5-7)은 기울어진 부유체의 각 부위별 부력증감에 의한 회전모멘트 $P_1 a$를 부력 $F_b(=W)$와 부심 및 메타센터와의 거리 $\overline{bm'}$을 통해 표현하였다. 따라서 $P_1 a$를 정량적으로 표현한다면 $\overline{bm'}$ 또한 정량적으로 표현할 수 있다.

따라서 아래에서는 부력이 증감된 부분의 체적을 미소체적으로 나누어 직접적으로 각 부위별 부력을 구함으로써 $P_1 a$의 정량적인 표현을 얻는 과정에 관해 설명한다.

그림 5-6에서 볼 수 있듯이 수선면 아래 침수된 부분은 부가된 배수체적 때문에 부력이 증가한다. y만큼 떨어진 곳에서의 dz는 그림 5-6에서 볼 수 있듯이 $ytan\theta$로 정의 된다. 따라서 y만큼 떨어진 곳에서의 미소체적 $dV'(dxdydz)$는 다음과 같다.

$$dV' = y \cdot \tan\theta \cdot dx \cdot dy \tag{5-8}$$

따라서 이 때 증가된 미소 힘은 다음과 같다.

$$dP_1 = \rho_F \cdot g \cdot y \cdot \tan\theta \cdot dx \cdot dy \tag{5-9}$$

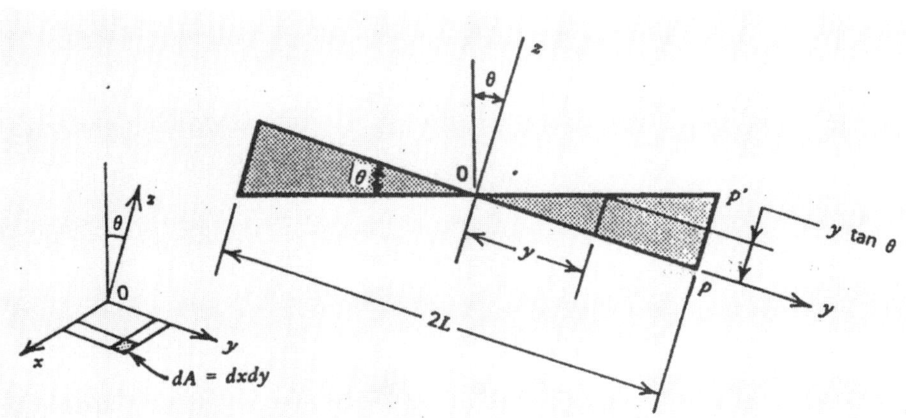

그림 5-6 부유체의 횡동요에 대한 모멘트

이 미소 부력의 Ox축에 대한 모멘트는 다음과 같다.

$$y \cdot dP_1 = \rho_F \cdot g \cdot \tan\theta \cdot y^2 \cdot dx \cdot dy \tag{5-10}$$

따라서 부력의 증가에 따른 길이 방향 전체 모멘트는 다음과 같다.

$$\int y dP_1 = \rho_F \cdot g \cdot \tan\theta \cdot \int_{-H}^{H}\int_{0}^{L} y^2 dx dy \tag{5-11}$$

여기서, L은 Op의 거리

부력의 손실된 부분에 대하여도 유사하게 얻을 수 있다. 그러므로 모멘트 M_l은 다음과 같다.

$$P_1 a = \rho_F \cdot g \cdot \tan\theta \cdot \int_{-H}^{H}\int_{-L}^{L} y^2 dx dy = \rho_F \cdot g \cdot \tan\theta \cdot I \tag{5-12}$$

I는 각도 θ가 zero일 때 수선면(그림 5-2(a))에서 종축에 대한 부유체의 단면 2차 모멘트이다.

(5-12)를 (5-17)식에 대입하면

$$\rho_F \cdot g \cdot \tan\theta \cdot I = W \cdot \overline{bm}' \cdot \sin\theta \tag{5-13}$$

여기서, $W = \rho_F \cdot g \cdot V$

따라서

$$\overline{bm}' = \frac{\tan\theta \cdot I}{\sin\theta \cdot V} \tag{5-14}$$

$$\lim_{\theta \to 0} \frac{\tan\theta}{\sin\theta} = \lim_{\theta \to 0} \frac{1}{\cos\theta} = 1 \tag{5-15}$$

부심 b와 경심 m 사이의 거리 $\overline{bm}$은 다음과 같다.

$$\overline{bm} = \lim_{\theta \to 0} \overline{bm}' = \frac{I}{V} \tag{5-16}$$

그림 5-2(b)에서 알 수 있듯이 $\overline{gm} = \overline{bm} - \overline{gb}$ 이므로

$$\overline{gm} = \frac{I}{V} - \overline{gb} \tag{5-17}$$

한편 무게 중심이 부력중심보다 아래에 있으면 $\overline{gm} = \overline{bm} + \overline{gb}$이다.

따라서 경심고 $\overline{gm}$(무게 중심~경심)은 다음과 같다.

$$\overline{gm} = \overline{bm} \pm \overline{gb} = \frac{I}{V} \pm \overline{gb} \tag{5-18}$$

반잠수 물체의 경우, 위에서 계산한 경심고 값이 양이면 복원 안정성을 확보할 수 있다. 한

가지 유의할 것은 잠수 물체의 경우에는 부력중심이 반드시 무게 중심보다 위에 있어야 복원 안정성을 유지할 수 있다. 반잠수 물체의 경우에는 무게 중심이 부력중심보다 아래에 있으면 당연히 복원 안정성을 유지 할 수 있고, 설령 무게 중심이 부력중심 위에 있더라도 경심고 값이 양이면 복원 안정성을 유지할 수 있다. 즉, 경심이 무게 중심 위에만 있으면 된다.

한편 미소각도로 기울어진 경우의 복원 모멘트(Righting moment)는 다음과 같다.

$$M = W \cdot \overline{gm} \cdot \theta \qquad (5\text{-}19)$$

예제 5-1

아래 그림과 같이 서로 다른 두 유체 속에 밀도가 ρ인 균질 블록이 떠있다. 이때 b의 높이를 구하라.(단 $\rho_1 < \rho < \rho_2$)

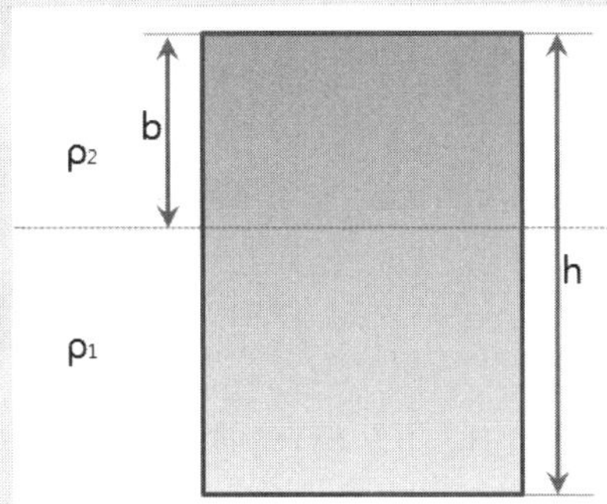

해 답

블록 상부에서의 압력을 P_1이라 하면

두 유체의 경계면 상에서의 압력은 아래와 같다.

$P_2 = P_1 + \rho_1 g b$

또한 블록 하부에서의 압력은 아래와 같다.

$P_3 = P_2 + \rho_2 g(h-b)$

따라서 블록에 작용하는 부력은 아래와 같다.

$B = A(P_3 - P_1) = A(\rho_1 g b + \rho_2 g h - \rho_2 g b)$

또한 블록의 무게는 아래와 같다.

$W = \rho g h A$

블록은 역학적 평형상태(B-W=0)에 있으므로

$$b = \frac{\rho - \rho_2}{\rho_1 - \rho_2}$$

예제 5-2

질량이 90kg이고 속이 빈 강철 원통의 부이가 케이블에 의해 계류되어 있다. (단, 물의 밀도는 1030kg/m^3이고 부이는 항상 거의 수직이다.)

① 만약 만조 때에 h=0.6m이면 케이블에 걸리는 장력은 얼마인가?

② 케이블에 걸리는 장력이 0이 될 때의 높이 h는 얼마인가?

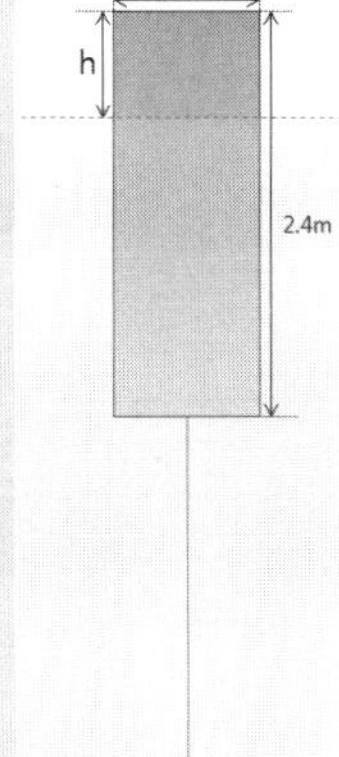

해 답

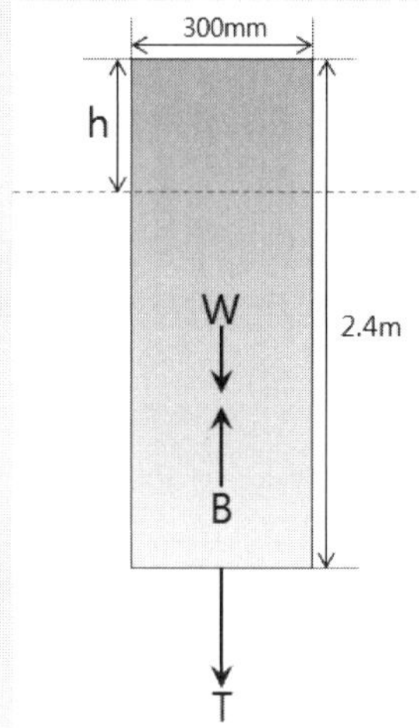

위 부이에는 부력(B), 자중(W) 그리고 케이블의 장력(T)이 작용하며 이 세 힘이 아래와 같이 역학적 평형상태를 이룬다.

$$B-W-T=0$$

이때 부력과 무게는 각각 아래와 같다.

$$B=\rho_w gV=1030\times g\times(2.4-h)\times\frac{\pi\times0.3^2}{4}$$

$$W=90\times g$$

그러므로 평형방정식은 아래와 같이 표현할 수 있다.

$$1030\times g\times(2.4-h)\times\frac{\pi\times0.3^2}{4}-90\times g-T=0(\text{단, } T\geqq 0)$$

① 따라서 $h=0.6m$일 때의 장력은 아래와 같다.

$$T=1030\times9.81\times(2.4-0.6)\times\frac{\pi\times0.3^2}{4}-90\times9.81=403N$$

② 따라서 장력 $T=0$일 때의 흘수 h는 아래와 같다.

$$h=2.4-\frac{90}{\frac{\pi\times0.3^2}{4}}\times\frac{1}{1030}=1.164(m)$$

예제 5-3

아래 그림과 같은 해양구조물은 갑판의 상부구조물과, 2개의 폰툰, 4개의 기둥으로 구성되어 있다. 폰툰 전체의 질량이 50×10^5kg이고 크기는 길이 70m, 높이 8m, 폭 12m인 직사각형이다. 한편 칼럼 한 개의 질량이 50×10^5kg이고 크기는 직경 10m, 높이 50m인 원통형이다. 이 구조물의 수선이 칼럼의 4/5높이에 있도록 하기 위해서는 갑판의 무게를 얼마까지 둘 수 있는가? 단, 갑판의 무게중심이 폰툰바닥에서 65m의 높이에 있다고 가정한다. 또한 경심고의 크기를 구하라. 단, 해수의 밀도는 $1024kg/m^3$이다.

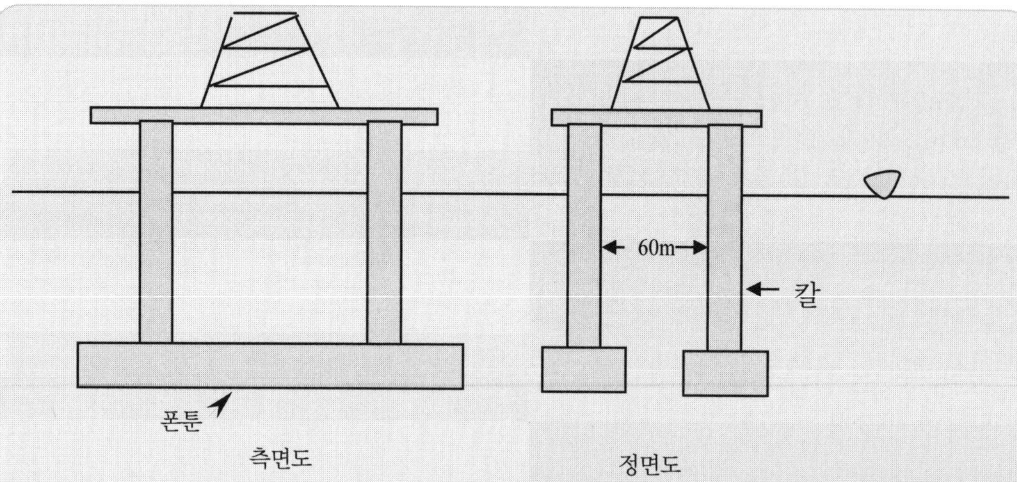

해 답

구조물의 수선이 칼럼의 4/5높이에 있을 때의 전체 배수체적은 폰툰과 칼럼의 4/5 높이 배수체적의 합이다. 즉, $V_T = V_P + V_C$

$$V_P = 70 \times 12 \times 8 \times 2 = 6720 \times 2 = 13440m^3$$

$$V_C = \frac{\pi}{4} \times 10^2 \times 50 \times 4 \times \frac{4}{5} = 12566.370614359m^3$$

$$V_T = V_P + V_C = 26006.370614359m^3$$

갑판의 무게= W_D

폰툰 전체 질량 $m_P = 50 \times 10^5 kg \times 2 = 100 \times 10^5 kg$

칼럼 전체 질량 $m_C = 50 \times 10^5 kg \times 4 = 200 \times 10^5 kg$

구조물의 수선이 칼럼의 4/5높이에 있을 때의 부력 $B_T = \rho_w \times g \times V_T$

구조물 전체의 무게 $W_T = (m_P + m_C) \times g + W_D$

구조물 전체의 무게와 수선면까지의 배수체적에 의한 부력이 같아야 하므로

$$\rho_w \times g \times V_T = (m_P + m_C) \times g + W_D$$

따라서 $W_D = \rho_w \times V_T - (m_P + m_C) \times g = 15995435.6N$

따라서 W_D는 약 16×106N(갑판의 질량 $m_D = \frac{W_D}{g} = 1630523.5kg$)

경심고 $\overline{gm} = \overline{bm} \pm \overline{gb} = \frac{I}{V_T} \pm \overline{gb}$

무게중심 $g = \frac{(m_P \times g_P + m_C \times g_C + m_D \times g_D)}{(m_P + m_C + m_D)} = 29.5m$

부력중심 $b = \frac{(V_P \times L_P + V_C \times L_C)}{(V_P + V_C)} = 15.6m$

수선면의 단면이차모멘트 $I=(\frac{\pi}{64}\times 10^4+\frac{\pi}{4}\times 10^2\times 35^2)\times 4=386808.6m^4$

무게중심이 부력중심보다 높으므로

경심고 $\overline{gm}=\overline{bm}-\overline{gb}=\frac{I}{V_T}-\overline{gb}=0.96m$

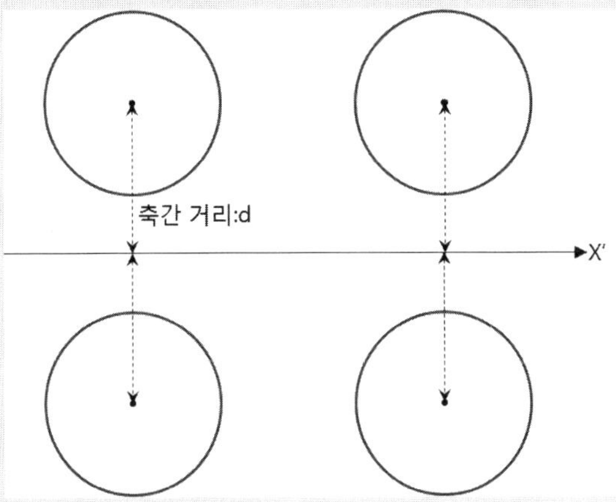

수선면의 형상과 단면이차모멘트의 축

<참고> 임의의 축에 대한 단면이차모멘트 구하기

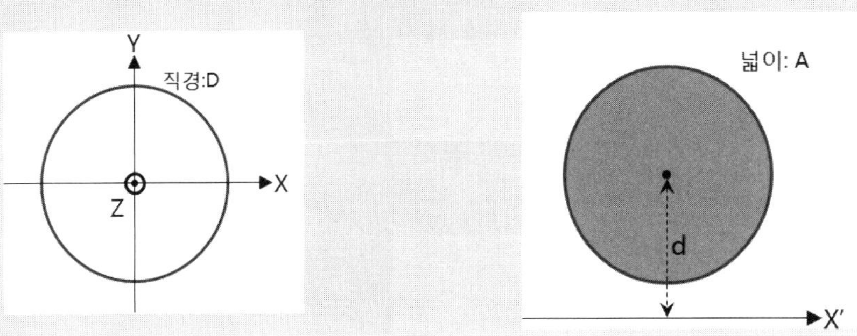

$I_X=I_Y=\frac{\pi D^4}{64}$

$I_Z=I_X+I_Y=\frac{\pi D^4}{32}$

$I_{X'}=I_X+Ad^2$

$I_{Y'}=I_Y+Ad^2$

5.1.3 부유체가 경사지는 원인

부유체가 경사지는 원인은 다양하다. 그 대표적인 예로는 부유체에 존재하는 움직이는 물체, 이동한 밸러스트에 의한 경사, 탱크의 침수로 인한 경사, 바람에 의한 구조물의 치우침에 의한 경사, 계류삭에 의한 경사, 해류력에 의한 경사, 추진기 작동의 치우침에 의한 경사, 파도에 의한 구조물의 움직임에 의한 경사 등이 대표적이다. 이 중 바람에 의한 경사가 가장 중요한 원인이다. 풍력은 다음과 같은 식으로 정의된다.

$$F_{\omega} = 0.5\rho_{air} C_s C_h V_{10}^2 A \tag{5-20}$$

여기서, C_S는 형상계수, C_h는 높이계수, V_{10}은 10m 높이에서 10분 동안의 평균 풍속

풍력에 의한 전도 모멘트는 다음 식으로 정의된다.

$$M_{\omega} = \sum F_{\omega i} d_i x h_i \tag{5-21}$$

앞의 2장에서는 ABS규정에서 정한 값을 이용하여 형상 및 높이계수를 설명하기도 했으나 아래에서는 DnV규정을 이용하여 형상 계수 및 높이계수를 제시한다. 바람에 의한 경사 모멘트를 구할 때 사용하는 C_S는 표 5-1와 같이 정의할 수 있다.

표 5-1 형상계수 (DNV)

Shape	C_S
Spherical shape	0.4
Cylindrical shape	0.5
Large flat surface(hull, deckhouse)	1.0
Drilling derrick	1.25
Wires	1.2
Exposed beams and girders under deck	1.3
Small parts	1.4
Isolated shape(crane, beam, etc.)	1.5
Clustered deck house or similar structures	1.1

또한 높이계수 C_h를 표 5-2와 같이 정의할 수 있다.

표 5-2 높이계수 (DnV)

Height above sea (m)	C_h	Height above sea (m)	C_h
0-15.3	1.00	137.0-152.5	1.60
15.3-30.5	1.10	152.5-167.5	1.63
30.5-46.0	1.20	167.5-183.0	1.67
46.0-61.0	1.30	183.0-198.0	1.70
61.0-76.0	1.37	198.0-213.5	1.72
76.0-91.5	1.43	213.5-228.5	1.75
91.5-106.5	1.48	228.5-244.0	1.77
106.5-122.0	1.52	244.0-256.0	1.79
122.0-137.0	1.56	Above 256	1.80

5.1.4 복원성에 영향을 주는 기타 요소들

부유식 해양구조물의 복원성에 영향을 주는 기타 요소들은 다음과 같다.

- 매달린 하중: 크레인에 매달려 있는 하중도 복원성을 줄이는 역할을 한다.
- 계류삭: 사전 인장(pre-tension)의 크기에 따라 복원성을 개선하는 작용을 한다. 통상적으로 선급의 규정에서는 무시하도록 한다.
- TLP 테더(tether): 수직 아래로 작용하는 테더의 장력으로 인하여 TLP의 복원성은 개선된다.
- 라이저: 유연 라이저는 계류삭과 마찬가지로 부유체의 복원성을 개선하나 그 효과는 적다. 장력을 받는 시추 라이저는 매단 질량과 같다고 볼 수 있다.

각 유형의 부유식 구조물에 대해 특별히 주의해야 할 복원성 특성에 대해 살펴보면 다음과 같다.

가) 바지선 및 잭업(jack-up)선의 복원성

- 작은 건현(free board)을 지닌 이들 부유식 구조물들은 작은 경사(heel) 각도에 대해서도 선측이 쉽게 침수되어 여분의 부력을 많이 갖지 못한다.
- 이들은 또한 명확한 종방향이 없으므로 다양한 갑판 형상을 가진 신형 잭업선들의 경우에는 경사축이 명확하지 않다. 따라서 가장 위험한 경사축을 반복법을 사용하여 구해야 한다.

나) TLP(Tension Leg Platform)의 복원성

- TLP의 복원성은 테더(tether)의 장력에 의해 얻어진다.
- 극한 환경에서 장력이 영(zero)이 되지 않도록 테더에 최소장력이 유지되어야 한다.
- 침수되는 탱크가 충분히 작아야 침수할 때 테더의 장력에 여유가 있다.
- 테더가 손상될 경우와 탱크가 침수되는 경우 두 가지 모두 복원성을 체크하여야 한다.

다) 반잠수식 구조물(Semi-Submersible)의 복원성

- 복원성이 좋지 않으므로 설계할 때 중요하게 고려해야 한다. 최근에는 반잠수식 구조물의 치수는 점점 커지고 수선 면적도 커지고 있다.
- 복원성은 가장 좋지 않은 경사축을 기준으로 정의하여야 한다. 이는 반드시 횡방향만이 아니다. 따라서 각 각도별로 복원성을 모두 체크하여 가장 좋지 않는 경사축을 찾아내야 한다.
- 이동(transit), 극한(survival) 그리고 작동 (operation) 시의 흘수에 대한 복원성 검토가 필요하다.

5.1.5 비손상 및 손상시의 복원성

가) 비손상시의 복원성

비손상시의 복원성은 각 선급 및 HSE와 같은 국가 규정에서 정의하고 있다. 여기에서는 선박형 구조물인 FPSO와 반잠수식 구조물에 대해서만 설명한다.

(1) FPSO

- GZ곡선 아래의 면적이 경사각 30도까지 적어도 0.055m-rad 이어야 한다.
- GZ곡선 아래의 면적이 경사각 40도까지 또는 침수(down flooding)각도까지 적어도 0.09m-rad이어야 한다.
- GZ값이 경사각 30도까지 적어도 0.2m이어야 한다.
- 최대 GZ값이 경사각 25도 미만의 범위에 있어야 한다.
- 최소 GZ값이 적어도 0.15m이여야 한다.

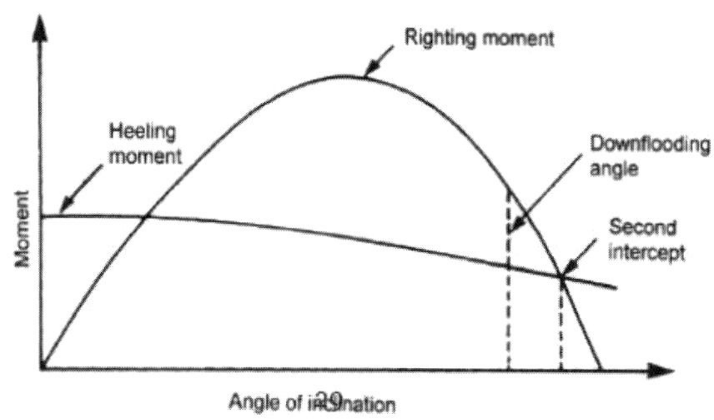

그림 5-5 FPSO의 GZ 곡선

(2) 반잠수식 구조물

- 반잠수식 구조물은 풍속 36.0m/sec의 이동 및 작동 조건과 풍속 51.5m/sec의 극한조건에 대해 복원성 검토가 이루어져야 한다.
- 복원력 곡선아래 면적과 전도 모멘트 곡선아래 면적의 비가 1.3이상이어야 한다.
- 초기 경심고(GM) (작동, 이동, 극한 조건)가 1.0m이상 되어야 한다.
- 초기 경심고(임시 조건)가 0.3m이상 되어야 한다.

나) 손상시의 복원성

(1) 수선면 탱크 파괴의 경우

- 바람에 의한 정적 경사각도는 17°이하가 되어야 한다.
- 수선면 위 4미터까지 전체 개구(opening)은 수밀(water tight)되어야 한다.
- 수밀지점까지 또는 2번째 교차점(intercept)중 작은 경사각이 적어도 7°이상이어야 한다.

- 복원력 곡선아래 면적과 전도 모멘트 곡선아래 면적의 비는 1 이상이어야 한다.

(2) 임의의 탱크의 파괴의 경우
- 바람에 의한 정적 경사 각도는 25°이하가 되어야 한다.
- 수밀되는 지점까지의 경사각 또는 복원성 곡선의 2번째 교차점(intercept)중 작은 경사각이 적어도 7°이상이어야 한다.
- 7°이내에서 복원 모멘트는 적어도 바람에 의한 경사(heeling) 전도 모멘트 보다 2배이어야 한다.
- 원력 곡선아래 면적과 전도 모멘트 곡선아래 면적의 비는 1 이상이어야 한다.

5.2 부유식 해양구조물의 응답해석

5.2.1 가상질량의 원리

물속에 잠긴 물체를 가속시키기 위해서는 물체뿐만 아니라 물체 가까이에 있는 물도 가속시켜야 한다. 물속에서 물체를 가속시키기 위해서 필요한 힘F' 가 공기 중에서 같은 물체를 가속시키기 위해 필요한 힘 F 보다 큰 이유가 바로 이것이며 이러한 원리를 식으로 표현하면 다음과 같다.

$$F' = (m + m')a > F = ma \tag{5-19}$$

여기서, m' 를 물체와 함께 가속되는 물체 주변의 물의 질량으로 부가 질량(added or hydrodynamic mass)이라고 한다. 또한 물체의 질량과 부가질량을 합쳐 가상질량이라고 부른다.

가) 부가질량계수(added mass coefficient)

부가질량은 다음과 같이 표현된다.

$$m' = C_m \rho_f (Vol) \tag{5-20}$$

여기서, C_m : 부가질량계수

ρ_f : 물의 밀도

Vol : 물속에 잠긴 물체의 배수용적

식 (5-20)에서 알 수 있듯이 부가질량을 알기 위해서는 물의 밀도, 물체의 배수용적, 부가질량 계수를 알아야 하는데 앞의 두 가지는 쉽게 구할 수 있으나 부가질량 계수를 구하기는 쉽지 않다. 이러한 경우, 실험이나 이상유체이론(ideal flow theory)을 이용하여 부가질량 계수를 구할 수 있다. 복잡한 형태에 대해서는 실험을 통해 구해야 하나 구(sphere)나 실린더와 같이 간단한 형상의 물체에 대해서는 이상유체이론을 이용하여 구할 수 있다.

구(sphere)에 대한 부가질량계수를 구하는 방법을 설명하면 다음과 같다.

이상 유체에서 회전을 하지 않고 직선운동만 하는 구에 대한 속도 퍼텐셜은 다음과 같다.

$$\psi = \frac{Ua^3}{2r^2} cos\theta \tag{5-21}$$

여기서, U : 구의 순간속도

a : 구의 반경

체적 dV를 가지는 유체입자의 운동에너지는 일반적으로 다음과 같이 표현된다.

$$d(KE) = \frac{1}{2}\rho_F \nabla\Phi \cdot \nabla\Phi\, dV \tag{5-22}$$

유체 전체에 대한 전체 운동에너지는 위 미분식을 전체 속도장에 대하여 적분함으로써 알 수 있다.

$$KE = \frac{1}{2}\rho_F \int\int\int \nabla\Phi \cdot \nabla\Phi\, dV \tag{5-23}$$

그린 정리(Green's theorem)를 사용하여 아래와 같이 식을 분리할 수 있다.

$$\int\int \Phi\nabla\Phi \cdot \vec{n} ds = \int\int\int \Phi\nabla^2\Phi\, dV + \int\int\int \nabla\Phi \cdot \nabla\Phi\, dV \tag{5-24}$$

이상유체에서는 $\nabla^2\Phi = 0$ 이므로 운동에너지의 표현은 다음과 같다.

$$KE = \frac{1}{2}\rho_F \int\int \Phi\nabla\Phi \cdot \vec{n} dS \tag{5-25}$$

(5-21), (5-25) 식을 이용하고, 구의 표면에 대해서 적분하면

$$KE = \frac{1}{2}\rho_F (\frac{2}{3}\pi a^3)\frac{U^2}{2} \tag{5-26}$$

유체의 운동에너지의 시간 미분은 구에 의해서 유체에 적용한 단위시간당 한일의 량과 같다.

$$F\frac{dx}{dt} = FU = \frac{d}{dU}(KE)\frac{dU}{dt} = \rho_F(\frac{2\pi a^3}{3})(U\frac{dU}{dt}) \tag{5-27}$$

양변을 U로 나누면, 동수역학적 질량효과를 설명하는 힘 F는 다음과 같다.

$$F = \rho_F(\frac{2\pi a^3}{3})\frac{dU}{dt} = m'\frac{dU}{dt} \tag{5-28}$$

따라서 질량 m'는

$$m' = \rho_F \frac{2\pi a^3}{3} \tag{5-29}$$

m'값을 (5-20)식에 적용하여 구의 부가질량계수(C_m)을 구하면 다음과 같다.

$$C_m = \frac{m'}{\rho_F (Vol)} = \frac{1}{2} \tag{5-30}$$

다른 형상을 가지는 단순한 물체에 대한 부가질량 계수도 비슷한 방법으로 구할 수 있다.

5.2.2 단순 조화파에 대한 원통형 부유체의 연직운동

가) 좌표계

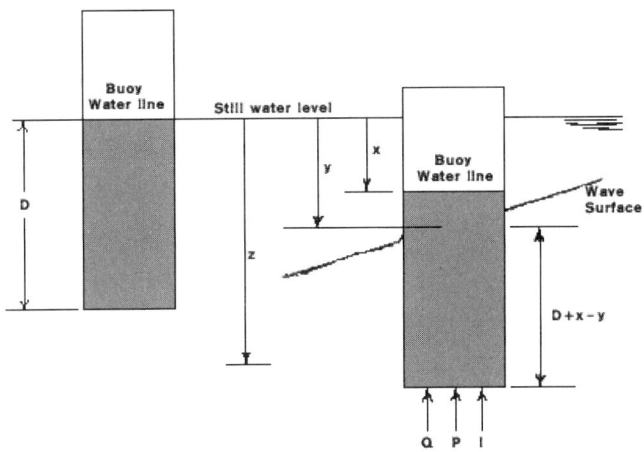

그림 5-7 부유체의 상하운동과 좌표계의 설정

역학적인 문제를 해결하기 위해 방정식을 세우기 위해서는 좌표계가 필요한데 여기에서는 다음과 같이 정의한다.

① 정수면을 기준축 (level of reference)으로 선택한다.

② x는 정수면에서 부이의 수선까지 거리이며, 아래 방향을 +로 한다. 여기서 x는 부유체가 상하방향으로 움직이는 거리를 나타내므로 정수면으로부터 부유체의 어떤 점까지의 위치를 잡아도 좋으나 편의상 수면까지로 잡았다.

③ y는 기준축으로부터 파의 표면(wave surface)까지 거리이며 아래 방향이 +이고 다음과 같이 표현한다.

$$y = r \cos\omega t \tag{5-31}$$

여기서 r : 파의 진폭

ω : 파 각 주파수

④ z는 기준축에서 임의 어느 점까지 연직거리이며 아래 방향이 +이다.

나) 힘(Force)

물체에 대하여 연직으로 작용하는 힘은 다음과 같다.

① W : 부유체의 중량 (아래방향)

② p : 부유체의 바닥에 작용하는 압력 (윗방향)

앞에서 기술한 바와 같이 해수면 아래 수심 z에서 압력p는 다음과 같다.

$$p = \rho g\{z - ye^{-kz}\} \tag{5-32}$$

부이의 바닥에서는 $z = x + D$. 여기서 D는 흘수이다. 그러므로 바닥 면적 A에 작용하는 압력 힘은 다음과 같다.

$$P = \rho gA\{x + D - ye^{-kz}\} \tag{5-33}$$

흘수가 작은 경우에는 z는 작은 값이 되며, 감소항인(attenuation term)e^{-kz}항은 무시될 수 있다.

부이의 흘수가 큰 경우, z는 거의 흘수 D와 같으며 감소항은 e^{-kD}와 같아진다. 후자의 경우를 생각하면

$$P = \rho gAD + \rho gAx - \rho gAye^{-kD} \tag{5-34}$$

③ Q : 물의 점성에 의한 감쇠력 (윗방향)

선형운동으로 가정할 수 있을 만큼 속도가 크지 않을 경우에는 감쇠력은 부유체와 물의 상태속도에 비례한다고 가정할 수 있다. 부이의 속도가 $\dot{x}$이고 반면에 물 입자의 연직방향 속도는 $\dot{y}\,e^{-kz}$와 같다. 감쇠의 대부분이 바닥($z = D$)에서 발생한다고 가정할 수 있으므로 감쇠력은 다음과 같이 표현될 수 있다.

$$Q = b(\dot{x} - \dot{y}e^{-kD}) \tag{5-35}$$

여기서, b : 선형마찰계수

④ I : 부가질량효과에 의한 관성력 (윗방향)

관성력은 부가질량 m'과 부유체와 물입자의 상대가속도 곱과 같다. 흘수가 큰 부유체에 대해서, 대부분의 부가관성력이 부유체의 바닥에서 일어난다고 가정하면 관성력은 다음과 같이 표현된다.

$$I = m'(\ddot{x} - \ddot{y}e^{-kD}) \tag{5-36}$$

다) 운동방정식

뉴턴의 제2법칙을 적용하여 연직 운동에 대한 운동 방정식을 세우면 다음과 같다.

$$W - \rho g A(D + x - ye^{-kD}) - b(\dot{x} - \dot{y}\, e^{-kD}) - m'(\ddot{x} - \ddot{y}e^{-kD}) = m\ddot{x} \qquad (5\text{-}37)$$

부유체 무게 $W = \rho g A D$이며, 복원 상수 $c = \rho g A$, 가상 질량 $m_v = m + m'$ 로 두고 정리하면

$$cx + b\dot{x} + m_v\ddot{x} = (cy + b\dot{y} + m'\ddot{y})e^{-kD} \qquad (5\text{-}38)$$

$y = r\cos\omega t$ 이므로 위의 운동 방정식의 우변은 다음과 같이 정리된다.

$$(cy + b\dot{y} + m'\ddot{y})e^{-kD} = r\,x^{-kD}\{(c - m'w^2)\cos\omega t - bw\sin\omega t\} \qquad (5\text{-}39)$$

$$= F_o\cos(\omega t + \sigma)$$

여기서

$$F_o = r\,e^{-kD}\{(c - m'\omega^2)\cos\omega t - b\omega\sin\omega t\} \qquad (5\text{-}40)$$

$$\sigma = \tan^{-1}\frac{-b\omega}{c - m'\omega^2} \qquad (5\text{-}41)$$

F_o : 가진력

σ : 힘과 파도 사이의 위상각

따라서 운동방정식은 최종적으로 다음과 같다.

$$cx + b\dot{x} + m_v\ddot{x} = F_o\cos(\omega t + \sigma) \qquad (5\text{-}42)$$

라) 부유체의 연직운동 응답

식 (5-13)은 다음과 같이 표현할 수 있다.

$$\ddot{x} + 2n\dot{x} + \omega_n^2 x = \frac{F_o}{m_v}cos(\omega t + \sigma) \qquad (5\text{-}43)$$

여기서 $2n = \frac{b}{m_v}$

$\omega_n^2 = \frac{c}{m_v}$

식 (5-43)은 선형 감쇠항을 가지는 1자유도 질량-스프링 시스템의 강제 진동 방정식과 같다. 이 방정식에 대한 해를 구하는 방법은 진동역학 또는 동역학 책에서 찾을 수 있다.

(1) 연직운동의 고유진동수(Natural frequency of heave)

감쇠항이 없는 자유진동의 진동수 ω_n는 다음과 같다.

$$\omega_n = \sqrt{\frac{c}{m_v}} \qquad (5\text{-}44)$$

(2) 자유진동

부유체를 정수면 아래로 밀어서 물에 잠기게 한 후, 자유롭게 진동하도록 놓아보자. 이 경우에 대한 연직 운동은 (5-43)식에서 우변항을 제거한 식으로 표현된다. 즉,

$$\ddot{x}+2n\dot{x}+\omega_n^2 x=0 \tag{5-45}$$

이 해는 다음과 같다.

$$x=e^{-nt}\left\{c_1\cdot\sin\sqrt{\omega^2-n^2}\,t+c_2\cdot\cos\sqrt{\omega^2-n^2}\,t\right\} \tag{5-46}$$

상수 c_1, c_2는 초기 조건으로부터 얻을 수 있다. 감쇠항이 고려되었을 경우 자유진동의 고유주기는 다음과 같다.

$$T_d=\frac{2\pi}{\sqrt{\omega_n^2-n^2}} \tag{5-47}$$

(5-46)식이 부유체의 상하방향 자유진동의 해인데, 이 과도 응답(transient response)은 진동하게 되는데 그 진폭은 그림 5-8과 같이 시간에 따라서 지수적으로 감소한다.

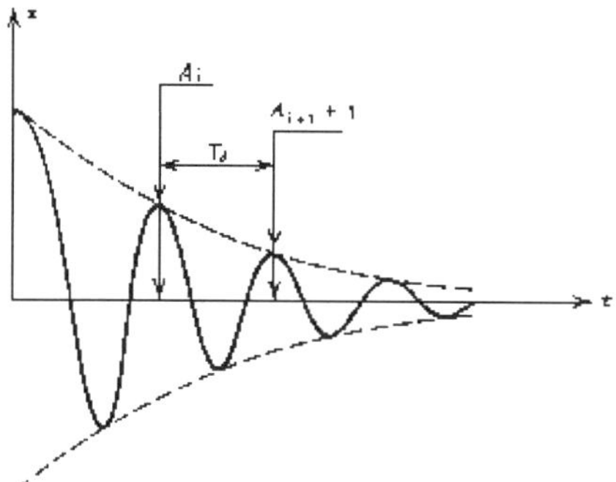

그림 5-8 과도응답

위 식을 이용하여 중요한 물리적인 계수값을 실험으로 구할 수 있는 방법을 소개한다. (5-46)식으로부터 감쇠 주기 T_d의 시간 간격에 대한 연속적인 두 진폭의 비는 다음과 같이 구할 수 있다.

$$\frac{A_i}{A_{i+1}}=\frac{e^{-nt}}{e^{-n(t+Td)}} \tag{5-48}$$

지수 감소율 δ은 다음과 같이 정의되며 위 식을 이용하면 다음과 같다.

$$\delta=\log\frac{A_i}{A_{i+1}}=n\,T_d \tag{5-49}$$

그러므로 A_i, A_{i+1}, T_d 값을 실험으로 구할 수 있으므로 감쇠계수 n을 구할 수 있다. (5-49)식을 이용하면 고유진동수 ω_n를 구할 수 있다. ω_n가 구해지면, 가상 질량 m_v와 선형 감쇠계수 b를 다음 식으로부터 구할 수 있다.

$$\omega_n = \sqrt{\rho g A / m_v}\,, \qquad 2n = \frac{b}{m_v} \tag{5-50}$$

(3) 강제 진동(forced oscillations)

부유체에 파도가 계속 작용하면 부유체는 파의 강제력에 의해 진동하게 된다. 식 (5-43)을 이용하여 파에 대한 부유체의 응답을 구하고자 한다. 계산상의 편의를 위해 식 (5-43)에서 위상차를 생략하고 해를 구해본다.

먼저 식 (5-43)의 특이해는 다음과 같다.

$$x = \frac{F_o / m_v}{\sqrt{(\omega_n^2 - \omega^2)^2 + 4n^2\omega^2}} cos(\omega t + \psi) \tag{5-51}$$

여기서, $\psi = \tan^{-1}\dfrac{(-2n\omega)}{\omega_n^2 - \omega^2}$ 이며 이것은 파력과 부유체의 연직운동 사이의 위상차를 나타낸다. 즉, 파력이 작용하면 바로 부유체가 움직이는 것이 아니고 약간의 지체 후에 부유체가 움직이기 시작한다.

위의 (5-43)식에서 생략했던 위상차를 고려하고 (5-40)식에 있는 F_0를 대입하면 부유체의 연직운동 응답은 다음 식과 같이 표현된다.

$$x = \frac{e^{-kD} \cdot \gamma \cdot \sqrt{(c - m'\omega^2)^2 + (b\omega)^2}}{m_v \sqrt{(\omega_n^2 - \omega^2)^2 + 4n^2\omega^2}} \cdot \cos(\omega t + \psi + \sigma) \tag{5-52}$$

위 결과식을 보면, 정상상태의 부유체응답은 파랑과 같은 진동수로 조화 진동을 하지만, 진폭과 위상은 파도와 다른 것을 알 수 있다. 연직운동과 파랑 사이의 위상각은 파랑-가진력 간의 위상각 σ와 가진력-연직운동 간의 위상각 ψ의 합으로 표현된다. 연직운동의 진폭은 파랑의 진동수 ω, 감쇠계수 n의 함수이다. 감쇠가 작고, 부유체의 고유진동수 ω_n가 파도의 진동수 ω와 비슷한 경우에 연직 운동의 진폭은 상당히 크게 나타난다. 연직운동의 진폭과 파도의 진폭비는 확대계수 (magnification factor)라 하며 다음과 같이 표현되며 이를 RAO (Response Amplitude Operator) 라고도 한다.

$$\frac{x}{\gamma} = \frac{\sqrt{(c - m'\omega^2)^2 + (b\omega)^2}}{m_v \sqrt{(\omega_n^2 - \omega^2)^2 + 4n^2\omega^2}} \cdot e^{-kD} \tag{5-53}$$

파도에 의한 강제진동과 초기의 자유진동이 동시에 존재하는 경우에는 부유체의 동적 응답은 일반해와 특수해의 합으로 표현되며 그 전체응답은 그림 5-9와 같다. 그림에서 볼 수 있듯이 결국 정상상태에 도달하면 자유진동에 해당하는 부분은 감쇠에 의해 사라질 것이고 강제진동해만 남게 될 것이다. 따라서 파도에 대한 부유체의 응답을 구할 때는 보통 강제진동의 해를 구하는 것이다.

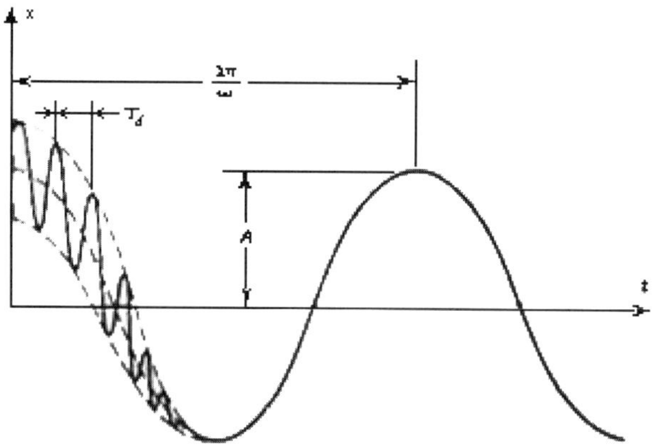

그림 5-9 강제진동에 의한 부유체의 응답

5.2.3 단순 조화파에 대한 자유뷰체의 비감쇠 회전운동

가) 비감쇠 자유 회전운동(Free unresisted rolling)

자유롭게 떠 있는 부유체의 한쪽면에 힘을 가하여 기울어지게 한 후, 힘을 제거하는 경우를 생각해 보자. 힘을 제거하면 부유체는 다음과 같은 복원 모멘트에 의해서 그림 5-10과 같이 자유롭게 회전하게 된다.

$$M = W\ \overline{gm}\ \sin\theta \tag{5-54}$$

여기서 $\overline{gm}$: 중력 중심에서 경심까지의 높이

W : 부유체의 중량

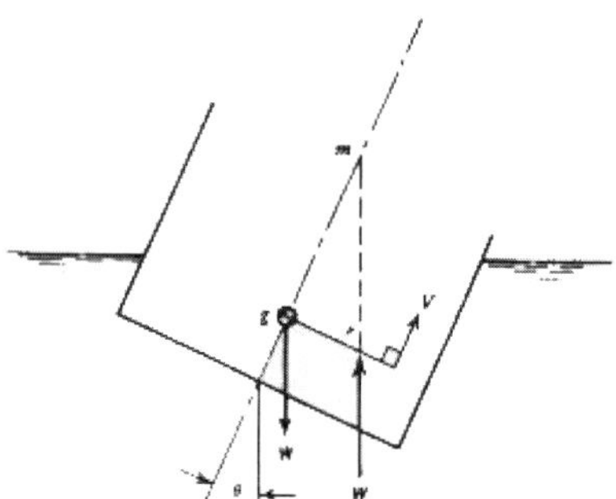

그림 5-10 부유체의 회전운동

이 경우 회전축의 순간적인 위치는 중력중심을 통과하는 선이다. 이것은 중력중심이 수면과 가까운 경우에는 근사하게 맞으며 물속에 잠긴 경우에는 정확히 일치한다.

중력 중심을 통과하는 수평축으로부터 거리 $\vec{r}$에 있는 질량 m의 미소체적 dV를 고려하자. 이 물체는 속도 $\vec{V}$로서 움직이는데, 이것은 다음과 같이 표현된다.

$$\vec{V} = \vec{\omega} \times \vec{r} \tag{5-55}$$

여기서 각속도 $|\vec{\omega}| = d\theta/dt = \dot{\theta}$

미소체적의 관성력은 다음과 같다.

$$d\vec{F} = \frac{d}{dt}(m\vec{V}) = m\dot{\vec{\omega}} \times \vec{r} \tag{5-56}$$

이에 해당하는 미소 토크는 다음과 같다.

$$d\vec{\Gamma} = m\vec{r} \times \dot{\vec{\omega}} \times \vec{r} \tag{5-57}$$

전체 관성 토크는 부유체의 전체 체적에 대하여 적분된다.

$$\vec{\Gamma} = \int\int\int m\vec{r} \times \dot{\vec{\omega}} \times \vec{r} = I\dot{\vec{\omega}} = I\ddot{\vec{\theta}} \tag{5-58}$$

여기서 I : 중력 중심을 통과하는 축에 대한 부유체의 관성모멘트

앞에서 다루었던 상하운동과 같은 직선이동의 경우와 마찬가지로, 물체가 회전하면 부유체 주변의 물도 회전하게 된다. 이 부가관성 효과는 가상 관성 모멘트 I_v를 도입함으로써 설명할 수 있다. 즉

$$I_v = I + I' \tag{5-59}$$

여기서 I' : 특정 물체 주위에 둘러싼 물의 관성 모멘트

여기서 얻어진 관성 토크 $I_v\ddot{\theta}$는 작용된 외력토크와 크기는 같고 방향이 반대이므로 결과식은 다음과 같다.

$$I_v\ddot{\theta} + W\,\overline{gm}\sin\theta = 0 \tag{5-60}$$

미소각도에 대해서는 $\sin\theta \cong \theta$이므로, 비감쇠 (unresisted) 회전에 대한 방정식은 다음과 같다.

$$I_v\ddot{\theta} + W\,\overline{gm}\,\theta = 0 \tag{5-61}$$

또는

$$\ddot{\theta} + \frac{W\,\overline{gm}\,\theta}{I_v} = 0 \tag{5-62}$$

이것은 비감쇠 단순 자유 진동에 대한 운동방정식인 (5-45)식과 유사한 형태이다.

(1) 회전운동 고유 진동수(Natural frequency of roll)

회전에 대한 고유진동수 f_o는 다음과 같다.

$$f_0 = \frac{1}{2\pi}\sqrt{\frac{W \cdot \overline{gm}}{I_v}} \quad (5\text{-}63)$$

고유주기는 다음과 같다.

$$T_o = 1/f_o = 2\pi\sqrt{I_v / W \cdot \overline{gm}} \quad (5\text{-}64)$$

(2) 비감쇠 자유 회전운동(Free unresisted rolling)

자유로이 떠있는 비감쇠 회전운동은 (5-62)식의 해를 구함으로써 알 수 있다.

$$\theta = C_1 \cdot \sin\omega_o t + C_2 \cdot \cos\omega_o t \quad (5\text{-}65)$$

여기서 $C_{1,}\ C_2$: 초기 상태로부터 알 수 있는 상수

나) 파랑에 의한 비감쇠 회전(Wave induced un-resisted rolling)

부유체가 파도에 의해 회전운동을 하는 것은 파도의 경사 때문이다. 따라서 먼저 파도의 경사식을 구하고 부유체의 회전운동 응답을 구한다.

(1) 파경사(Wave slope)

그림 5-11과 같이 $+x$ 방향으로 진행하는 파는 다음과 같이 표현된다.

$$y = \frac{H}{2} \cdot \cos 2\pi\left(\frac{t}{T} - \frac{x}{L}\right) \quad (5\text{-}66)$$

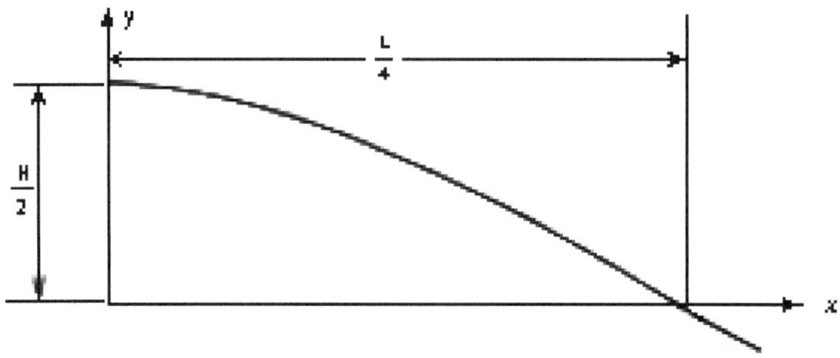

그림 5-11 파 표면의 모습

이 파도의 경사각(ϕ)는 다음과 같이 얻을 수 있다.

$$\frac{\partial y}{\partial x} = \tan\phi = \frac{\pi H}{L} sin 2\pi\left(\frac{t}{T} - \frac{x}{L}\right) \quad (5\text{-}67)$$

만약 $x = 0$에서 경사를 관측하고, 너울과 같이 파장이 길어 경사가 작다면 경사에 대한 표현은 다음과 같다.

$$\phi \cong \tan\phi = \alpha \cdot \sin\frac{2\pi}{T}t = \alpha \cdot \sin\omega t \quad (5\text{-}68)$$

여기서,

$$\alpha = \phi_{\max} = \frac{\pi H}{L} A = kA = \frac{\omega^2}{g} A \tag{5-69}$$

(2) 파랑 중에 회전 운동(Roll oscillation in waves)

물체가 그림 5-12와 같이 파랑 중에서 진동할 때 복원 모멘트는 다음과 같다.

$$M = W\,\overline{gm}\,\sin(\theta - \phi) \tag{5-70}$$

여기서 θ : 부유체의 중심선과 연직 좌표와의 각도

ϕ : 파의 경사

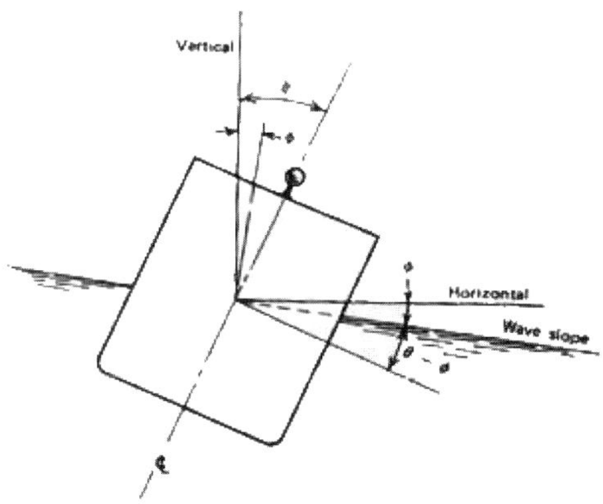

그림 5–12 파랑 중의 회전 운동

미소각도 θ,ϕ에 대해서는 (5-70)식은 $M = W\,\overline{gm}(\theta - \phi)$로 되고 운동방정식은 다음과 같다.

$$I_v\ddot{\theta} + W\overline{gm}(\theta - \phi) = 0 \tag{5-71}$$

또는

$$\ddot{\theta} + \frac{W}{I_v}\overline{gm}\,\theta = \frac{W\,\overline{gm}}{I_v}\,\alpha\,\sin\alpha t \tag{5-72}$$

초기조건 $\theta_o = \dot{\theta}_o = 0$을 가지는 경우 미분방정식의 해는 다음과 같다.

$$\theta = \frac{\alpha}{1 - T_o^2/T^2}\left\{\sin\omega t - \frac{T_o}{T} sin\omega_o t\right\} \tag{5-73}$$

여기서 T_o : 부유체의 고유주기

T : 파주기

위식의 괄호안의 값 중에서 첫 번째 것은 파도에 의한 강제응답에 관계되는 것이

고 둘째 것은 자유진동에 관한 것이다. 만약 점성이 고려되면 정상상태에서는 자유진동은 사라지므로 둘째 것은 큰 의미가 없다. 따라서 물리적인 의미에서 회전각도의 최대각도 θ_{max}는 위 식에서 괄호 안이 1일 때이므로 다음과 같다.

$$\theta_{max} = \frac{\alpha T^2}{T^2 - T_o^2} = \frac{\pi H}{L}\left(\frac{T^2}{T^2 - T_o^2}\right) \tag{5-74}$$

물체의 고유주기 T_o가 파 주기 T와 비슷할 경우는 공진(resonance)이 발생하게 되며, 각도 θ가 무한대 값을 나타낸다. 모든 실제의 경우에는 감쇠항이 존재하므로 무한대가 되지 않을 것이다. 그러나 회전운동이 크게 되면 부유체는 전복되고 말 것이다. 회전 운동 응답은 연직운동과 유사한 방법으로 실험 또는 실제 모델로서 연구가 가능하다. 실제 실험에서 큰 회전각은 공진 상태에서 발생한다.

5.2.4 대형 반잠수식 구조물의 상하 운동

반잠수식 구조물은 전통적인 선박의 형상과는 상당히 다른 형태의 부유식 구조물이다. 이러한 이유로 인해 반잠수식 구조물에 적용되는 유체정역학 및 동역학은 선박과 비교하여 큰 차이가 있다. 본 교재의 1장에서 설명했듯이 반잠수식 구조물은 갑판, 물에 잠긴 두 개의 폰툰, 갑판과 폰툰을 잇는 대직경의 컬럼들 그리고 몇 개의 브레이싱 부재들로 이루어져 있다. 반잠수식 구조물은 파랑에 대해 응답 크기가 성질을 갖는데, 이것은 깊은 흘수로 인해 반잠수식 구조물의 배수 체적이 차지하는 비율이 높기 때문이다. 수선면의 면적이 작되 배수체적은 크므로 상하동요(heave), 좌우동요(roll), 전후동요(pitch)의 고유주기는 길다. 이러한 주기들은 지배적인 파의 주기들을 상회하여, 응답을 감소시키는데 기여한다. 반잠수식 구조물의 경우, 상하동요의 크기가 해저 석유의 시추나 생산과 같은 해양 작업을 축소시키는데 중요한 요소로 작용한다. 따라서 날씨로 인해 작업 시간을 단축시키는 것을 줄이기 위해 반잠수식 구조물의 상하동요를 개선하는 것은 바람직하다.

반잠수식 구조물의 비감쇠 고유주기나 고유진동수를 계산하는 것은 비교적 간단하다. 두개의 폰툰 위에 각 면마다 n개의 칼럼을 가진, 아래의 그림과 같은 반잠수식 구조물을 예로 들어보자.

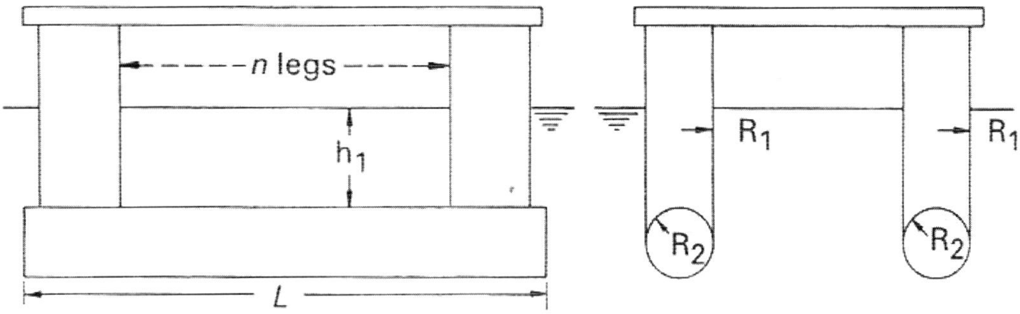

그림 5-13 2-폰툰 반잠수식 구조물

이 구조물의 상하동요에 대한 비감쇠 운동 방정식은 아래와 같다.

$$(m+A)\ddot{z}+Cz=0 \tag{5-75}$$

따라서 반잠수식 구조물의 비감쇠 고유주기는 아래와 같다.

$$T_0=2\pi\sqrt{\frac{m+A}{C}} \tag{5-76}$$

여기서 $m=\rho[2\pi {R_2}^2 L+2n\pi {R_1}^2 h_1]$

$$A=2\pi\rho {R_2}^2 L$$

$$C=2\pi\rho g n {R_1}^2$$

여기서, 원형 폰툰의 수직 운동에 대한 부가질량계수는 1.0이므로 위의 식을 정리하면 아래와 같다.

$$T_0=2\pi\sqrt{\frac{1}{g}(h_1+\frac{\omega {R_2}^2 L}{n{R_1}^2})} \tag{5-77}$$

$$=2\pi\sqrt{\frac{h_1}{g}(1+2\alpha)}$$

여기서 α는 물속에 잠긴 칼럼의 부피에 대한 폰툰 부피의 비이다. 이 식은 상하동요의 고유 주기가 침수h_1에 강한 영향을 받고, 그보다 정도는 덜 하지만, 체적비인 α에도 강한 영향을 받는 다는 것을 의미한다.

만약 폰툰이 폭 b_2와 높이 h_2의 직사각형 단면을 가진다면, m과 A항은 아래와 같이 바뀌어 표현된다.

$$m=\rho(2b_2h_2L+2n\pi {R_1}^2 h_1) \tag{5-78}$$

$$A=2\rho C_m b_2 h_2 L \tag{5-79}$$

여기서 부가질량계수 C_m은 폰툰 단면에 대한 비 $\frac{b_2}{h_2}$에 관한 함수이다. 그에 대한 고유주기는 아래와 같다.

$$T_0 = 2\pi\sqrt{\frac{1}{g}[h_1 + \frac{(1+C_m)b_2 h_2 L}{\pi n R_1^{\ 2}}]} \tag{5-80}$$

$$= 2\pi\sqrt{\frac{h_1}{g}[1+\alpha(1+C_m)}$$

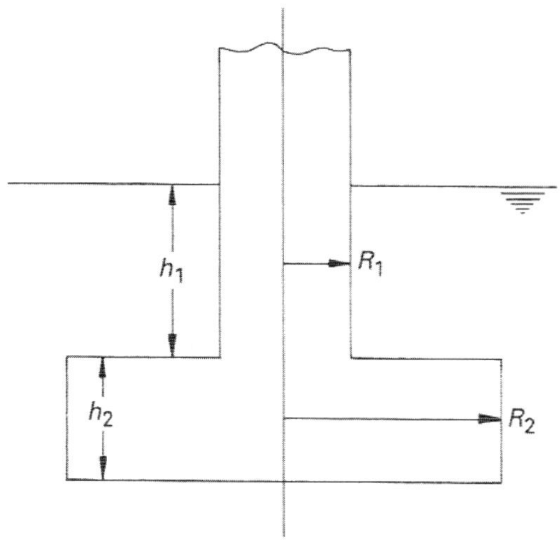

그림 5-14 칼럼과 폰툰 기초 구조물

위의 그림과 같이 더 큰 반경을 가지는 원형 폰툰에 의해 기초가 마무리되는 칼럼에 대해서는, 칼럼 하나의 상하운동에 대한 고유주기는 아래의 식들을 통해서 정의될 수 있다.

$$m_1 = \rho\pi(R_1^{\ 2}h_1 + R_2^{\ 2}h_2) \tag{5-81}$$

$$C_1 = \pi\rho g R_1^{\ 2} \tag{5-82}$$

$$A_1 = \pi\rho R_2^{\ 3} C_{m1} \tag{5-83}$$

여기서 C_{m1}은 구조물의 기하학적 형상에 대한 함수로, R_1, R_2, h_2에 의해 결정된다. 그 고유주기는 아래와 같다.

$$T_1 = 2\pi\sqrt{\frac{h_1}{g}(1+\frac{R_2^{\ 2}h_2}{R_1^{\ 2}h_1}+\frac{R_2^{\ 3}C_{m1}}{R_1^{\ 2}h_1})} \tag{5-84}$$

$$= 2\pi\sqrt{\frac{h_1}{g}[1+\alpha(1+\frac{C_{m1}R_2}{h_2})]}$$

여기서 α는 칼럼 자체의 부피에 대한 칼럼 기초의 부피의 비율로 결정된다. 만약 반잠수식 구조물이 위의 그림에서와 같은 형식의 n개의 동일한 칼럼으로 이루어졌다면 다음과 같은 관계식을 갖는다.

$$m_n = n \cdot m_1,\ C_n = n \cdot C_1,\ A_n = n \cdot A_1 \tag{5-85}$$

이 경우, 고유 주기는 단일 칼럼에 관한 공식이 계속 유지된다. 이 결과는 각 칼럼의 부가 질량이 그들 주변의 다른 칼럼들의 존재에 의해 영향을 받지 않는다는 것을 예측할 수 있게 한다.

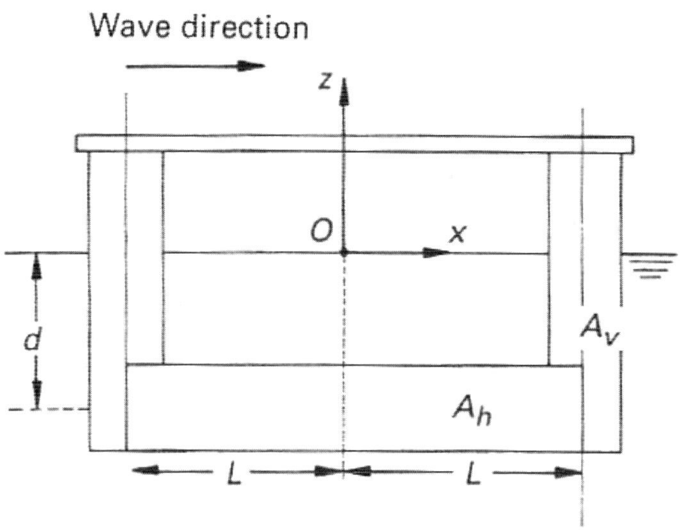

그림 5–15 4개의 칼럼을 가진 반잠수식 구조물의 측면도

간단한 형상을 가지는 반잠수식 구조물의 파랑에 대한 상하동요 응답을 계산할 때는 각 부재들이 받는 하중의 집합체를 전체하중으로 가정함으로써 계산할 수 있다. 이때 각 부재가 받는 하중은 선형파 이론을 이용한 모리슨 방정식을 적용하여 근사적으로 구할 수 있다. 단순화를 위해 감쇠효과와 파랑에 의해 발생하는 항력을 무시하기도 한다. 따라서 위의 그림과 같은 2-폰툰, 4-칼럼의 반잠수식 구조물의 상하동요에 대한 방정식은 아래와 같이 쓸 수 있다.

$$(m+A)\ddot{z} + Cz = F(t) \tag{5-86}$$

간단한 4-칼럼, 2-폰툰 반잠수식 구조물에 대하여, 위 방정식의 계수들은 아래와 같다.

$$m = 4\rho(A_v d + A_h L) \tag{5-87}$$

$$A = 4\rho C_m A_h L \tag{5-88}$$

$$C = 4\rho g A_v \tag{5-89}$$

여기서, A_v와 A_h는 각각 수직 칼럼과 사각형 폰툰의 단면적이고, C_m은 폰툰의 수직 운동에 대한 부가질량계수이다.

선체에 작용하는 수직방향의 가진력은 폰툰과 칼럼에 작용하는 파력을 합하여 계산할 수 있다.

$$F(t) = \int_L^L 2\rho A_h (1 + C_m)\dot{\omega} \cdot dx + 2A_v (p_f + p_r) \tag{5-90}$$

여기서, $\dot{\omega}$는 $z=-d$에서 수립자의 연직방향 가속도이고, p_f와 p_r은 수심 $z=-d$에서 수평 위치 $x=+L$과 $x=-L$에서의 파압을 의미한다. 폰툰과 칼럼의 교차점은 길이 d와 L에 의해 간단한 대수학으로 근사시킬 수 있다.

폰툰 축에 수직한 Froude-Krylov 힘은 관성계수 $(1+C_m)$을 사용하여 계산하지만, 반면에 연직 칼럼에 작용하는 축방향 Froude-Krylov 힘은 동적 파압과 칼럼 단면적의 곱으로 계산된다. 전자는 파랑의 속성이 일정하다는 가정 아래 가느다란 부재에 작용하는 수직한 힘을 계산하는데 유효한 반면에, 후자의 파압 공식은 부재의 길이가 입사파의 파장과 비슷한 부재에 작용하는 축방향 힘을 계산할 때는 필수적으로 고려해야 한다.

Oxz좌표계를 사용하여 파입자의 수직방향 가속도와 파압을 계산하면 아래와 같다.

$$\dot{\omega} = -a\omega^2 e^{-kd} \sin(kx - \omega t) \tag{5-91}$$

$$p = +a\frac{\rho\omega^2}{k} e^{-kd} \sin(kx - \omega t) \tag{5-92}$$

이를 통해 수직방향의 가진력을 파랑에 대한 관계식으로 변환하면 아래와 같다.

$$F(t) = 4a\rho g e^{-kd}[-A_v \cos kL + A_h(1 + C_m)\sin kL]\sin\omega t \tag{5-93}$$

위의 식을 처음 수립한 운동방정식에 대입하여 해를 구하면, 아래와 같은 응답을 도출할 수 있다.

$$F(t) = F_a \sin(\omega t + \epsilon) \tag{5-94}$$

$$z(t) = z_a \sin(\omega t + \epsilon + \phi) \tag{5-95}$$

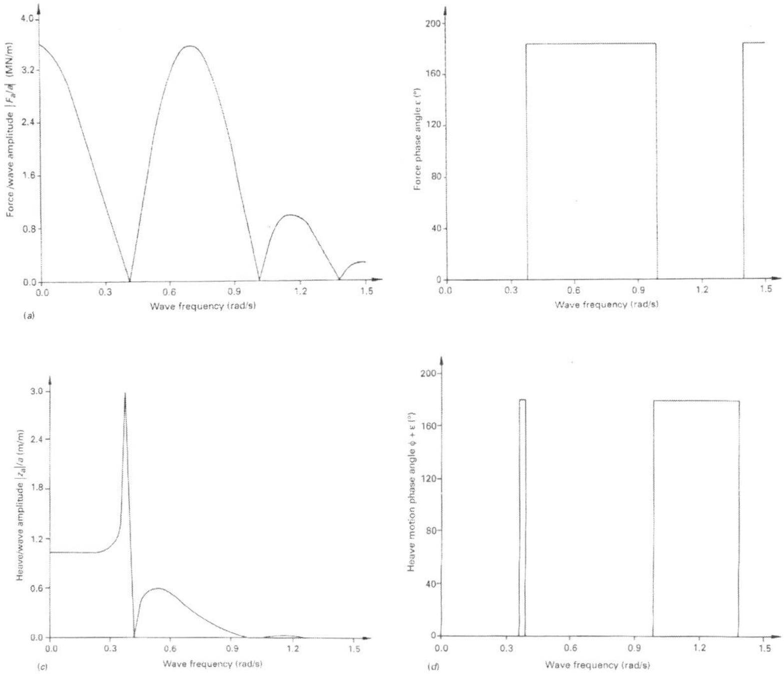

그림 5-16 4개 칼럼을 가진 반잠수식 구조물의 상하운동에 대한 힘과 운동 응답 예

위의 그림은, $d=13.5m$, $L=36m$, $A_h=70m^2$ 그리고 $A_v=90m^2$인 반잠수식 구조물에 대한 주파수대역별 $|F_a|/|a|$, $|z_a|/|a|$, ϵ 그리고 $(\epsilon+\phi)$의 변화를 보여주는 예다. 여기서, 부가질량계수값으로 1.2가 사용되었다. 이 그래프들은 몇 가지 흥미로운 의미를 보여준다. 파력의 크기가 어떤 파랑 주파수일 때는 0까지 상쇄되는데, 이것은 폰툰에 작용하는 순간적인 파력과 칼럼에 작용하는 파력들이 균형을 이루기 때문이다. 이러한 상쇄 주파수에서는 위상각 ϵ이 180°까지 증가하는데, 이것은 선체에 작용하는 수직력의 위상과 파랑의 상승 위상과 아주 다르다는 것을 의미한다. 그림 5-16에 있는 운동 응답 전달 함수는 공진점 근처에서 복잡한 양상을 보이는데, 이는 선체의 운동과 파랑의 승강 사이의 위상차와 함께 파력상쇄(wave force cancellation)와 공진의 두 현상이 조합된 효과로 판단된다.

위에서는 편의상 감쇠를 생략하고 설명하였으나 실질적으로는 감쇠는 존재하며 중요한 고려대상이다. 반잠수식 구조물의 감쇠의 주요한 성분은 항력으로부터 유발되는데, 이 항력들을 포함시키면 아래와 같은 운동방정식이 수립된다.

$$(m+A)\ddot{z}+B_v|\dot{z}|\dot{z}+Cz=F(t) \tag{5-96}$$

위의 방정식은 비선형 방정식이라 이론적으로 풀기 아주 복잡하다. 따라서 이를 이론적으로 풀기 위한 한 가지 방법은 비선형 성분을 선형화하는 것이다. 이를 위해서는 비선형 상태의 감쇠 계수와 등가 선형 감쇠 계수가 공진 시에 같은 양의 에너지를 소모하도록 선택된 선형화된 등가 감쇠 계수 B를 사용하는 것이다. 주어진 방정식의 형태에서 선형 감쇠 항에 대해, 공진 시 소모되는 에너지는 아래와 같이 구할 수 있다.

$$W_L = 2\int_{-R}^{R} B(R\omega_0 \sin\omega_o t)dz \tag{5-97}$$

주파수 ω_0에서의 공진 운동에 대한 변위 $z = R\sin(\omega_0 t - 90^\circ)$이다. 이것을 이용해 시간에 대한 적분으로 변수를 변환하면 아래와 같다.

$$W_L = 2\int_{0}^{\pi} B\omega_0 R^2 \sin^2\omega_0 t \; d(\omega_0 t) \tag{5-98}$$

$$= \pi B\omega_0 R^2$$

비선형 항력에 의한 감쇠가 수행한 일의 양은 아래와 같다.

$$W_D = 2\int_{-R}^{R} B_v (R^2 \omega_o{}^2 \sin^2\omega_0 t)dz \tag{5-99}$$

$$= 2\int_{0}^{\pi} B_v \omega_0{}^2 R^3 \sin^3\omega_0 t \; d(\omega_0 t)$$

$$= \frac{8}{3} B_v \omega_0{}^2 R^3$$

선형 감쇠에 대한 에너지 소모량과 비선형 항력의 수행한 일의 양을 등가로 두면, 비선형 감쇠계수와 등가선형감쇠계수와의 관계를 아래와 같이 구해낼 수 있다.

$$B = \frac{8}{3\pi}(\omega_0 R)B_v \tag{5-100}$$

$$= \frac{8}{3\pi}(\dot{z}_{\max})B_v$$

위의 식을 통해서 운동방정식의 $B_v|\dot{z}|$를 B로 대체한다.

5.3 부유식 해양구조물의 계류시스템

계류삭이란 수면 또는 수중 부유체를 해저면에 있는 앵커까지 연결하는 유연한 세장형 구조체(세장체)를 말하여 주로 체인, 케이블, 로프, 파이프 등이 사용된다. 계류삭은 부유체시스템의 안정성을 좌우하며 시스템의 생명선과 같은 중요한 역할을 한다.

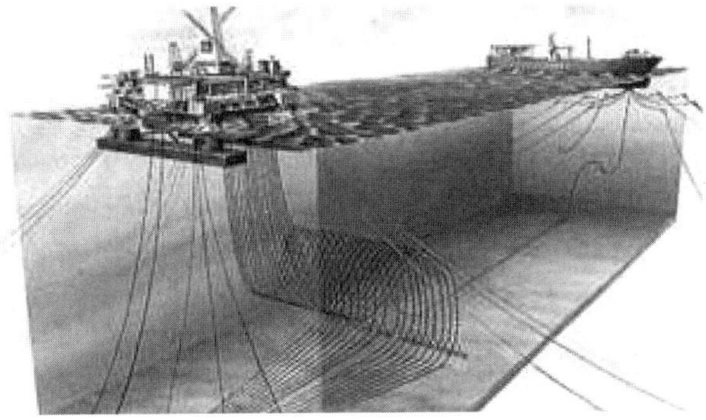

그림 5-17 부유체의 계류도

5.3.1 일점 계류삭의 정역학

계류삭의 정역학이란 정적인 상태에 있거나 정상상태에 있는 계류삭에 대해 힘의 평형 문제를 해석하는 것으로 주로 계류삭의 형상을 예측하거나 각 위치에 걸리는 힘을 계산하는 것이다. 계산된 힘을 이용하여 계류삭에 걸리는 응력을 계산하고 그 파단여부를 결정한다. 체인이나 케이블과 같이 아주 유연한 세장체를 해석할 때에는 흔히 모멘트가 작용하지 않는다고 가정한다.

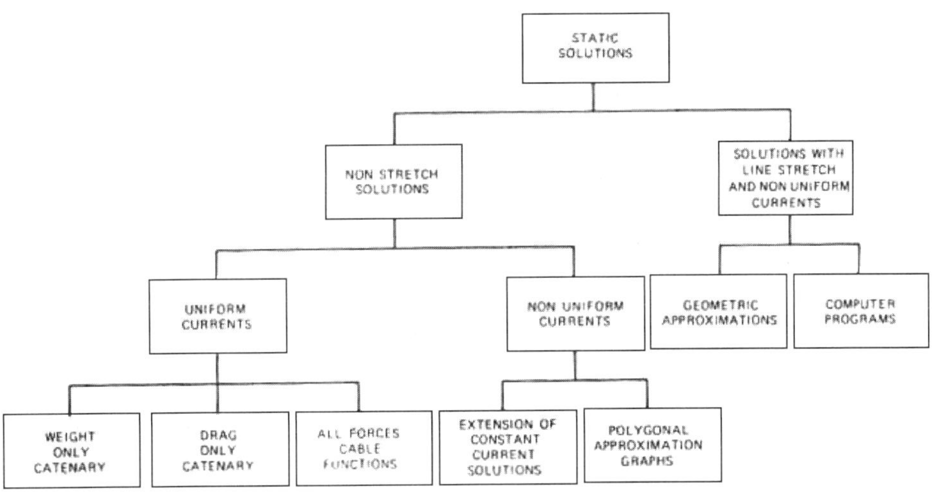

그림 5-18 부유체 시스템의 정적 해석

여기에서는 매우 단순한 형상의 부유체 시스템에 대해서만 다룬다. 즉 부유체 시스템은 하나의 부유체, 하나의 계류라인(계류삭), 하나의 앵커로 구성된다. 그러나 이와 같이 단순한 부유체에 대해서도 해석적인 해는 상당히 복잡하다. 다른 공학적 문제에서와 마찬가지로, 이론 해석결과를 사용할 경우 그 타당성은 실제 상황을 단순화했던 정도에 의존하며 타당성과 단순화는 반비례한다. 이러한 관점에서 계류삭의 해를 구하는 방법을 선택할 때는 많은 가중요소 즉, 길이, 신장, 자중과 항력 비 등을 고려해야 한다. 그림 5-18에서는 실제해석에서 만나게 되는 여러 종류의 정적 해석 방법을 보여준다.

이 절에서는 계류삭을 해석할 때 계류삭의 탄성을 고려하지 않는다. 즉, 계류삭이 늘어나지 않는다고 가정한다. 또한 해류(조류)의 흐름이 수심에 따라서 일정하여 깊이에 따라 흐름 속도가 변화지 않는다고 가정한다. (계류삭이 늘어나고 해류속도가 수심에 따라 변하는 경우가 보다 현실적이나 해석하기 아주 복잡하다.)

가) 가정(Assumptions)

- 케이블은 장력에 의해서 늘어나지 않는다 (신장이 무시된다)
- 해류는 수직 성분은 없고, 해류와 케이블은 같은 평면상에 있다.
- 해류의 크기는 수심에 따라서 일정하다.

나) 힘(Force)

계류삭의 정역학적인 문제를 다루는 경우에는 주로 파도는 고려하지 않고 해류 (조류)만 고려하는 경우이다. 정상상태의 해류 환경에 있는 계류삭의 연구에서 고려되어져야 할 힘은 유효자중, 유체항력, 계류삭에 걸리는 장력이다.

(1) 유효자중

유효자중이란 공기 중의 무게에서 부력을 뺀 무게이다. 유효자중은 위로 작용할 수도 있고, 아래로 작용할 수도 있다. 부유체 시스템에서 부력이 작용하는 부분은 주로 부유체이며, 어떤 경우에는 계류삭에 의한 부력도 포함된다.

만약 해류가 아주 약하게 작용한다면 표면 부유체에 연결된 계류삭은 부유체로부터 거의 수직으로 내려지게 되고 임의 지점에서 장력은 그 점 아래 라인의 수중 중량과 같게 된다. 이 때에는 작은 앵커가 필요하게 된다. 그러나 실제 해양에서는 강한 해류가 작용하게 되고, 상당한 크기의 항력이 계류삭에 작용하게 된다. 이때 장력은 증가하게 되고, 강한 앵커가 필요하다.

계류삭의 단위 길이당 유효 중량은 다음과 같다.

$$P = W - B \tag{5-101}$$

여기서 W : 계류삭의 단위 길이당 중량

B : 계류삭의 단위 길이당 배수 용량 (부력)

(2) 유체 항력(Fluid drag)

그림 5-19와 같이 유체가 케이블과 직각방향으로 흘러갈 때, 길이 l, 직경 d의 케이블 요소 에 발생하는 동수역학적 항력은 다음과 같다. (계류삭에는 케이블, 체인 등

이 있는데 아래에서는 계류삭을 케이블로 혼용하여 설명하기도 한다.)

$$Rds = \frac{1}{2}\rho C_{DN} d V^2 ds$$

$$R = \frac{1}{2}\rho C_{DN} d V^2 \tag{5-102}$$

여기서 C_{DN} : 법선항력계수

V : 흐름속도

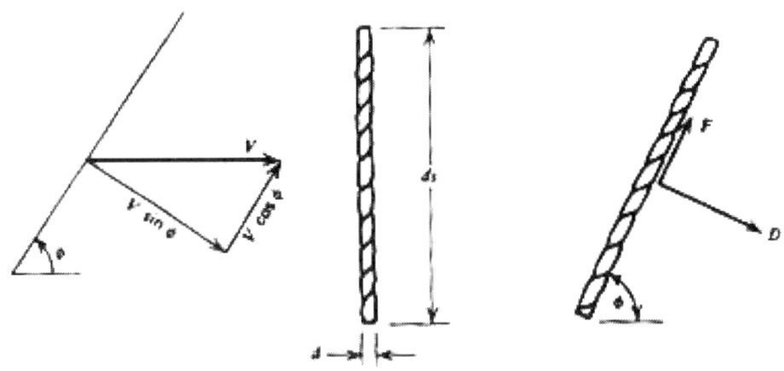

그림 5-19 계류삭에 작용하는 하중

유체의 흐름 방향에 대하여 케이블이 각도 ψ만큼 기울어져 있을 경우에는 저항력은 두 성분으로 나눌 수 있다. 하나는 케이블의 법선방향 성분이고, 다른 하나는 접선방향 성분이다.

법선방향 성분 Dds는 다음과 같다.

$$Dds = \frac{1}{2}\rho C_{DN} d (V_N)^2 ds \tag{5-103}$$

여기서 $V_N = V\sin\phi$: 케이블에 수직한 속도성분

따라서

$$D = \frac{1}{2}\rho C_{DN} d V^2 \sin^2\phi = R\sin^2\phi \tag{5-104}$$

여기서 R : 식(5-102)에서 정의된 항력

접선 방향 성분 Fds는 다음과 같다.

$$Fds = \frac{1}{2}\rho C_{DT} \pi d V_T^2 \, ds \tag{5-105}$$

여기서 $C_{DT} = \gamma C_{DN}$: 접선 항력 계수

$\pi d ds$: 길이 방향 흐름 표면적

$V_T = V\cos\phi$: 접선 방향 유체 속도

따라서

$$F = \frac{1}{2}\rho\gamma C_{DN}(\pi d)V^2\cos^2\phi$$
$$= \pi\gamma R\cos^2\phi \qquad (5\text{-}106)$$

접선, 법선 항력 계수는 레이놀드수와 케이블 종류에 따라 변한다. 케이블 표면이 부드럽고, 임계 레이놀드 수 보다 작은 유동상태에서는 C_{DN}은 0.9~1.2이다. 케이블 표면이 거칠거나 꼬아서 만든 선의 경우는 1.4이다. 그리고 레이놀드수가 커서 와동 방출 현상이 나타날 경우는 약 1.8이다.

실린더와 케이블과 같은 형태의 법선방향 항력계수는 2장에서 설명하였다. 접선방향 항력계수는 법선방향 항력계수에 비하여 상대적으로 작은 값을 나타낸다.

$$0.01 \leq \gamma \leq 0.03 \qquad (5\text{-}107)$$

다) 정적 평형 방정식(Equations of static equilibrium)

그림 5-20은 케이블 요소 길이 ds에 작용하는 정적인 힘을 보여주고 있다. 정적 평행상태에서는 이러한 힘의 벡터합은 영이다. 이러한 평형조건을 수평, 수직 성분으로 나누어 표현한다.

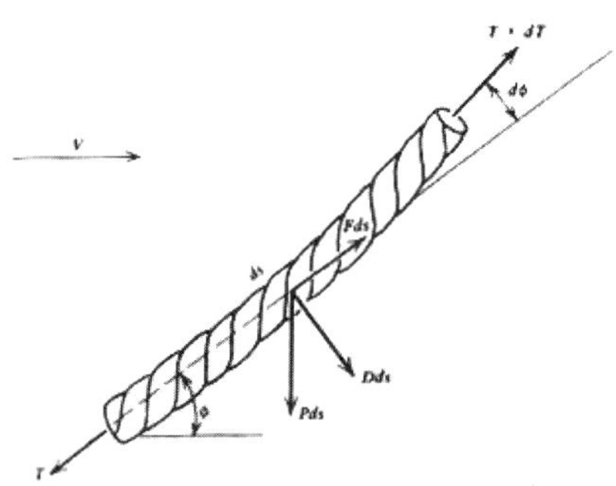

그림 5-20 미소길이의 계류삭에 대한 자유물체도

그림 5-21은 계류삭의 처짐 $d\theta$에 의해 발생되는 각 방향 성분을 자세히 보여 주고 있다.

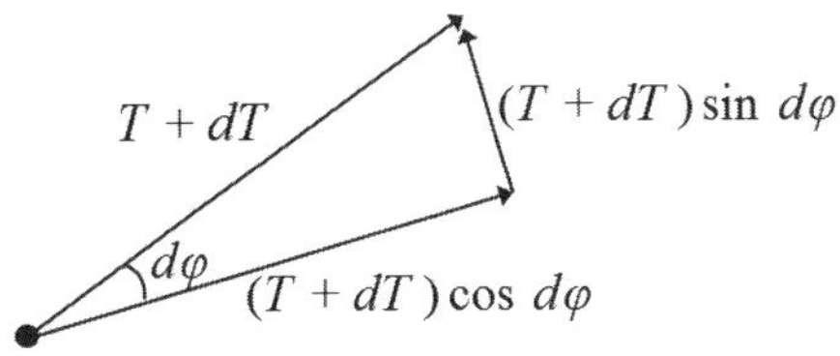

그림 5-21 계류삭의 처짐 $d\phi$에 의해 발생되는 각 방향 성분

그림 5-22는 계류삭이 ϕ의 기울기를 가질 때, 자중과 항력에 의해 발생되는 각 방향 성분을 자세히 보여 주고 있다.

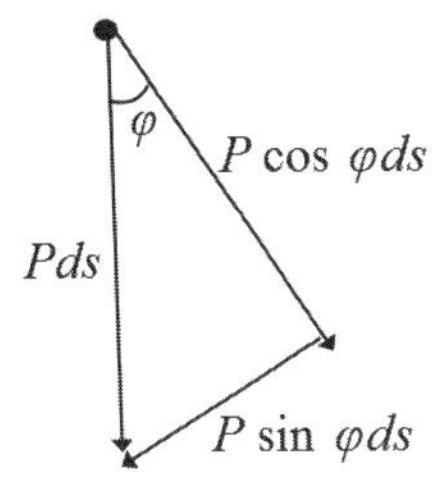

그림 5-22 자중과 항력에 의해 발생되는 각 방향 성분

그림 5-21와 그림 5-22에서 법선방향 성분은 다음과 같다.

$$(T+dT)\sin d\phi - Dds - p \cdot \cos\phi \cdot ds = 0 \qquad (5\text{-}108)$$

미소각도에 대해서는 $\sin d\phi \simeq d\phi$, $dTd\phi \simeq 0$이므로 위 식은 다음 식으로 표현된다.

$$Td\phi = (D + P\cos\phi)ds \qquad (5\text{-}109)$$

접선방향 성분은 다음과 같다.

$$-T + (T+dT)\cos d\phi - P\sin\phi ds + Fds = 0 \qquad (5\text{-}110)$$

이를 간단히 하면 다음과 같다.

$$dT = (P\sin\phi - F)ds \qquad (5\text{-}111)$$

(5-109)식 및 (5-111)식은 계류삭이 늘어나지 않고 수심에 따라 일정한 해류에 놓여있다고 가정할 때 적용되는 평형방정식이다.

평형 미분 방정식 (5-109), (5-111)은 이론적으로 풀 수가 없으며 수치계산에 의해 이 식을 적분해야 한다. 최근에는 컴퓨터의 발달 및 수치해석 기법의 발달로 케이블의 정적해석을 정확하게 할 수 있다. 어떤 경우에는 케이블이 가지는 특수성을 이용하여 타당성을 잃지 않는 범위에서 위 식들을 간단히 표현함으로써 이론적인 해석을 통해 해를 구할 수 있다. 아래에서는 이러한 이론적인 해를 구할 수 있는 두 경우(무겁고 짧은 케이블과 중성부력 케이블)에 대하여 설명한다.

라) 정적 방정식의 적분

(1) 무겁고 짧은 케이블(heavy and short cables)-현수선(catenary)

무거운 재료(체인, 강철 와이어 로프)로 만들어진 짧은 계류삭을 고려하자. 그러한 경우에 유효중량이 지배적이고 케이블 평행 방정식에서 저항 부분은 무시될 수 있다. 즉,

$$P \gg D,\ F \tag{5-112}$$

따라서, (5-109), (5-111)식은 다음과 같이 간단해진다.

$$Td\phi = P\cos\phi ds \tag{5-113}$$

$$dT = P\sin\phi ds \tag{5-114}$$

(5-114)식을 (5-113)식으로 나누면

$$\frac{dT}{T} = \tan\phi d\phi \tag{5-115}$$

$\phi = 0$에서 $\phi = \phi$까지 적분하면, 좌변은 다음과 같다.

$$\int_0^{\phi} \frac{1}{T} dT = [\log_e T]_0^{\phi} = \log T_{\phi} - \log T_0 = \log\left(\frac{T_{\phi}}{T_0}\right) \tag{5-116}$$

우변은 다음과 같다.

$$\int_o^{\phi} \tan\phi d\phi = \log_e \sec\phi = \log_e \frac{1}{\cos\phi} \tag{5-117}$$

$$\log_e \frac{T}{T_o} = \log_e \frac{1}{\cos\phi} \tag{5-118}$$

위식을 정리하면

$$T_H = T\cos\phi = T_o \tag{5-119}$$

여기서 T_o는 그림 5-23과 같이 $\phi = 0$ 일 때의 장력이다.

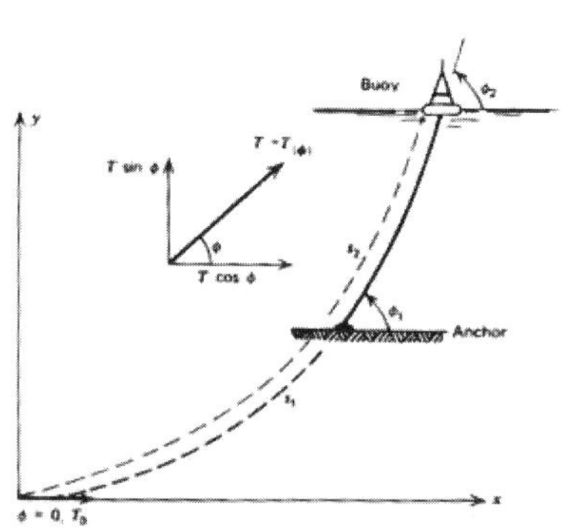

그림 5-23 무겁고 짧은 케이블

이 결과를 통하여 장력의 수평성분 T_H는 일정하다는 것을 알 수 있다.

(5-119)식을 (5-113)에 대입하면

$$\frac{T_o d\phi}{\cos^2\phi} = Pds \tag{5-120}$$

이를 적분하면

$$T_o \tan\phi = Ps \tag{5-121}$$

(5-119)식을 이용하면

$$T_V = T\sin\phi = Ps \tag{5-122}$$

이 결과를 통하여 장력의 연직 성분 T_V는 원점에서 $P(\phi)$ 점 사이의 케이블 길이에 대한 수중중량과 같다. 이 지점에서의 장력은 다음과 같다.

$$T = (T_H^2 + T_v^2)^{1/2}$$

$$T = (T_o^2 + (Ps)^2)^{1/2} \tag{5-123}$$

계류삭을 따른 어떤 점 $P(\phi)$의 x, y 좌표값은 그림 5-24와 같이 정의 된다.

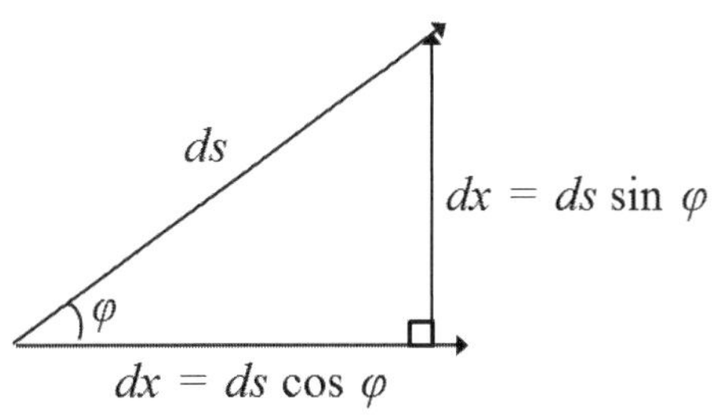

그림 5-24 계류삭을 따른 어떤 점 $P(\phi)$의 x, y 좌표값의 정의

$$x = \int dx = \int ds\cos\phi \tag{5-124}$$

(5-119)식으로부터

$$\cos\phi = \frac{T_o}{T} \tag{5-125}$$

(5-123)식으로부터

$$T^2 = T_0^2 + (Ps)^2 \tag{5-126}$$

양변을 T_0^2로 나누어 주고 정리하면 다음과 같다.

$$\frac{T_o}{T} = [1 + (\frac{Ps}{T_o})^2]^{-\frac{1}{2}} \tag{5-127}$$

$dx = ds\cos\phi$이고, $\cos\phi = \frac{T_o}{T}$ 이므로, 식 (5-127)은 다음과 같이 정리된다.

$$dx = \frac{ds}{\sqrt{1+(\frac{Ps}{T_o})^2}} \tag{5-128}$$

이를 적분하기 위해 다음 공식을 이용

$$\left(\int \frac{du}{\sqrt{au^2+bu+c}} = \frac{1}{\sqrt{a}} sinh^{-1} \frac{2au+b}{\sqrt{4au-b^2}}\right) \tag{5-129}$$

이 공식에서 u는 s에 대응, $a = (\frac{p}{T_0})^2$, $b=0$, $c=1$ 로 두면 위 적분은 다음과 같이 얻을 수 있다.

$$x = \int_o^{s=s} \frac{ds}{\sqrt{1+(\frac{Ps}{T_o})^2}} = \frac{T_o}{P} sinh^{-1}(\frac{Ps}{T_o}) \tag{5-130}$$

이 결과로부터

$$s = \frac{T_o}{P} sinh(\frac{Px}{T_o}) \tag{5-131}$$

마지막으로 $\frac{dy}{dx} = \tan\phi$ 및 (5-121)식을 이용하면

$$dy = \tan\phi\, dx = \frac{Ps}{T_o} dx \tag{5-132}$$

(5-131)식을 이용하면

$$dy = \sinh(\frac{Px}{T_o}) dx \tag{5-133}$$

이를 적분하면

$$y = \int dy = \frac{T_o}{P}[\cosh(\frac{Px}{T_o}) - 1] \tag{5-134}$$

위의 내용을 요약하면, 계류삭을 따르는 어떤 점의 좌표는 (5-130), (5-134)식으로부터 얻을 수 있다. 또 원점에서 어떤 점까지 길이는 (5-131)식으로부터 구할 수 있다. 또한 (5-123)식을 이용하여 장력을 구할 수 있다. 앵커점과 원점이 일치하지 않는 경우에 대한 계류삭의 해석은 계류삭의 끝점에서 계산된 값으로부터 얻을 수 있다. (예: $S = S_2 - S_1$)

예제 5-4

그림 5-25와 같이 표면부유체가 2.5 lb/ft 무게의 체인으로 계류되어 있다. 깊이는 145ft이고, 부유체에 작용하는 항력은 224lb이다. 계류삭의 허용최대 각도가 앵커 지점에서 30。라면 필요한 체인의 최소길이는 얼마인가? 또한 앵커와 부유체에 작용하는 장력은 얼마인가? 부유체가 앵커점으로부터 떠내려간 거리는 얼마인가?

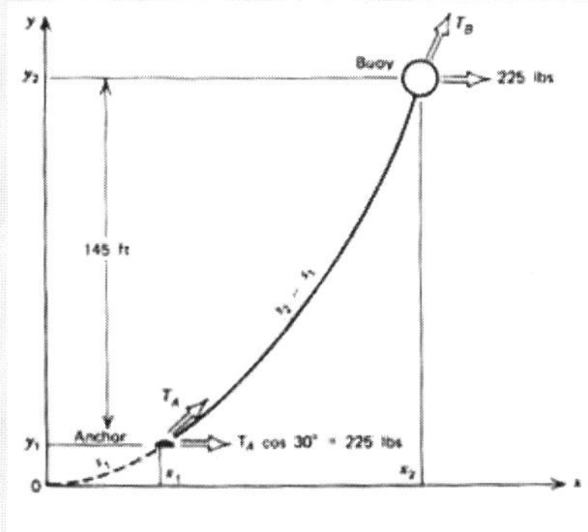

그림 5-25 Catenary Cable

해 답

(1) 수평장력은 어느 점에서나 일정하며 부유체에 작용하는 항력과 같다. 즉,

$T_H = T_o = 225lb$

(2) 앵커에서의 장력은 다음과 같이 구할 수 있다.

$T_A \cos 30^\circ = T_H$

$T_A = T_H / \cos 30^\circ = 225 / \cos 30^\circ = 260lb$

(3) 원점에서 앵커점까지의 길이, s_1을 구한다. 앵커점에서의 수직방향 장력은 다음과 같다.

$T_{VA} = Ps_1,\ T_{VA} = T_A \sin\phi_A$

따라서 $s_1 = \dfrac{T_A \sin\phi_A}{P} = \dfrac{(260)(0.5)}{2.5} = 52ft$

(4) 이 결과를 (5.3.14)식에 대입하여x_1을 구할 수 있다.

$$x_1 = \frac{225}{2.5} sinh^{-1} \frac{(2.5 \times 52)}{225} = 49.5ft$$

(5) $y_2 - y_1 = 145ft$이며 (5.3.16)식을 이용하면 다음과 같이 표현할 수 있다.

$$y_2 - y_1 = 145ft = \frac{225}{2.5}[\cosh \frac{2.5}{225} x_2 - \cosh \frac{(2.5 \times 49.5)}{225}]$$

이식을 풀면 $x_2 = 151ft$ 이다.

(6) 따라서 부유체가 떠내려 간 거리는 다음과 같다.

$$x_2 - x_1 = 101.5ft$$

(7) (5.3.15)식으로부터

$$s_2 = \frac{225}{2.5} sinh \frac{(2.5 \times 151)}{225} = 231ft$$

따라서 필요한 계류삭의 길이는

$$s = s_2 - s_1 = 231 - 52 = 179ft$$

(8) 부유체에 걸리는 수직방향의 장력은 다음과 같다.

$$T_{BV} = Ps_2 = 231 \times 2.5 = 577\ lb$$

또는 다음 식에 의해서도 구할 수 있다.

$$T_{BV} = 2.5 \times 179 + 2.5 \times 52 = 577\ lb$$

(9) 부유체에서의 장력은 다음과 같다.

$$T_B = [(225)^2 + (577)^2]^{1/2} = 618lb$$

한편 다음의 관계식에서 부유체점에서의 계류삭의 경사를 구할 수 있다.

$T_{BV} = T_B \sin\phi_B$ 에서

$$\phi_B = \sin^{-1} \frac{T_B}{T_{BV}} = 69^\circ$$

(2) 중립부력 케이블(neutrally buoyant cable)

케이블이 중립부력 상태이고 길이가 상대적으로 짧은 경우, 유효자중과 접선력은 무시될 수 있다. 이 경우에 두 평형방정식 (5-109), (5-111)식은 각각 아래와 같이 단순화 된다.

식 (5-109)으로부터

$$Td\phi = Dds \qquad (5\text{-}132)$$

(5-104)식을 이용하면 위식은 다음과 같다.

$$Td\phi = R\sin^2\phi ds \qquad (5\text{-}133)$$

한편 (5-111)식을 이용하면

$$\frac{dT}{ds} = 0 \qquad (5\text{-}134)$$

(5-134)식으로부터

$$T = T_0 = constant \tag{5-135}$$

위 식은 계류삭의 어떤 점에서의 장력을 알면 모든 점의 장력도 구할 수 있다는 것을 의미한다. (5-133)과 (5-135)식으로부터

$$ds = \frac{T_0 d\phi}{R\sin^2\phi} \tag{5-136}$$

케이블 요소의 수평 및 수직방향 투영길이, 즉 dx, dy는

$$dx = ds\cos\phi = \frac{T_0}{R}\frac{\cos\phi}{\sin^2\phi}d\phi \tag{5-137}$$

$$dy = ds\sin\phi = \frac{T_0}{R}\frac{d\phi}{\sin\phi} \tag{5-138}$$

위의 미분식을 점$P_1(\phi)$부터 점$P_2(\phi)$까지 적분하면, 이 두 점 사이의 케이블 길이, 수평 및 수직방향의 거리를 얻을 수 있다.

$$s = \frac{T_0}{R}[\cot\phi_1 - \cot\phi_2] \tag{5-139}$$

$$x = -\frac{T_0}{R}[\mathrm{cosec}\phi_2 - \mathrm{cosec}\phi_1] \tag{5-140}$$

$$y = \frac{T_0}{R}\left\{(\log_e(\tan\frac{\phi_2}{2}) - \log_e(\tan\frac{\phi_1}{2})\right\} \tag{5-141}$$

예제 5-5

중립부력 상태인 직경 0.5in의 계류삭이 2knots(=3.38ft/sec)의 일정한 해류가 있는 해양에서 부유체를 계류하고 있다 (그림 5-26 참조). 부유체에 걸리는 항력이 400lb이며 수심은 656ft이다. 만약 장력을 1,000lb를 초과하지 않게 하기 위한 최소한의 계류삭의 길이는 얼마인가? 단, C_{DN}은 1.5이다.

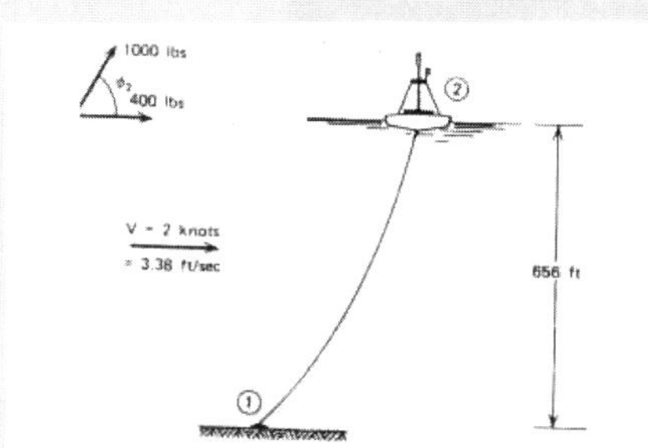

그림 5-26 중립부력 케이블

해 답

②점에서의 힘의 평형관계를 보면,

$$1000\cos\phi_2 = 400$$

따라서

$$\phi_2 = 66°24',\ \ \phi_2/2 = 33°12'$$

계류삭이 해류흐름 방향과 수직일 때 계류삭의 단위길이당 항력은

$$R = 0.5\rho C_{DN} d V^2 = 0.5\frac{64}{32}(1.5)0.5\frac{1}{12}(3.38)^2$$
$$= 0.713lb/ft$$

(5.3.22)식으로부터

$$y = 656 = \frac{1000}{0.713}log_e\frac{\tan(0.5\phi_2)}{\tan(0.5\phi_1)}$$

따라서

$$\frac{\tan(0.5\phi_2)}{\tan(0.5\phi_1)} = antilog\frac{656(0.713)}{1000} = 1.6$$

$$\tan(0.5\phi_1) = \frac{\tan 33°12'}{1.6} = 0.408$$

$$0.5\phi_1 = \tan^{-1}(0.408) = 22°12'$$

$$\phi_1 = 44°24'$$

(5.3.20)식으로부터

$$s = \frac{1000}{0.713}[\cot(44°24') - \cot(66°24')]$$

$$s = \frac{1000}{0.713}[1.024 - 0.437] = 820ft$$

제6장 해저배관 설계

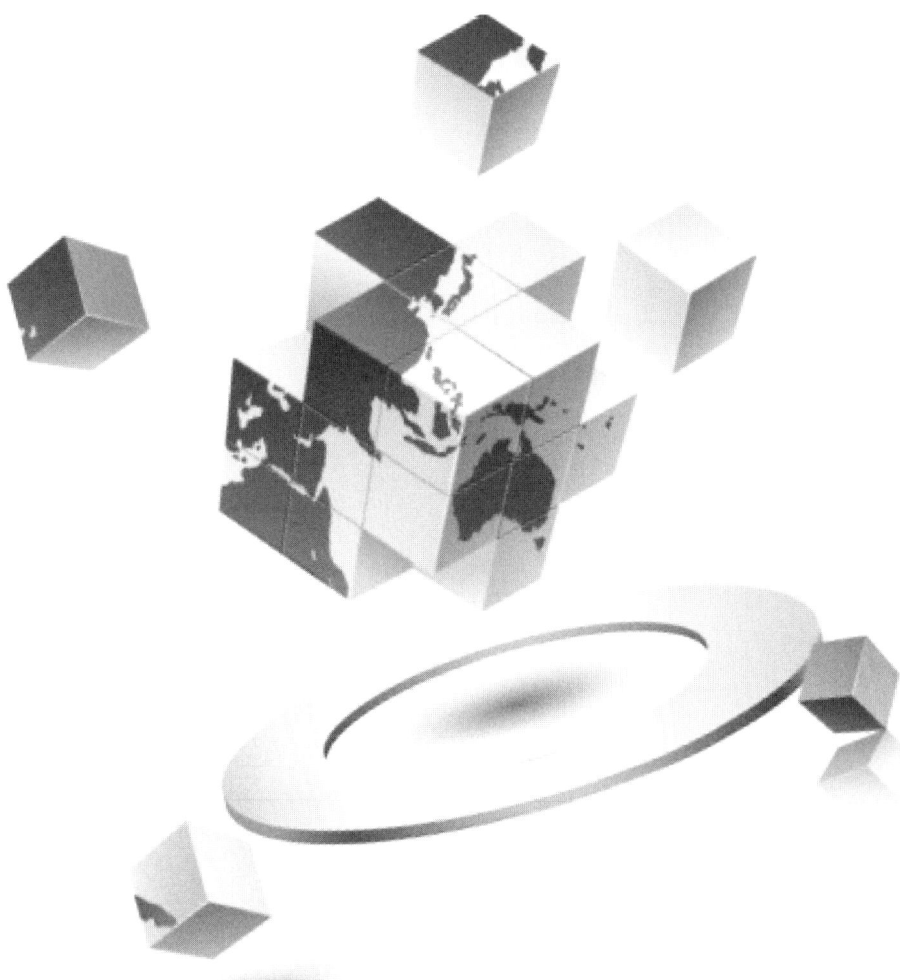

제6장 해저배관 설계

6.1 환경요소 및 환경하중

해저배관은 육상 배관에 비해 열악한 환경에 노출되어 있으므로 손상을 입을 가능성이 아주 높다. 따라서 해저배관 시스템의 기능이 손상되거나 신뢰성을 잃지 않도록 제반 해양환경요소를 잘 고려해야 한다. 해저배관의 경우 고려해야 할 해양환경요소에는 바람, 파도, 해류, 지반안정, 지진, 수온, 부식, 해빙 및 생물부착 등이 있다. 이러한 환경요소는 해저배관 설치해역에 대한 적절한 통계자료 및 장기관측에 근거하여 얻어지는데 만일 대상해역에 직접 적용할 수 있는 충분한 자료가 없을 때는 다른 유사해역에 대한 자료를 근거로 하여 합리적이고 안전한 추정을 해야 할 것이다.

여러 해양환경요소 중에서 특히 파도, 조류 등은 해저배관에도 직접적인 영향을 미치므로 그 하중특성에 대해서도 검토되어야 한다. 해저배관 설계 시에는 이러한 하중들에 의해 발생되는 응력 또는 변위가 허용범위 내에 있어야 한다. 환경하중을 규칙적이고 선형적인 것으로 가정하여 취급하기도 하지만 실제 상황은 불규칙적이고 비선형적이므로 통계 및 확률적인 측면에서 평가할 경우도 많다. 설계 시 고려될 환경하중은 보통 25년, 50년, 100년 주기에서 발생할 확률이 가장 높은 최대하중이다.

해저배관은 파도나 해류와 같은 직접적인 해양환경 요소에 의해서도 영향을 받지만, 직접적 해양환경 요소에 의한 지반쇄굴 등의 2차적인 영향에 의해서도 안정성을 상실할 가능성이 대단히 높다. 한편 이러한 요인 외에도 해저배관은 어선의 닻과 같은 기계적인 외력에 의해서도 쉽게 손상된다. 따라서 이러한 불안정 요인들에 대한 자세한 검토가 있어야만 해저배관을 안전하게 보호할 수 있는 방비책이 나올 수 있다. 예를 들어 해저배관의 방호가 필요한 해역에서는 콘크리트 피복, 매설 등의 방법을 사용할 수 있다. 이러한 방호책들에 대해서는 뒤에 자세히 다루게 될 것이다.

한편 해저배관은 환경하중 이외에도 파이프 자체의 기능상 유발된 하중을 받고 있다. 기능하중은 환경하중이 작용하지 않는 이상적 조건하에서 시스템의 운용 및 취급상 필수적으로 수반되는 하중으로서 자중, 열팽창, 내부압력 등에 의한 하중이다. 여기서는 해저배관에 작용하는 환경하중 중에서 2장에서 다루었던 해류, 파하중을 제외한 나머지 환경하중에 대해서만 다루게 될 것이다. 그림 6-1은 해저배관에 작용하는 여러 가지 하중을 예시하고 있다.

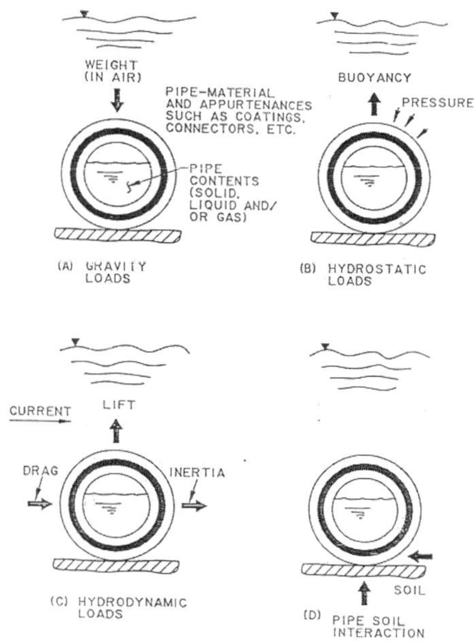

그림 6-1 해저배관에 작용하는 힘

6.1.1 지반상태

해저배관은 부설된 위치로부터 움직이지 않도록 해저 지반위에 계류되거나(anchoring) 또는 매설된다. 매설된 해저배관의 안정성은 그것에 작용하는 외력들의 상대적인 크기에 관계된다. 그림 6-2에는 매설된 해저배관에 작용하는 외력들을 보여주고 있다. 매설토의 중량과 전단강도는 해저배관을 안정시키는 지지효과(anchoring effect)를 준다. 그러나 이송유체로 채워진 해저배관의 전체 비중이 포화된 토사 (saturated soil)의 비중보다 클 경우엔 침강 (sinking) 이 고려되어야 하며 작을 경우엔 부양(flotation)이 고려되어야 한다. 매설된 해저배관이 부양되면 파랑 및 해류하중을 직접 받게 된다.

침강 또는 부양에 대한 안정성을 따질 때 토양의 전단강도를 고려할 필요가 있다. 즉 이송유체와 파이프의 전체 비중이 토사의 비중보다 작을 경우엔 토사의 전단강도가 부양을 방지하기에 충분하다는 것이 증명되어야 한다. 따라서 토양의 전단강도는 액화될 수 있는 토사의 비중보다 작아서는 안 된다. 그림 6-3은 해저배관이 부양할 때와 침강할 때 작용하는 힘의 관계를 나타내고 있다.

보통 부양현상은 해저배관이 연약질 지반에 묻힌 경우나 해저배관이 놓인 구덩이

(trench) 가 자연적인 되메우기 (natural backfill) 에 방치되어 있을 때 발생한다. 자연적인 되메우기가 일어나면 토사는 반복되는 파랑하중에 의해 공극수압 (pore fluid pressure)이 전체 피복토 응력 (total overburden stress) 과 같게 되어 액화된다. 이때 토양의 유효전단응력은 영이며 피복토 (혹은 매설토) 는 해저배관에 대해 더 이상 하향하중 (downward force) 으로 작용하지 않으므로 해저배관은 부양할 수도 있다.

토사가 액화할 가능성이 있는 경우에는 침강 (sinking) 의 가능성도 검토되어야 한다. 침강깊이가 각 설계규정에서 요구한 값 이상이 되지 않도록 제한되어야 하며, 해저배관의 부양 또는 침강현상을 해석할 때 마찰계수가 고려되는데 이 값은 해저지질 및 파이프의 표면거칠기 등에 따라 상당히 차이가 있으므로 실제 현장자료에 근거한 수치를 적용해야 한다.

중량피복 외에 특별한 지지요소나 고정장치 없이 지반에 부설되어 해수에 직접 노출된 해저배관에 대해서도 전술한 매설 해저배관의 경우와 같이 침강에 대하여 검토돼야 한다.

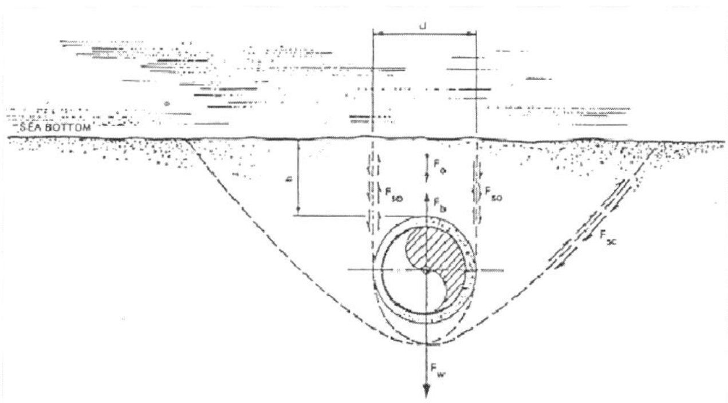

그림 6-2 파이프에 작용하는 토양의 힘

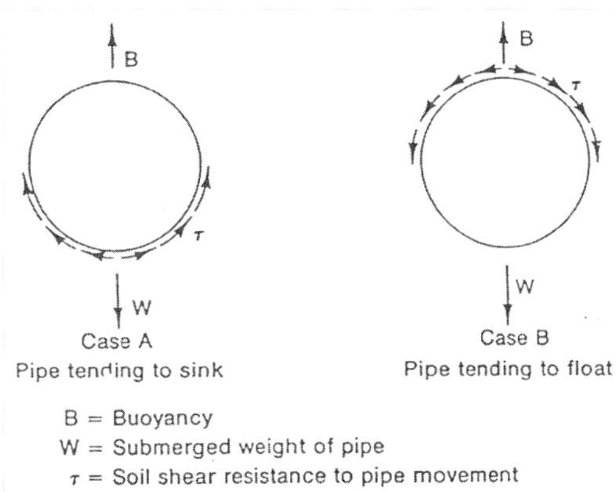

그림 6-3 매설토내에서의 파이프의 안정성

이러한 해저배관은 지반으로 부터의 상승운동 (lift-off) 및 횡방향 운동에 대한 안정성도 요구된다. 한편 해저배관이 경사진 지반에 부설되거나 지반층이 다른 요인에 의해 이동되는 경우엔 지반경사나 이동으로 인한 파이프의 파손 위험성을 고려해야 한다. 그림 6-4와 같이 지반이동에 의해 해저배관에 가하는 힘은 파이프 매설깊이에 따라 증가한다.

위와 같은 요인에 의해 해저배관이 변형할 때 해저배관의 축방향 안정성도 검토하여야 한다. 천해역에서는 파랑에 의한 반복하중이 토사의 전단강도를 감소시키기 때문에 액화되기 쉬운 모래로 뒷채움한 경우에는 이 영향이 특별히 고려돼야 한다.

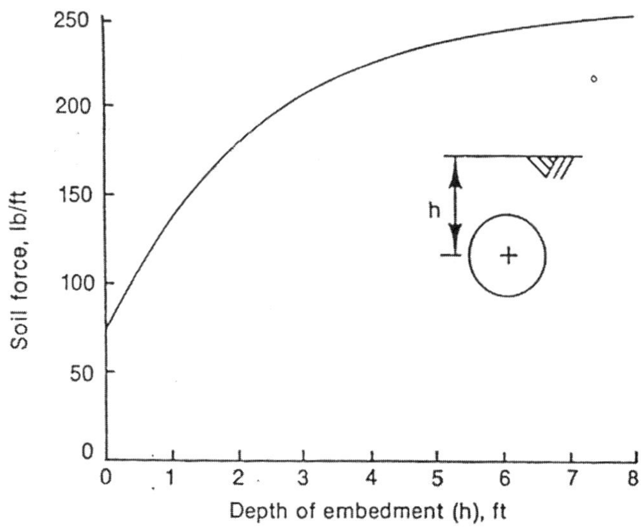

그림 6-4 파이프 매설깊이에 따른 매설토의 압력

6.1.2 쇄굴

해저배관의 지반 안정에 관련하여 고려해야 할 중요한 요소로 파도나 해류에 의한 지반의 쇄굴현상(scouring) 이다. 쇄굴현상은 해저배관에 대한 연구중 상당한 부분을 차지하며 현재 많은 연구결과가 보고되어 있다. 파도나 해류의 흐름에 물입자의 운동이 일어나면 해저면에 있는 토사가 움직이기 시작한다. 그림 6-5는 유속의 빠르기에 따른 토사의 움직이는 거동을 보여주고 있다. 한편 토사는 유속과 흙 입자 크기에 따라 침식되거나 퇴적 혹은 수송된다. 그림 6-6은 이러한 상관관계를 보여주고 있다.

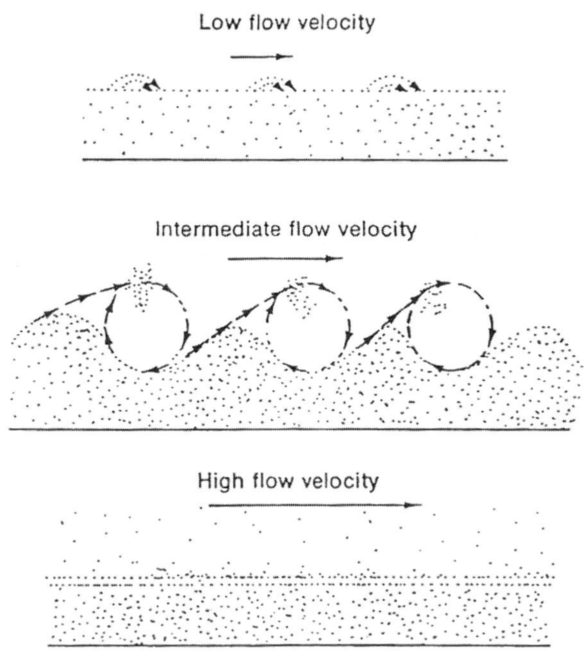

그림 6-5 유속에 따른 입자이동의 형태

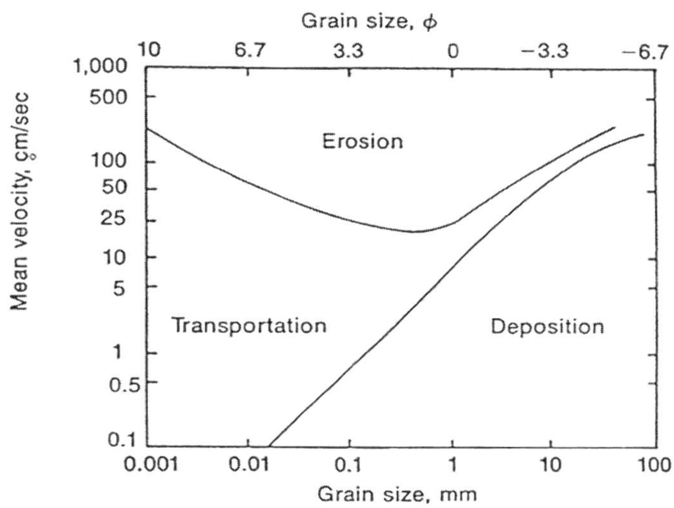

1) Mean velocity at 1 m above seabed.
2) Material grains are assumed uniform.

그림 6-6 해류의 속도와 퇴적물 이동의 형태

한편 파도에 의해 쇄굴이 발생하여 해변이 변형되면 다시 입사파에 영향을 주고, 쇄파에 의한 수심의 변화는 쇄파대의 위치를 바꾸어 놓는다. 해변 (beach) 은 장기간에 걸쳐 일정한 특성을 가진 파랑의 영향을 받으면 부유사 입자가 평균위치를 중심으로 왕복운동을 하게 되는 평형상태를 이룬다. 만일 매설된 해저배관 부근의 해류가 강하고 해저면 상태가 쇄굴되기 쉬우면 매설토 혹은 피복토 (overburden) 는 그림 6-7에 나타난 것처럼 쇄굴될 것이다. 따라서 파이프는 매설토의 압력과 전단강도에 의한 지지효과를 잃고 파랑과 해류하중을 직접 받게 된다.

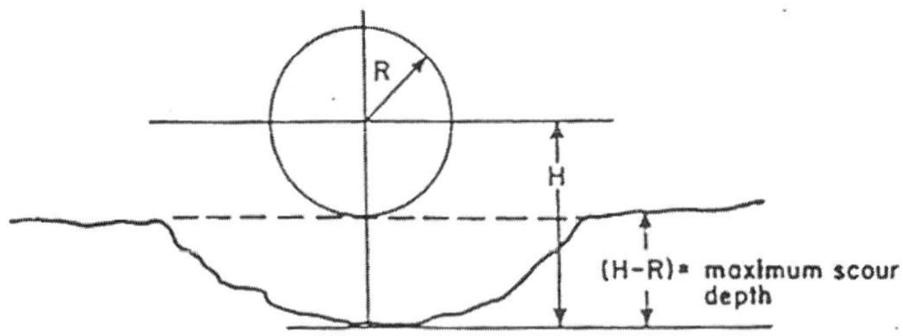

그림 6-7 해저배관 하부 해저면의 쇄굴현상

폭풍에 의한 파도는 천해에서 해저면 가까이에 큰 수평 및 수직속도를 유발시켜 해저면이 침식될 수 있는 물질로 구성되어 있는 경우 부유사는 동적 평형상태로부터 벗어나게 되어 쇄굴 또는 침전이 일어난다. 폭풍이 강해질수록 쇄굴에 의한 해저배관의 노출이 커져 파이프는 큰 수평항력과 관성력을 받아 손상을 입거나 구덩이 밖으로 내밀려져서 결과적으로 파손이 된다. 그림 6-8과 같이 만일 파이프가 손상되지 않더라도 폭풍이 약해짐에 따라 구덩이는 메워져 파이프를 위로 들어 올리거나 또는 밀어 내릴 것이다. 쇄굴이 심해지면 설계 자유경간 이상으로 해저면이 파여져 파이프에는 파괴응력 이상의 굽힘하중이 가해질 수 있다. 또한 해저배관에 와동방출 (vortex-shedding) 에 의한 진동이 발생하게 되는데 이는 추가 쇄굴의 원인이 되기도 하며 장기간 계속되면 피로에 의해 파이프가 파괴된다.

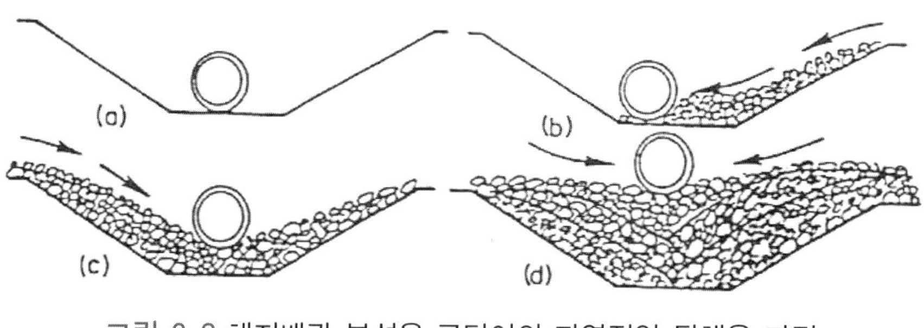

그림 6-8 해저배관 부설용 구덩이의 자연적인 뒷채움 과정

해저배관 주변의 쇄굴현상은 짧은 거리의 부분노출 부터 상당한 길이의 완전노출까지 범위가 넓다. 쇄굴에 의한 파손은 다음과 같은 두 가지 과정으로 발생된다.

- 토사가 해저배관의 주변으로 부터 쓸려나감에 따라 파도 또는 해류에 의한 항력을 직접 받게 되어 해저배관이 수평방향으로 이동되며 파손된다.

- 해저배관을 부분적으로 지지하고 있는 토사가 쇄굴되어 해저면이 파이면, 해저 배관의 자중에 의해 파손이 일어난다.

따라서 국부적인 쇄굴에 의한 손상에 대비하기 위해서는 해저배관 근처에서의 토사이동역학 (sediment transport mechanism) 에 대한 검토가 필요하다. 쇄굴되는 흙 입자의 크기와 유속과의 관계는 밝혀진 바 있으나 아직도 쇄굴되는 깊이와 형태에 미치는 구조물의 영향에 대해서는 많은 연구가 필요하다.

쇄굴되기 쉬운 토사는 액화 (liquify) 되기도 쉬우며 대체로 두 가지 현상은 동시에 진행된다. 쇄파대에서 해저배관의 방호수단은 쇄굴심도 이하로 해저배관을 매설하거나 쇄굴에 견딜 수 있는 암석이나 cobble-stone blanket 로 덮는 방법 등이 있다. 기초지반으로 피복석이 가라앉는 것을 방지하기 위해서는 여러 겹의 차단층 (filter layer)이 사용되어야 한다.

파이프가 개착식 구덩이에 부설되어 자연적으로 되메워질 때는 이에 따른 문제가 발생된다. 해저면을 따라 토사를 수송하는 해류는 구덩이내로 토사를 퇴적시키며 토사 중 일부는 들어 올려진 파이프 밑에 퇴적된다. 유속이 작아지면 파이프는 원래 위치에 되돌아오지만 이전보다는 조금 높아진다. 실험에 의하면 이러한 잭킹 (jacking) 과정은 원래의 구덩이가 완전히 채워져 파이프가 해저면 위로 완전히 노출될 때 까지 계속될 수도 있다.

6.1.3 닻 및 어구

최근에는 해저배관 유류유출사고에 의한 해양환경오염에 많은 관심이 모아지고 있으므로 닻이나 어구에 의한 해저배관의 파손은 중요하다. 심해에서는 계류선의 길이가 제한되므로 닻에 의한 손상이 거의 없는 것으로 간주할 수 있으나, 천해에서는 닻이나 어구 (fishing board) 에 의한 파손위험이 상당히 높다. 대표적인 형태의 어구가 그림 6-9에 제시되었으며, 이러한 어구가 해저배관 위를 통과하는 과정이 그림 6-10에 나타나 있다. 또한 닻이 매설된 해저배관 위 피복 보호석 (armor backfill)을 통과할 때의 거동이 그림 6-11에 나타나 있으며 해저배관이 닻이나 어구에 의해서 손상된 형태가 그림 6-12에 도시되었다.

닻이나 어구에 의한 손상이 예상되는 지역에서는 다음 사항들을 고려하여 파이프를 방호하여야 한다. 즉 닻이 끌릴 때 해저면 위를 통과하여 해저배관에 걸리지 않도록 해야 하며 또한 어구가 연직상향으로 들려져 해저배관을 손상시키지 않고 통과할 수 있어야 한다. 닻이나 어구에 의한 피해를 추정하는 단계는 다음과 같다.

- 현장관측 및 기존자료를 통해 내구연한 동안 해저배관 위를 통과하는 선박의 수, 크기 및 각 선박의 항행횟수를 파악한다.
- 각 선박의 닻의 크기를 추정한다.
- 닻의 중량에 따른 투입깊이를 정한다.
- 닻의 크기, 파이프의 외경 및 두께에 관련된 피해등급을 산정한다.
- 각 피해등급에 관련된 수리비용은 파이프의 매설심도에 따라 증가한다.
- 해저배관의 매설비용을 토질, 해저면 상태 등에 따라 추정한다.
- 수리비와 매설비에 기준을 두고 해저배관 내구연한 동안의 비용을 추정한다.

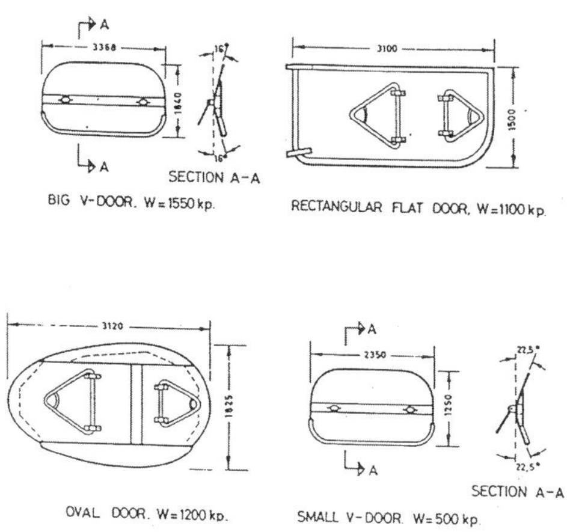

그림 6-9 전형적인 해저 trawl doors

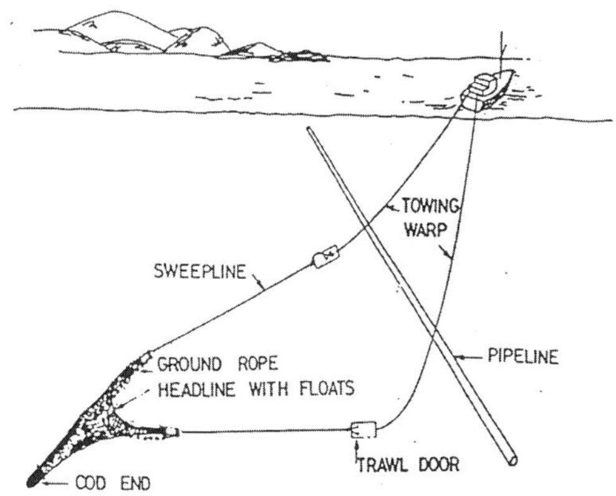

그림 6-10 해저배관을 횡단하는 bottom otter trawl

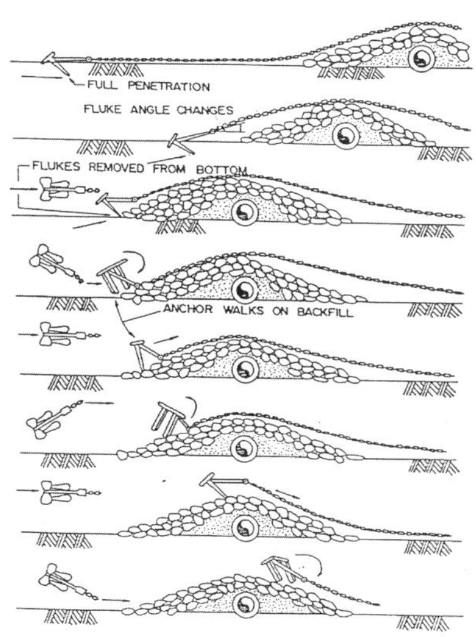

그림 6-11 매설된 해저배관 위를 지나가는 닻의 거동

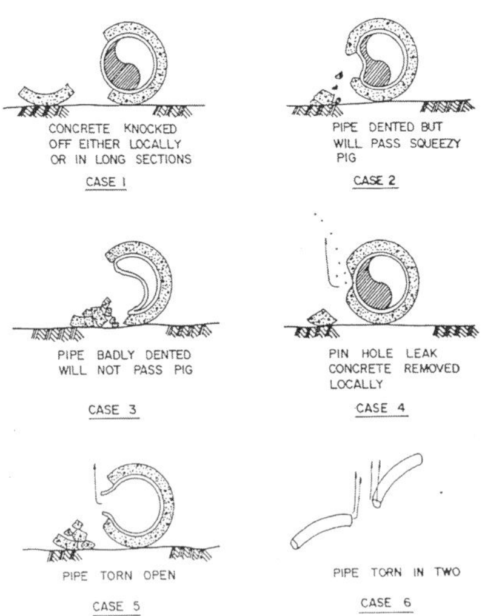

그림 6-12 해저배관의 손상된 형태

6.2 해저배관 노선 선정

해저배관의 노선 선정은 앞에서 설명한 환경요소와 환경하중들을 고려하여 파이프에 대한 손상 및 파괴 가능성을 최소화하고 방지할 수 있도록 한다. 이러한 고려사항보다 직접적인 요인으로 선박의 항행빈도, 어로활동, 해양작업, 해저면의 안정도, 환경오염 등을 들 수 있다.

노선 선정을 위한 환경조사는 안전한 설계, 시공, 그리고 운용에 충분한 자료를 제공해 줄 수 있도록 예정노선을 따라 충분히 넓은 범위에 걸쳐 적절한 정밀도를 가지고 행해져야 한다. 즉 다른 작업이 수행중이거나 장애물이 있는 지역, 해저지형이 불규칙한 지역, 또는 보다 상세한 조사가 요구되는 지역에서는 고도의 정밀도가 요구된다. 기존 해저배관이나 통신 케이블이 있는 지역에서는 신설 해저배관과의 교차문제를 신중히 고려할 수 있도록 해야 한다. 해저배관 설치 전에 지면정지작업이나 제거작업이 요구되는 암반 돌출부나 큰 암석덩이의 여부와 불안정 사면, 골짜기 및 퇴적물 침전지역 등이 해저지형 조사시 확인되어야 한다. 이러한 노선 환경조사 결과는 해저배관의 위치, 관련 구조물 및 해저면의 득성을 나타내 주는 노선도에 표시된다.

해저배관의 노선 설계는 상세한 수치를 구하는 다른 설계항목과는 달리, 자연 및 사회환경의 제반 조건을 감안하여 현상파악과 장래전망을 토대로 계획되어야 한다. 해저배관이 매설된 뒤 주위 환경에 미치는 영향에 대해서도 충분히 고려하여 사례연구를 반복실시한 후, 최종적으로 합리성, 안전성이 우수한 해저배관 노선을 선정하여야 한다. 해저배관의 노선계획은 공사비의 최소화를 염두에 두지 않을 경우에는 간단하게 수심도를 토대로 위치를 설정하면 되지만 공사비를 고려하여 이상적인 노선을 설정하고자 할 경우에는 수치해석법이 하나의 보조수단으로서 이용될 수 있다.

6.2.1 노선 환경조사

해저배관의 노선선정 조사의 기본계획 단계에 있어서는 우선 해도가 전적으로 이용된다. 해도에서 수심, 해저지형, 해저지질, 유속, 유향 등의 자료들을 얻을 수 있으며 이들 자료는 계획 초기단계에서 매우 이용가치가 높으므로 현지 조사계획을 수립할 때 적극 활용된다.

수심 및 해저지형은 해저배관의 노선선정 및 시공계획을 입안할 때 가장 중요한 조사항목이다. 현지조사는 통상 조사이용선박에 음향측심기, 경우에 따라서는 측면주사 음향탐지기(side-scan sonar)를 장착하여 수행되며, 선박의 위치는 매 시각 측정된다. 측량범위는 일반적으로 해저배관 예정노선의 양측으로 각각 300-500m 정도로 한다.

해저배관을 선박의 닻으로부터 보호하고 파도나 해류흐름에 대해 안전성을 확보하기 위해서는 해저배관을 매설하는 것이 바람직하다. 또한 해저지질은 부설시 작업선의 닻을 잘 고정할 수 있는지 알기 위해서도 중요하다. 따라서 현지에서 해저지질의 조사는 시료채취, 철근관입, 시험굴삭 등의 방법에 의해 예정노선 부근 해저면 아래 수 m 를 대상범위로 하여 행해진다.

기상 및 해상조건은 해저배관의 설계뿐만 아니라 부설공법, 부설시기, 작업공기, 작업기기, 작업순서 등의 결정을 위해서도 아주 중요한 사항이다. 시공중에 가장 지배적인 요인인 해저배관 설치 예상해역의 파랑자료는 장기간에 걸쳐 실측을 행하는 것이 가장 좋으나 바람에 대한 자료와 취송거리로 부터 간접적으로 추정할 수도 있다.

해저배관의 노선 선정시나 시공중의 안정성을 꾀하기 위해 해저배관 설치 예상해역에 해저 장애물이 있는지 조사되어야 한다. 이미 설치된 해저배관, 케이블, 등대, 방파제 등 제반 구조물의 위치나 심도는 시공법에 상당한 영향을 미치며, 기타 폭탄 등의 위험물과 장애물 등의 존재유무도 조사해야 한다. 또한 대상해역에서의 선박의 크기나 교통량, 항로 정박지 등의 상황은 시공중의 사고대책, 부설 후 투묘의 위험성이나 닻의 관입깊이의 추정을 위해 필요하다.

사용될 작업기기의 선정, 조달, 자재반입을 위한 도로, 자재비축이나 가공을 위한 작업장 건설 등도 해저배관 노선 계획에 영향을 미친다. 또한 인접한 항만이나 정박지 등의 상황은 악천후 때 작업선의 피난, 인원이나 기기, 식량 등의 반송기지로 이용될 수 있다.

6.2.2 노선 선정과정

해저배관의 노선 선정과정은 먼저 대상해역에 대한 해도, 해저지형도, 지질도, 해양조사 보고서 등의 기존자료를 토대로 몇 개의 노선안을 작성한다. 이때 해저지형도에서 등심선이 밀집된 곳, 또는 요철이 심한 곳이나 골짜기 등은 피하며, 경사진 곳의 경우는 최단거리로 횡단하도록 주의하면서 노선의 전 길이가 가능한 한 직선이 되도록 한다. 지질도를 참조하여 단층지대, 해저화산지대는 피하며 암초해역은 가능한 우회한다. 또한 선박의 정박지역, 폭발물, 폐기물 투기해역, 군사훈련해역, 어장해역 등은 반드시 피해야 하며, 이미 설치되어 있거나 계획중인 해저배관이나 기타 케이블 등의 해중설비에 대해서도 조사하여 이를 피하거나 혹은 장래의 중첩 가능성에 대한 전망을 파악해 두어야 한다.

후보노선을 선정하고 관련되는 문제점을 파악한 후 해저배관 부설에 관한 특별한 조건들을 상세하게 조사한 결과 다른 해중시설과의 중첩을 피할 수 없을 경우에는 그 대책에 관해 기존시설 관계자와 협의한다. 이와 더불어 노선의 자연환경조건에 대해 전문가 및 경험자로부터 의견을 구하는 것도 중요하다.

해저배관 후보노선이 선정되고 조건이 명확해진 노선에 대해서 해양조사계획을 수립한다. 수심측정, 해저지질조사 및 수온관측은 필수적으로 행하며, 노선상에서 예견되는 문제와 관련하여 필요에 따라 조사항목을 추가한다. 이 단계에서 심해조사가 필요한 경우에는 이용 가능한 선박을 미리 파악하여 확보해 두는 것이 좋다.

해양조사는 이용선박, 조사기기, 위치측정 정확도에 따라 일반적으로 심해부와 천해부로 나눠 별도로 실시하고 있다. 일반적으로, 해양에서는 육상에 비해 기존자료가 적고 위치의 오차가 크기 때문에 현장조사 이후에야 비로소 지형이나 지질상의 문제점이 명확히 밝혀질 경우가 많다. 따라서 조사중에 얻어진 자료는 바로 현장에서 해석하면서 작업을 진행하고 결과에 따라서는 새로운 조사지역이나 조사방법을 현지에서 추가 결정하는 것이 필요하다.

해양조사를 실시하면서 부분적인 최적노선 선정작업도 필요하지만, 이때 항상 노선 전체를 수정하면서 노선길이가 가능한 짧고 코스변경점도 적으며, 또한 30도 이상의 코스변경각도를 포함하지 않도록 고려한다. 그러나 노선 선정조건이 특별한 부설공법이나 특수한 해중설비의 사용이 필요함에 따라 복잡하게 될 경우는 몇 개의 후보노선에 대해 조사를 실시해 특수조건을 감안하여 노선을 선정한다.

6.3 해저배관 설계요소 및 해석

해저배관은 여러 불안정 요인에 의해 파이프의 항복 (yielding), 좌굴 (buckling), 취성파단 (brittle fracture), 연성파단 (ductile fracture), 중량피복의 과다 손상, 안정성 (in-place stability) 상실 등의 문제가 발생한다. 이와 같은 파괴형식에 대한 해저배관 시스템의 안전도는 부설시와 작동시의 설계상 허용응력과 관련지어 검토되어야 한다. 해저배관 시스템 설계중 파이프 자체의 설계에 관한 고려사항은 다음과 같다.

- 설계 코드(design codes)
- 파이프 재료 (pipe material)
- 절연체 (insulation material)

- 항복 강도 (yielding strength)
- 좌굴 (buckling)
- 경간 (spanning)
- 파이프 크기 (pipe size)
- 신장 (expansion)
- 지반안정 (ground stability)
- 피로파괴 (fatigue failure)
- 설치방법 (installation)

6.3.1 설계코드

해저배관의 설계 시 사용되는 코드는 다음과 같다.

- API Spec 5L, Specification for Line Pipe, June 1991.
- API RP 1110, Recommended Practice for the Pressure testing of Liquid Petroleum Lines.
- DnV, Rules for Submarine Pipeline Systems, 1981.
- API Std. 1104, Standard for Welding Pipelines and Related Facilities.
- ANSI B31.4, Liquid Transmission and Distribution Piping Systems, 1992.
- ANSI B31.8, Gas Transmission and Distribution Piping Systems, 1992.
- DnV, Codes for Offshore Structures, 1977.
- DnV RP B401, Cathodic Protection Design, 1986.
- SIS-05-5900, Swedish Standards Institution for Surface Preparation.
- API 5LW, Transportation of Line Pipe on Barges and Marine Vessels, 1990.
- API 5LI, Railroad Transportation of Linepipe, 1990.
- ANSI B16.5, Steel Pipe Flanges, Flanged Valves and Fittings.
- ANSI B31.3, Code for Chemical Plant and Petroleum Refinery.
- D.n.V. RP E305, On-Bottom Stability Design of Submarine Pipelines.
- NACE-MR-01-75, Sulphide Stress Cracking Resistant Metallic Materials for Oil Field Equipment.
- API-RP-14E, Recommended Practice for Design and Installation of Offshore Production Systems.

6.3.2 해양파이프 재료

해저배관은 전체 길이에 인장을 가하며 부설하기 때문에 사용되는 재료나 파이프 연결부는 이 인장응력에 충분히 견딜 수 있어야 한다. 해저배관의 재료가 갖춰야 할 기본조건으로는 1) 화학적 작용과 부식에 저항할 수 있어야 하며, 2) 작용외력에 저항하고, 3) 적정중량을 갖는 것이다. 파이프의 재료로서는 강 (steel), 알루미늄 (aluminum), 프리 스트레스트(pre-stressed) 콘크리트, 플라스틱 (plastic) 및 유리섬유 (fiber-glass) 등이 사용되나, 원유나 천연가스 이송용 해저배관 재료로는 주로 강재를 많이 사용한다.

해저배관은 주로 연강 (mild steel)을 사용하고 있으며 용접에 의해 서로 연결된다. 일반적으로 항복응력은 358.5 MPa 이고, 강재 파이프는 외부를 피복, 방호하며 그 중 콘크리트 피복은 방호 효과도 겸한다. 맞댐 용접 (butt welding) 연결부의 내면방호는 파이프 직경이 0.61 m 이상일 때는 완전한 라이닝 (lining) 이 가능하지만 0.61 m 이하의 파이프는 사람이 그 안에 들어갈 수 없으므로 라이닝을 할 수 없다. 용접한 강재 파이프의 라이닝 재료로는 역청 (bitumens), 에폭시 수지, 콘크리트 등이 유효하다. 직경 0.61 m 이상의 파이프를 라이닝 할 때는 개개의 파이프에 피복을 하고 연결부는 용접 후 사람이 파이프 내부에 들어가서 완전하게 라이닝을 한다. 소구경의 해저배관은 현장에서 차례로 용접하여 하나의 연결관으로 만든 후 라이닝을 하는데 그 길이는 800~1,600 m 에 달한다.

플라스틱, 유리섬유 등은 위에서 언급한 부식방지 조건을 만족하는 재료이다. 그러나 플라스틱과 유리섬유는 항복응력이 낮으며 접합부의 비파괴시험 기준이 없는 것이 단점이다. 한편 비철금속 재료를 사용할 경우에는 중량을 추가해야 하는데, 중량을 추가하는 방법에는 연속된 콘크리트 피복과 해저배관을 부설한 후에 콘크리트 블럭을 덮는 두 가지 방법이 있다. 중량을 추가할 때에는 공사비가 상당히 증가하므로 이에 따른 대책도 필요하다. 알루미늄 파이프의 콘크리트 피복은 콜타르나 에폭시로 먼저 피복하여 부식을 예방해야 한다. 유리섬유 파이프에 콘크리트 피복을 한 경우에는 축방향응력에 의해 콘크리트가 파손될 소지가 많다.

한편 중량과 강도가 좋은 콘크리트를 채운 이중 플라스틱 파이프가 있으며, 대직경 강재 파이프 대신에 축방향으로 예비장력을 준 콘크리트 파이프도 사용 가능하다. 직경 0.9 m 강재 파이프의 경우 필요한 중량을 얻으려면 0.1 m 두께의 콘크리트 피복을 해야 한다. 현재 프리 스트레스트 콘크리트 파이프의 개발이 진행되고 있으며, 이것이 사용되면 강재 파이프의 부식문제도 어느 정도는 해결 가능할 것이다.

또한 프리캐스트 (precast) 콘크리트 파이프를 연결하고 축방향에 예비장력을 가한 해저배관도 고안되고 있는데, 70 kg/cm2 를 넘는 축방향 인장력에 견디는 콘크리트 파이프로는 직경 30 inch 이상이 유효하다. 프리스트레스트 콘크리트 파이프의 결점은 파이프 연결부를 완전히 방수시키는 문제와 예비장력을 가하기 바로 이전에 파이프를 라이닝하는 문제이다.

6.3.3 파이프 응력

가동중이거나 정수압시험 (hydrostatic test) 중인 해저배관에 대해 다음의 세 가지 응력값이 계산되어야 한다.

- 원환응력 (Hoop stress)
- 축 방향 응력 (Longitudinal stress)
- von Mises 등가응력 (von Mises equivalent stress)

가) 원환 응력 (Hoop stress)

원환응력은 내압과 외압 사이의 압력차에 의한 응력으로 해저배관의 벽두께 산정시 사용되며, 다음과 같이 근사적으로 나타낼 수 있다.

$$\sigma_H = (P_i - P_e) D / 2t \tag{6-1}$$

여기서 Pi = 내압 (N/mm^2)

Pe = 해저배관 경로를 따라 최소 수심에서의 외부 정수압 (N/mm^2)

D = 파이프 직경 (mm)

나) 축 방향 응력 (Longitudinal stress)

축방향 응력은 해저배관의 평형유지에 필수적이다. 내압과 휨으로 인한 축방향 인장력은 다음과 같이 주어진다.

$$\sigma_L = 0.5\,\sigma_H \pm ED/2R \tag{6-2}$$

여기서 R = 파이프 경로의 굴곡 최소 반경(mm)

E = Young 계수

D = 파이프 직경

다) von Mises 등가응력 (von Mises equivalent stress)

법선 전단응력을 무시할 때 von Mises 등가응력(σe) 은 다음과 같이 나타낼 수 있다 (DnV 1981).

$$\sigma_e = (\sigma_H^2 + \sigma_L^2 \pm \sigma_H \sigma_L)^{1/2} \tag{6-3}$$

여기서 σ_e = 등가응력 (equivalent stress)

σ_L = 축방향응력 (longitudinal stress)

σ_H = 원환응력 (hoop stress)

6.3.4 파이프 좌굴

해저배관은 여러 좌굴 형상에 대해 안전해야 한다. 주요 고려 대상은 수압에 의한 좌굴이다. 그러나 파이프에 걸리는 하중과 해저면 지지조건에 따라 다음에 기술한 한 가지 또는 그 이상의 형태로 좌굴이 일어날 수도 있다.

- 파이프 벽에서의 국부좌굴 (local buckling) : 외부압력, 축력 및 굽힘 모멘트에 의하여 발생.
- 봉형좌굴 (bar buckling) : 압축력이나 자중 등에 의해 발생.

가) 국부좌굴

해저배관의 국부좌굴에 대해서는 기존의 여러 설계규정에서 자세히 다루었으므로 여기서는 간단히 설명한다. 해저배관에 있어서 국부좌굴은 해저배관 설치시에 발생한다. 국부좌굴의 가능성은 다음의 공식에 근거하여 점검되어야 한다.

$$\left[\frac{\sigma_L}{\eta_{Lp}\sigma_{Lcr}}\right]^{\alpha} + \left[\frac{\sigma_H}{\eta_{Hp}\sigma_{Hcr}}\right] \leq 1 \tag{6-4}$$

여기서 σ_L = 인장과 힘응력에 의한 전체 축방향 응력

σ_H = 원환응력

σ_{Lcr} = 임계축방향응력

σ_{Hcr} = 임계원환응력

η_{Lp} = 허용용도계수 (σ_H = 0일 때)

η_{Hp} = 허용용도계수 (σ_L = 0일 때)

$$\alpha = \frac{1+300}{D/t} \times \frac{\sigma_H}{\sigma_{Hcr}}$$

한편, 허용용도계수는 다음 표 6-1과 같다.

표 6-1 허용용도계수

LOADING	INSTALLATION PIPELINES AND RISERS		OPERATION ZONE 1	
	η_{Lp}	η_{Hp}	η_{Lp}	η_{Hp}
a	0.85	0.75	0.72	0.62
b	-	-	0.85	0.82

표 6-1에서 하중상태 (a) 는 정적하중만 있을 때이며 (b) 는 정적 및 적절한 환경

하중과의 합한 하중 상태이다.

나) 파이프 붕괴

완전한 원형이 아닌 (out-of-roundness) 파이프의 경우에는 외부수압이나 토압에 의해 붕괴될 수 있다. 이 붕괴 압력 (external hydrostatic collapse pressure) Pcol 은 다음과 같이 주어진다.

$$P^2_{col} - [\frac{\sigma_F t}{R_m} + P_{cr}(1+\frac{3R_m U}{100t})]P_{col} + \frac{\sigma_F t}{R_m} P_{cr}] = 0 \quad (6\text{-}5)$$

여기서 σF = 파이프의 SMYS

t = 파이프 벽두께

Rm = 파이프 평균 반경

U = 원형 이탈율 % (out of roundness)

P_{cr} = 임계 압력 ($\frac{E(t/R_m)^3}{4(1-\nu)}$)

E = 파이프 영 계수

ν = 포아슨 비

다) Bar 좌굴

파이프의 봉형좌굴 (bar buckling) 은 내부 및 외부압력과 파이프 축하중에 관련되어 있다. 파이프 자체의 축하중 N의 영향을 받는 파이프의 경우 내부압 (P_i) 과 외부압 (P_e) 및 봉형좌굴 (bar buckling) 과 관련된 유효 축하중 S사이에는 다음과 같은 관계가 있다.

$$S = N+\frac{\pi}{4}(D-2t)^2 P_i - \frac{\pi}{4} D^2 P_e \quad (6\text{-}6)$$

윗 식에서 압축하중으로 양의 값을 사용한다. 상기 식은 구속효과가 N에 반영될 수 있기 때문에 어떤 형태의 축방향 구속에 대해서도 적용할 수 있다. 계산된 S값이 양 (positive) 인 경우, S는 고려하는 경간의 봉형좌굴 (bar buckling) 에 대한 임계 축하중과 비교돼야 하며, S가 음 (negative) 인 경우 좌굴가능성은 없다. 임계 축하중 S_{cr} 은 축방향 구속조건에 좌우되며, 축방향 변위에 대하여 양단이 고정인 경우 S는 S_{cr} 보다 작을 필요가 없다. S_{cr} 보다 큰 S의 경우에도 파이프는 횡방향 변위를 일으킨 후 새로운 평형변위를 찾을 수 있다. 이 경우 굽힘응력이 검토돼야 한다. 만약 고려하는 경간이 축방향으로 자유로이 수축되는 경우 좌굴에 대한 안정도는 강구조에서 통상 사용되는 것과 같다.

허용 경간 L 은 부분적으로 고정된 경간 조건에 대해 오일러(Euler) 좌굴 공식을 적용하므로써 결정된다 (DnV 1981).

$$L = [\frac{2\pi^2 EI}{S}]^{1/2} \tag{6-7}$$

여기서 L = 임계 경간 길이 (m)
E = 영 계수(N/mm^2)
I = 파이프 절단면의 관성 모멘트 (m^4)
S = 유효 축 압축력 (N)

6.3.5 파이프 크기

파이프의 직경과 두께를 결정하는 데는 다음의 항목들이 고려되어야 한다.

- 적용 설계코드 (application code)
- 유량 (flow rate)
- 최대 작용압력 (maximum working pressure)
- 외부압력 (external pressure)
- 압력강하 (pressure drop)
- 해저배관 부설높이의 변동 (pipeline elevation variation)
- 유체밀도 및 점성 (fluid density and viscosity)
- 해저배관의 길이 (line length)
- 부식/침식에 대한 여유두께 (corrosion/erosion allowance)

해저배관의 크기결정에서 가장 중요한 부분은 파이프의 벽두께를 결정하는 것이다. 벽두께 결정시 고려되어야 할 사항은 앞에서 논의한 허용원환응력 (allowable hoop stress), 파이프 붕괴, 파이프 좌굴 등이다.

해저배관의 벽두께 결정시 원환응력 σ_H 는 다음에 주어진 허용 원환응력 σ_{Hp} 를 초과하지 않아야 한다.

$$\sigma_{Hp} = \eta_h \sigma_F K_t \tag{6-8}$$

여기서 η_h = 허용응력 용도 계수 (usage factor) (표 6-2, DnV 1981)
σ_{Hp} = 허용 원환응력
σ_F = 최소항복응력, SMYS (Specified Minimum Yield Strength of pipe material, N/mm^2)

K_t = temperature de-rating factor

재질온도가 120℃ 이하인 경우 K_t 는 통상 1.0 이고 보다 높은 온도에 대하여는 재질에 따라 K_t 의 감소를 고려해야 한다.

표 6-2 허용응력 용도 계수

zone	Loading Conditions	
	a	b
1	0.72	0.96
2+riser	0.50	0.67

따라서 원환응력에 근거한 해저배관의 벽두께 t는 용도계수값 0.72, 온도감소율 1.0 (일반해저배관인 경우) 을 이용하면 다음과 같이 계산된다.

t = (Pi - Pe) D / (2× 0.72 SMYS) (6-9)

($P_i - P_e$) 는 일정한 D, t 및 재료 특성을 가지고 있는 해저배관 구간에 대해서 최대압력차인 ($P_{i_{\max}} - P_{e_{\min}}$) 으로 택한다. 여기서 $P_{i_{\max}}$ 는 최대 정상 가동압력과 정역학적 조건하에서의 정수압 중 큰 값보다 커야 하며 $P_{e_{\min}}$ 은 저조시 수압보다 작아야 한다.

한편 부식이나 침식에 대한 허용치는 응력결정을 위해 사용된 공칭두께에 포함돼서는 안된다. 그리고 강재 파이프의 중량피복에 의한 강도증가 효과는 항복강도에 대한 설계 시 고려되지 않는 것이 통례이다.

6.3.6 해양파이프 안정성

해저배관의 측방향 안정성은 파와 해류 작용으로 인한 동수력학 하중에 대해 견뎌낼 수 있느냐 없느냐에 따라 좌우된다. 해저배관 안정성은 여러 가지 방법으로 얻어질 수 있지만 일반적으로 해저배관에 충분한 무게를 부여해서 외력이 해저배관과 해저 바닥과의 마찰력과 균형을 이루게 하는 것이다.

측방향 안정성의 계산에 사용되는 여러 가지 요소들을 소개하면 표 6-3과 같다.

표 6-3 측방향 안정성 계산에 사용되는 변수

안정성 요소	설치상태 (1-year storm)	가동상태 (100-year storm)
해저배관 상태	빈 상태	내용물로 채운상태
항력계수, CD	0.75	0.75
양력계수, CL	0.75	0.75
관성계수, Cm	3.29	3.29
파이프/토질 마찰계수 (측방향)	0.5	0.7
안전율 (Safety factor)	1.1	1.1

안정성 기준은 다음과 같이 표현된다 (그림 6-13 참조).

$$(W_{sub} - F_L)\mu \geq (F_D + F_I)S \tag{6-10}$$

여기서 S = 안전율 (Safety factor)

W_{sub} = 단위 길이당 해저배관의 수중 중량

FL = 동수력학 양력

FD = 동수력학 항력

FI = 동수력학 관성력

μ = 파이프와 해저 바닥 사이 측방향 마찰계수

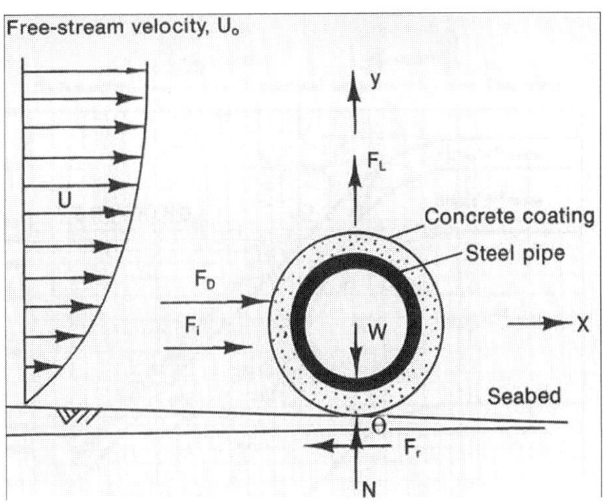

그림 6-13 파이프에 작용하는 유체력 및 반력

여기서 W= Total submerged weight of pipe

FD= Drag force

FI = Inertia force

FL= Lift force

θ= Slope of seabed
N= Normal force
Fr= Friction resistance
U= Flow velocity in boundary layer

6.3.7 자유경간

해저배관 부설시 앞에서 서술된 쇄굴과 같은 요인에 의해 해저면과 해저배관 사이에 지지접점이 없는 상태인 자유경간 (free span) 이 형성되면 해저배관은 불안정하게 된다. 자유경간은 해류나 파랑하중에 아주 취약하며 아울러 파이프 자중에 의한 굽힘변형이 발생한다. 따라서 해저배관의 자유경간에 대한 항복강도의 초과(excessive yielding) 여부를 검토해야 한다. 또한 와동방출(vortex shedding)에 의한 해저배관의 진동도 자유경간에 기인되며 결국에는 피로파괴 (fatigue failure) 를 가져올 수 있다.

해저배관의 자유경간해석은 다음 사항들에 대해서 각각 점검해야 한다.
- 정수력학적 하중으로 인한 굽힘 (정적 경간)
- 와동방출으로 인한 진동 (동적 경간)

가) 정적 경간 (Static Span)

해저배관의 경계조건이 양단고정 및 침하 지지 조건단으로 가정하면 (굽힘모멘트를 WL2/12 으로 취함) 정적경간의 허용길이는 다음 식으로 표현된다.

$$L = (20\sigma_B I / WD)^{1/2} \qquad (6\text{-}11)$$

여기서 W = 라이저의 단위 길이당 정수동력학적 하중, KN/m

D = 피복제와 해양생물 부착물(marine growth) 모두를 포함한 파이프의 외경, mm

I = 파이프의 관성모멘트, mm^4

L = 정적지간, mm

σ_B= 허용 굽힘응력 = $(\sigma_E^2 - 0.75\sigma_H^2)^{1/2} N/mm^2$

σ_E = 허용 등가응력$(equivalent\ stress) = 0.67 \times SMYS,\ N/mm^2$

σ_H = 원환응력$(hoop\ stress),\ N/mm^2$

정수력학적 하중을 구할 때는 파이프의 피복제와 해양생물 부착물의 영향도 고려된다.

나) 동적 경간 (Dynamic Span)

동적 경간의 설계기준은 와동방출 진동수와 해저배관 경간의 고유진동수를 크게 다르게 해서 해저배관의 동적 진동이 최소가 되도록 하는 것이다. 또한 와류로 인한 운동 발생시 해저배관의 파손도 방지해야 한다. 동적경간 길이를 결정하는 결과식만 정리하면 다음과 같다.

$$L = \left[\frac{C^2 EIVr^2 D^2}{MV^2}\right]^{1/4} \tag{6-12}$$

끝단이 부분적으로 구속된 경간의 경우 C = 15.4 / 2π = 2.45 이다. 이 값을 식 (6-16)에 대입하면

$$L = \left[\frac{6EIVr^2 D^2}{MV^2}\right]^{1/4} \tag{6-13}$$

여기서 E : 탄성계수, N/m^2

I : 관성 모멘트, m^4

Vr : 감소 속도(무차원)

D : 파이프의 직경, m

M : 파이프 내부 함유물과 해수의 부가질량을 더한 해저배관의 단위 길이당 질량, kg/m

V : 100년 주기의 정상(steady) 해류 속도, m/sec

L : 자유경간 길이, m

와류에 의한 진동에 대해서 안전을 보장하는 최대 허용경간은 식 (6-13)을 사용하여 얻을 수 있다.

6.4 해저배관의 방호

해양에 설치되는 해저배관 시스템은 제 6.1장에서 언급한 여러 해양환경요인에 의해 손상을 받을 수 있으므로 보호되어야 한다. 손상요인은 크게 기계적 요인과 부식요인으로 대별된다. 특히 포말대 (splash zone)에 위치한 해양라이저는 부식방지 수단에 의하여 방호되어야 한다. 또한 부식성 물질을 수송하는 해양배관의 경우는 내부방호가 요구된다. 이와 같이 내부 또는 외부부식에 노출된 해저배관 시스템에 대해서는 방식을 위한 피복외에도 벽두께에 대한 부식허용치가 필요하다. 해저배관에 대한 방호는 기계적 방호와 부식 방호가 있으며 본장에서는 이에 관하여 상세히 설명한다.

6.4.1 기계적 방호

해저배관은 부식에 의한 손상이외에도 극심한 파랑 및 해류하중, 어선의 어구나 선박의 닻 등과 같은 요인에 의해서도 파손될 수 있다. 파랑하중에 의한 손상 위험성은 천해의 쇄파대에서 가장 크며, 해류는 해저면의 토사를 이동시켜 해저배관의 안정성에 위험이 된다. 또한 선박의 정박이 빈번한 곳이나 어로활동이 많은 곳도 닻(anchor)이나 어구(trawl board) 등에 의해서 해저배관은 파손될 수 있다. 이와 같은 기계적 원인에 의한 해저배관 파손을 막는 방법은 다음과 같다.

- 굴삭 및 매설 : 해저면을 도랑같이 굴삭하고 파이프를 깔아 흙으로 덮는 방법으로 다음절에서 자세히 언급될 것이다. 이것은 해저배관을 보호하기 위해서 가장 많이 쓰이는 방호방법이다. 토질의 특성에 따라 어떠한 굴삭방법을 사용할지 결정한다.
- Overburden : 자갈, 암석, 또는 유사한 피복토를 해저배관 위에 덮어서 파이프가 손상될 가능성을 감소시킨다.
- Anchoring : 빠른 유속이나, 진흙사태에 의해서 파이프가 움직이는 것을 막는 방법으로서 중량블록으로 덮거나 파이프 바깥을 콘크리트로 피복하거나 닻으로 파이프를 해저에 고정시킨다. 또한 안정매트로 덮기도 한다.
- Carrier 파이프 이용 : 여러 라인을 다발로 만들어 대구경의 carrier 파이프에 넣어서 기계적인 손상이나 부식을 방지한다. Carrier 파이프는 해저배관의 부설공법 중 예인에 의한 방법을 사용할 때 적용된다.
- 해저배관 교차 방지 : 해저배관들이 서로 교차되는 것을 방지하여야 한다. 부득이한 경우로 해저배관이 다른 해저배관과 교차될 경우에는 두 해저배관 사이의 최소거리를 0.3 m 이상 유지하는 것이 바람직하다. 이를 위해서는 모래주머니나 시멘트 주머니를 파이프 사이에 넣어야 한다.

콘크리트 중량피복의 목적은 해저배관에 음의 부력을 제공하고 부설시나 작동시 해저배관을 기계적 손상으로부터 방호해 주는데 있다. 부설시 해저면 예인공법이 사용되는 경우에는 예인작업시 지반과 해저배관 사이의 접촉에 의해 마모가 일어나지 않도록 콘크리트 피복을 설계해야 한다. 중량피복 설계기준에는 통상 다음 사항이 포함된다.

- 두께 및 강도
- 재료
- 적용방법
- 양생방법

- 검사와 시험
- 피복 파이프의 저장과 취급에 대한 요구조건

중량피복에 사용되는 콘크리트는 충분한 강도와 내구성을 가져야 한다. 콘크리트는 압축강도가 30N/mm^2이상이어야 한다. 투수성 (permeability) 은 해수에 노출된 콘크리트의 내구성을 결정하는 가장 중요한 특성인데 작은 투수성을 얻기 위해 다음과 같은 방법이 사용된다.

- 높은 시멘트 함유량
- 낮은 물/시멘트 비(0.4 이하가 바람직하며 어느 경우에도 0.45 보다 작아야 한다)
- 양질의 골재
- 세립질과 조립질 골재의 적당한 분급

철근은 시방서의 화학적 및 물리적 요구조건을 만족해야 하며 강선 구조나 용접된 상자 (cage) 형태로 배열돼야 한다.

그림 6-14은 해저배관에 대한 기계적 보호공법의 8가지 종류를 보여주고 있으며 그림 6-15는 이러한 공법이 실제 해저배관에 적용되는 예를 나타내고 있다.

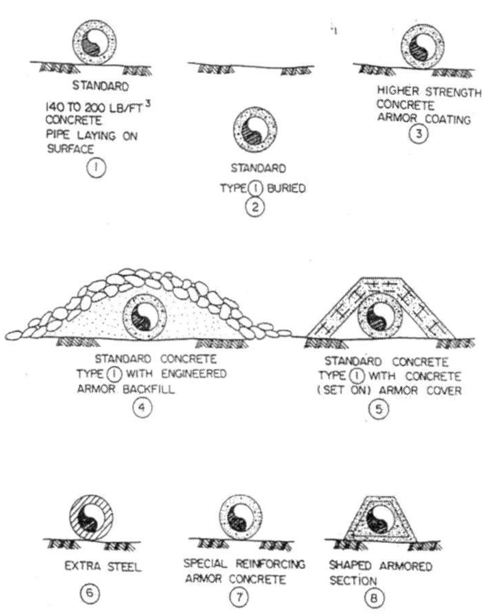

그림 6-14 해저배관의 여러 기계적 보호공법

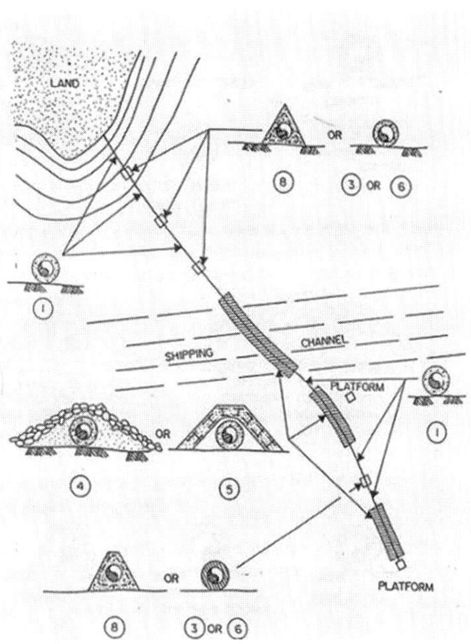

그림 6-15 해저배관 보호공법 적용 예

6.4.2 부식 방호

해저배관은 해수에 의한 외부부식과 이송물질에 의한 내부부식으로 부터 방호되어야 한다. 방식을 위해서는 피복재 (coatings), 음극방식 (cathodic protection), 파이프의 재료의 적절한 선택이 필요하다.

가) 외부피복

해수에 의한 부식을 막기 위해서 피복재를 파이프 외부에 입혀야 하는데 다음과 같은 피복재가 부식방지를 위하여 사용된다.

- 수중 해저배관이나 라이저에 콘크리트 중량피복과 함께 사용되는 콜타르 (coal tar), 아스팔트 (asphalt) 및 아스팔트 매스틱 (asphalt mastic)
- 중량피복에 적합하다는 조건하에서의 에폭시 (epoxy)
- 라이저의 수중부에 대한 에폭시 및 콜타르 에폭시 (coal tar epoxy)
- 접합부 현장 피복에 대한 아스팔트 매스틱 이나 에폭시
- 라이저에 대한 고무 라이닝 (rubber lining)

또한 다른 형태의 피복도 유사한 노출조건하에서 장기간 충분한 방식효과가 보장된다면 사용될 수 있다. 해저배관 시스템에 대한 외부피복을 선정할 때는 다음 특성이 고려되어야 한다.

- 박리 (dis-bonding) 에 대한 점착력 또는 저항력
- 화학적, 물리학적 및 생물학적 부식에 대한 저항력
- 부설 온도의 범위
- 장력신장 및 연성
- 재료강도 및 충격저항
- 콘크리트 중량피복과의 적합성
- 손상된 피복의 수리
- 피복의 두께

또한 외부피복은 승인된 절차에 따라 적용되어야 하고 그러한 절차는 통상 다음 사항을 포함한다.

- 피복재에 대한 취급 및 처리
- 표면처리
- 피복공정 각 단계간의 시간차, 온도 및 공기습도

- 시험방법
- 허용기준
- 음극방식 케이블이나 구멍쇠 (padeye) 등의 부착에 따른 수리공정
- 피복된 파이프의 취급 및 운반
- 품질관리 및 점검

접합부에 대한 피복은 현장에서 실시해야 하는데 앞 절과 유사한 과정에 준하여 적용된다. 파이프가 잠수되기 전 피복의 사용가능 여부 및 수리 등에 대한 판정 기준치가 언급돼야 하며 현장에서 손상된 피복에 대한 수리공정이 접합부의 현장 피복공정에 서술되어야 한다. 아스팔트나 콜타르에 의해 접합부를 현장피복할 때는 전기구동의 솔로 표면처리한다. 접합부 현장피복을 위해 매스틱이 사용될 경우 허용한도 내에서 매스틱의 온도를 유지하는 것이 매우 중요하다. 매스틱은 부설작업중 파이프가 스팅거 (stinger) 를 지나기 전 수냉식으로 충분히 냉각시켜야 한다.

나) 내부피복

부식성이 있는 유류를 수송하는 해저배관 시스템은 내부부식을 고려해야 하며 다음에 열거하는 방법에 의한다.

- 부식억제제의 사용
- 내부피복
- 부식에 적응력이 있는 합금이나 안벽 (lining)의 사용

내부부식 제어를 위한 계획은 다음과 같은 수송물질의 특성이 고려된다.

- 석유/가스/물 비율
- 물의 염분도, 박테리아 함유량, 수소이온농도
- CO_2, H_2S 및 O_2 같은 부식성 기체의 함유량
- 고체물질의 함유량과 흐름의 특성
- 온도와 압력

내용물이 물을 함유하고 있거나, 50 % 이상의 상대습도를 갖는 부식성 기체의 부분압력이 다음 범위를 초과할 때는 내부부식 제어가 필요하다.

- 산소 (O_2) : 0.001 MPa
- 유화수소 (H_2S) : 0.001 MPa
- 이산화탄소 (CO_2) : 0.01 MPa

이러한 부식성 기체의 복합작용은 위험하며 특히 유화수소 (H2S) 와 산소 (O2) 의 복합작용은 더욱 치명적이다. 일반적으로 부식성은 온도에 따라 증가된다.

선정된 부식억제제의 방식특성은 실험실시험이나 현장시험에 의하여 파악되어야 한다. 부식억제제는 승인된 절차에 준하여 해저배관 시스템에 주입되어야 한다. 내부부식은 적절한 피복시스템을 사용하여 방지할 수 있으며 해저배관 부설후에 피복될 경우 표면처리에 주의를 기울여야 하고 부설전에 피복될 경우는 현장접합부의 내부피복에 주의를 기울여야 한다.

부식에 저항성이 있는 합금도 내부부식 방지를 위해 사용될 수 있으며, 해저배관의 내벽에 이러한 합금이 사용된다. 내부부식은 두께측정, 유체분석, 전기화학적 시험, 전기저항 시험 등을 통하여 조사, 감시하며 그 계획은 부식에의 노출정도, 부식에 의한 손상의 중대성 및 허용도 등에 근거하여 작성되어야 한다. 라이저에 대한 두께측정시 설치전과 측정치를 주기적으로 비교할 수 있도록, 장비형태, 검측기형태, 기록 및 평가의 절차 및 비교대상위치 등에 대한 자료가 측정절차에 포함돼야 한다. 유체분석은 해저배관 시스템의 부식작용에 대한 중요한 자료를 제공해 주며, pH, 철함유량, 박테리아, 염도 및 부식억제제에 대한 분석이 이에 포함된다.

6.4.3 음극방식 (Cathodic Protection)

음극방식 시스템은 통상 소모성 양극에 근거를 두고 있으며 해저배관 시스템의 설계수명 기간 동안 적절한 방식이 이루어지도록 설계되어야 한다. 한편 특별한 검토 및 승인을 거친 경우는 강제전류 (impressed current) 시스템이 사용될 수도 있다. 강제전류 시스템이 사용될 경우에는 과다 방호를 피할 것과 충분한 기계적 강도를 갖도록 설계해야 한다.

가) 설계기준

음극방식 시스템의 설계수명은 해저배관 시스템의 설계수명과 같아야 하며 다음의 요소를 설계 시 고려해야 한다.

- 해저배관 시스템의 온도
- 해수와 해상의 온도
- 해수와 해상의 염분함유량
- 해수와 해상의 화학성분
- 해수와 해상의 전기저항
- 유속

- 생물활동

양극의 전류출력은 고유 전기저항 (resistivity) 에 따라 다르며, 난수대 (T ≈ 25℃) 와 온수대 (T ≈ 5 − 10℃) 의 고유 전기 저항값은 각각 20 ohm cm 와 33 ohm cm을 사용하고 관측치가 없는 경우 해저면상 1 m 인 점에서의 값인 100 ohm cm 정도를 고려한다.

나) 전류소요량

전체적으로 요구되는 전류량은 전류밀도 (current density) 와 노출된 강재의 표면적에 의하여 주어지며 다음 사항이 고려되어야 한다.

- 해수에 잠겨있는 면적
- 토양 아래 부분의 면적
- 해저배관 시스템과 전기적으로 접촉하고 있는 방호되지 않은 다른 구조물

설계 전류밀도의 결정은 같은 환경조건을 가진 유사한 해저배관 시스템으로부터의 경험이나 직접적인 측정에 근거를 두고 산정된다. 전류밀도는 시간에 따라 변하며 해수에 잠겨있는 피복이 돼 있지 않은 표면의 경우 음극(cathodic) 전류에 의한 석회퇴적물의 형성 때문에 감소되기도 한다. 피복된 해저배관의 경우 요구되는 전류량은 피복이 벗겨지기 때문에 시간에 따라 증가될 수도 있다. 매설된 해저배관의 경우 해저면에 놓인 비피복 강재에 대한 것보다 더 높은 수치가 적용되어야 하는데, 이는 매설된 해저배관의 경우에 더 큰 안전도 (safety margin) 가 요구되고 또한 완전한 매설이 보장되지 않기 때문이다.

콘크리트 구조물의 철근과 접촉된 해저배관 시스템의 경우 철근을 통해 유출되는 전류에 대한 허용치가 고려되어야 한다. 외곽에 위치한 철근층에 대해서는 평균 전류밀도가 0.5~1 mA/m^2 정도면 충분하며 초기치는 어느 정도 높고 최종치는 상당히 낮을 수 있다. 외곽에 위치한 철근부의 표면적은 콘크리트 표면적과 같은 것으로 취급할 수 있다. 또한 전류밀도는 온도에 좌우될 수 있으며 고온의 원유나 가스를 수송하는 해저배관과 라이저의 경우 전류밀도가 증가한다.

다) 양극재질

아연 양극은 입자간 부식에 대한 자화율을 줄이기 위해서 아래의 표 6-4 에 주어진 금속성분을 가진다.

표 6-4 아연양극의 필요 금속성분

	max %	min %
Aluminium	0.2	0.1
Cadmium	0.06	0.03
Iron	0.002	
Copper	0.005	
Silicon	0.125	
Lead	0.006	
Zinc	remainder	

표 6-4 에 주어진 이외의 합금에 대한 전기화학적 특성도 적절한 시험에 의하여 검토되어야 한다.

- 분극된 강재에 대한 전도전위 (mV)
- 전류용량
- 부식에 대한 자화율
- 입자간 부식에 대한 자화율

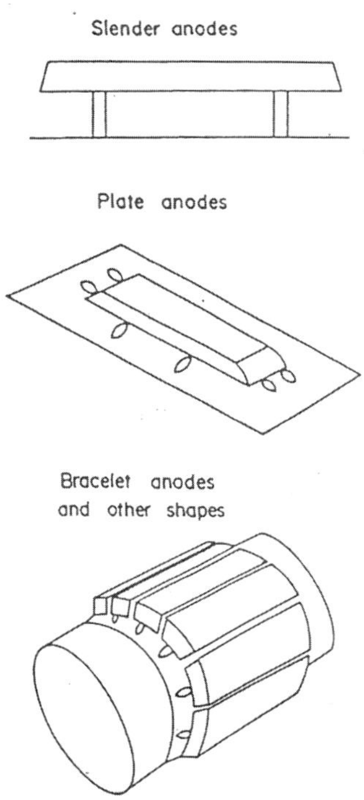

$$R_a = \frac{\rho}{2 \cdot \pi \cdot l}\left(\ln \frac{4 \cdot l}{r} - 1\right)$$

ρ = Resistivity (ohm cm)
l = Length of anode (cm)
r = Equivalent radius of anode (cm)

$$r = \sqrt{\frac{a}{\pi}}$$

a = Cross section of anode (cm^2)
Stand off core greater than 30 cm

$$R_a = \frac{\rho}{2 \cdot S}$$

S = Mean length of anode side (cm)

$$S = \frac{b + c}{2} \quad b \geq 2c$$

$$R_a = \frac{0.315 \cdot \rho}{\sqrt{A}}$$

A = Exposed surface area of anode

그림 6-16 양극 저항 공식

<참고문헌>

대체에너지, 윤천석, 도서출판 인터비젼, 2008

동해 1가스생산시설공사 기본설계보고서, 현대중공업

물리해양학, 조규대, 홍철훈 외, 부경대학교 출판부, 2005

바다의 과학, 박용안, 서울대학교출판부, 1998

풍력발전 기술자료와 신재생 에너지 사례집, 김석권 편역, 도서출판 신기술, 2009

해양공학개론, 대한조선학회 편, 동명사, 1996

해양공학의 기초지식, 모도츠나 카즈미리, 구마쿠라 야스시, 동명사, 1997

해양구조물 공학, G.클라우스, E.레만, C.외느터가드, 미리내, 1995

해양구조물설계 개요, 이재신, 광문사, 1989

해양구조물 설계・시공, 최항순, 류청호, 박한일, 조갑재, 대한교과서(주), 2002

해양라이저 및 배관의 설계 및 설치에 관한 연구, 박한일, 이호진, 두산중공업, 2006

해양에너지개론, 조철희 이영호, 도서출판 대선, 2008

해양에너지 공학, 이문옥 역, 전남대학교출판부, 2008

해양에너지 실용화 기술개발 : 조력,조류에너지, 한국해양연구원, 해양수산부, 2001

해양정보 130가지, 이석우, 집문당, 2004

해양환경공학, 한국해양환경공학회 편, 도서출판 동화기술, 2008

해양환경하중, O.M.Faltinsen, 동명사, 2000

BUOY Engineering, H.O.Berteaux,Woods Hole, Oceanographic Institution, 1972

Mechanics of wave forces on offshore structures, Sarpkaya, Van Nostrand Reinhold Co., 1981

Offshore Structural Engineering, Dawson, Prentice Hall, 1983

Rules for submarine piplines system, DnV, 1981

<찾아보기>

저자 : 박 한 일

주요 학력

1977년 한국해양대학교 공학사
1984년 서울대학교 이학석사(해양물리학)
1988년 런던대학교 공학박사(해양공학)

주요 경력

1984년-현재 한국해양대학교 조교-교수
1991-1992년 런던대학교 연구원
2005-2006년 한국해양대학교 해양과학기술대학장
2009-2012년 중국 대련이공대학 *海天學者*
2010-2011년 한국해양공학회 회장
2008-2012년 국제해양극지공학회 (ISOPE) 이사

주요 연구분야

해양라이저, 파이프라인, 케이블의 거동 해석
패양구조물의 구조진동 해석

감수 : 조 효 제

주요 학력

1980년 부산대학교 공학사
1983년 부산대학교 공학석사(조선공학)
1991년 동경대학 공학박사(선박해양공학)

주요 경력

1982년-1986년 부산대학교 조교
1995년 국내 Post-Doc.
2006-현재 한국해양대학교 교수

주요 연구분야

파랑 중 대형 해양구조물의 표류력 해석
다방향파 중 반잠수식 해양구조물의 거동 해석

해양구조물 설계 개론

인 쇄	2012년 2월 26일 1판 1쇄
발 행	2012년 2월 29일 1판 1쇄
지은이	박 한 일
감 수	조 효 제
펴낸곳	한림원 출판사
펴낸이	김 용 우
주 소	서울시 중구 오장동 206-3 넥서스타워 12층
전 화	(02) 2273-4201
팩 스	(02) 2273-4240
홈페이지	www.hanrimwon.co.kr
ISBN	978-89-93512-18-2
가 격	20,000원